工业和信息化普通高等教育
"十二五"规划教材立项项目

毛京丽 编著

21世纪高等院校信息与通信工程规划教材

21st Century University Planned Textbooks of Information and Communication Engineering

宽带 IP 网络

（第2版）

Broadband
IP Network (2nd Edition)

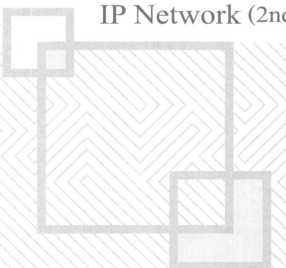

U0277560

人民邮电出版社

北京

精品系列

图书在版编目（ＣＩＰ）数据

宽带IP网络 / 毛京丽编著. -- 2版. -- 北京：人
民邮电出版社，2015.1（2022.12重印）
21世纪高等院校信息与通信工程规划教材
ISBN 978-7-115-37373-1

Ⅰ．①宽… Ⅱ．①毛… Ⅲ．①宽带通信系统－计算机
通信网－高等学校－教材 Ⅳ．①TN915.142

中国版本图书馆CIP数据核字(2014)第267691号

内 容 提 要

本书在介绍宽带 IP 网络基本概念、TCP/IP 协议的基础上，全面讲述宽带 IP 网络的相关技术。

全书共有 8 章：第 1 章概述，第 2 章宽带 IP 网络的体系结构，第 3 章局域网技术，第 4 章宽带 IP 城域网，第 5 章宽带 IP 网络的传输技术，第 6 章宽带 IP 网络的接入技术，第 7 章路由器技术和路由选择协议，第 8 章宽带 IP 网络的安全。

本教材取材适宜，结构合理，基本理论和实际应用技术并重，且能够跟踪新技术的发展。在教材编写方面，力争做到阐述准确、文字简练、条理清晰、深入浅出、循序渐进。

另外，为便于学生学习过程的归纳总结，培养学生分析问题和解决问题的能力，在每章最后都附有本章重点内容小结及习题。

本书既可作为高等院校通信专业本科或研究生教材，也可作为从事通信工作的科研和工程技术人员的参考书。

◆ 编　　著　毛京丽
　　责任编辑　滑　玉
　　责任印制　张佳莹　　彭志环
◆ 人民邮电出版社出版发行　　北京市丰台区成寿寺路 11 号
　　邮编　100164　　电子邮件　315@ptpress.com.cn
　　网址　http://www.ptpress.com.cn
　　固安县铭成印刷有限公司印刷
◆ 开本：787×1092　1/16
　　印张：20.25　　　　　　　　　2015 年 1 月第 2 版
　　字数：496 千字　　　　　　　　2022 年 12 月河北第 10 次印刷

定价：49.00 元
读者服务热线：(010)81055256　印装质量热线：(010)81055316
反盗版热线：(010)81055315

随着信息技术的飞速发展和 IP 网络用户数量的迅猛增加以及多媒体应用需求的不断增长，人们对 IP 网络提高带宽的渴望越来越强。

初期的 Internet 仅提供文件传输、电子邮件等数据业务，如今的 Internet 集图像、视频、声音、文字、动画等为一体，即以传输多媒体宽带业务为主，由此 Internet 的发展趋势必然是宽带化——向宽带 IP 网络发展，宽带 IP 网络技术则应运而生。

宽带 IP 网络课程是通信工程专业的一门非常重要的必修专业课程。对于通信工程和其他相关专业的学生来说，建立宽带 IP 网络的概念，学习 TCP/IP，掌握宽带 IP 网络实际应用技术等是至关重要的。

为了使学生更好地掌握宽带 IP 网络技术，本教材在编写过程中注重教学改革实践效果和宽带 IP 网络新技术的发展，既有宽带 IP 网络基本概念、相关原理和 TCP/IP 的介绍，又论述了局域网技术、宽带 IP 城域网、宽带 IP 网络的传输技术、接入技术、路由器技术及路由选择协议等宽带 IP 网络的各种实际应用技术，而且还研究了宽带 IP 网络的安全问题。

《宽带 IP 网络第 2 版》教材是在对第 1 版教材进行修订补充的基础上编写而成的，为了使本教材的系统性更强，在章节结构上进行了一些调整。同时，为了更加实用，跟踪新技术，本教材增加了一些新内容。主要包括：在第 1 章更加深入讨论了宽带 IP 网络的发展趋势；原第 9 章下一代网际协议 IPv6 改放在第 2 章作为一节内容，使宽带 IP 网络的体系结构的内容更完整全面；第 6 章增加了应用范围广泛的光纤接入网技术（EPON/GPON）；第 7 章增加了路由器技术发展趋势以及功能强大的 IGP 路由选择协议 IS-IS；此外，第 3 章和第 4 章内容均做了相应调整，使内容更丰富。

全书共有 8 章。

第 1 章概述，介绍了宽带 IP 网络的概念及发展过程、宽带 IP 网络的组成及特点，宽带 IP 网络的 QoS 和宽带 IP 网络的关键技术及发展趋势等内容。

第 2 章宽带 IP 网络的体系结构，首先概括介绍了 TCP/IP 参考模型的各层功能及协议，然后详细论述了网络层的 IP 及辅助协议（ICMP、ARP 和 RARP、IGMP）、UDP 和 TCP 及应用层各种协议，最后探讨了下一代网际协议 IPv6 的相关问题。

第 3 章局域网技术，首先介绍了局域网的定义及特征、局域网的组成、分类和局域网标准，然后具体论述了传统以太网的介质访问控制协议和几种常见的传统以太网、扩展的局域网、高速以太网、交换式局域网、虚拟局域网（VLAN）和无线局域网（WLAN）等内容。

特别是对应用较普遍的交换式局域网、VLAN 和 WLAN 的相关问题进行了深入探讨。

第 4 章宽带 IP 城域网，首先介绍了宽带 IP 城域网基本概念，然后详细阐述了宽带 IP 城域网的分层结构和宽带 IP 城域网的带宽扩展与管理、用户接入认证，最后研究了宽带 IP 城域网的 IP 地址规划问题。

第 5 章宽带 IP 网络的传输技术，详细介绍了宽带 IP 网络常用的几种传输技术——IP over ATM、IP over SDH 和 IP over DWDM 的概念、分层结构和优缺点，并对这 3 种传输技术的特点及应用场合进行了比较。

第 6 章宽带 IP 网络的接入技术，论述了宽带 IP 网络常用的几种接入技术——ADSL、HFC、FTTX+LAN、EPON/GPON 和无线宽带接入的相关内容。

第 7 章路由器技术和路由选择协议，首先介绍了路由器的层次结构及用途、路由器的基本构成、主要功能、基本类型、路由器与交换机的比较和路由器技术发展趋势，然后论述了几种 IP 网的路由选择协议，包括内部网关协议 RIP（路由信息协议）、内部网关协议 OSPF（开放最短路径优先）、内部网关协议 IS-IS（中间系统到中间系统）和外部网关协议 BGP（边界网关协议），最后对 IP 多播路由选择协议和 QoS 路由进行了研究。

第 8 章宽带 IP 网络的安全，首先介绍了宽带 IP 网络安全的基本概念，然后讨论了虚拟专用网络（VPN）的概念和 IP VPN 的相关内容。

本书在编写过程中，得到了勾学荣教授、李文海教授的指导以及姬艳丽、董跃武、柴炜晨、徐明、陈全、徐鹏、贺雅璇、黄秋钧、魏东红、齐开诚、夏之斌、胡凌霄、高阳等的帮助，在此表示感谢！

另外，本书参考了一些相关的文献，特别是谢希仁老师编著的《计算机网络（第 5 版）》、龚向阳等编著的《宽带通信网原理》等，从中受益匪浅，在此对所有参考文献的著作者也表示深深的感谢！

由于编者水平有限，若书中存在缺点和错误，恳请读者指正。

编　者
2014 年 9 月

目　　录

第 **1** 章 概述

随着以 IP 技术为基础的因特网的爆炸式发展、用户数量和多媒体应用的迅速增加，人们对带宽的需求不断增长，不仅需要利用网络实现语音、文字和简单图形信息的传输，同时还要进行图像、视频、音频和多媒体等宽带业务的传输，宽带 IP 网络技术应运而生。

本章介绍宽带 IP 网络的基本概念，使读者对宽带 IP 网络有一个大概的了解，主要内容包括：
- 宽带 IP 网络的概念及发展过程
- 宽带 IP 网络的组成
- 宽带 IP 网络的特点
- 宽带 IP 网络的 QoS
- 宽带 IP 网络的关键技术及发展趋势

1.1 宽带 IP 网络的概念及发展过程

1.1.1 宽带 IP 网络的概念

1．IP 网络的概念

Internet 是由世界范围内众多计算机网络（包括各种局域网、城域网和广域网）通过路由器和通信线路连接汇合而成的一个网络集合体，它是全球最大的、开放的计算机互联网。互联网意味着全世界采用统一的网络互连协议，即采用 TCP/IP 的计算机都能互相通信，所以说，Internet 是基于 TCP/IP 的网间网，也称为 IP 网络。

从网络通信的观点看，Internet 是一个以 TCP/IP 将各个国家、各个部门和各种机构的内部网络连接起来的数据通信网，世界任何一个地方的计算机用户只要连在 Internet 上，就可以相互通信；从信息资源的观点看，Internet 是一个集各个部门、各个领域内各种信息资源为一体的信息资源网。Internet 上的信息资源浩如烟海，其内容涉及政治、经济、文化、科学、娱乐等各个方面。将这些信息按照特定的方式组织起来，存储在 Internet 上分布在世界各地的数千万台计算机中，人们可以利用各种搜索工具来检索这些信息。

2．宽带 IP 网络的概念

由路由器和窄带通信线路互连起来的 Internet 是一个窄带 IP 网络，这样的网络只能传送一些文字和简单图形信息，无法有效地传送图像、视频、音频和多媒体等宽带业务。

所谓宽带 IP 网络是指 Internet 的交换设备及路由设备、中继通信线路、用户接入设备和用户终端设备都是宽带的，通常中继线上传信速率为几至几十 Gbit/s，用户接入速率可达 1～100Mbit/s。在这样一个宽带 IP 网络上能传送各种音视频和多媒体等宽带业务，同时支持当前的窄带业务，它继承与发展了当前的网络技术、IP 技术，并向下一代网络方向发展。

1.1.2　宽带 IP 网络的发展过程

1. Internet 发展的 3 个阶段

Internet 的基础结构大体上经历了 3 个阶段的演进（是有部分重叠的）。

（1）Internet 发展的第一阶段

Internet 最早起源于美国。20 世纪 60 年代中期，美国国防部高级研究计划署（Defense Advanced Research Project Agency，DARPA）决定开发一个计算机网络，以应付冷战时代核战争的需要，即在美国遭受到突然攻击时网络能够经受故障的考验，而维持正常工作不被破坏。在传统的计算机网络中，一旦某台关键设备被摧毁或者与网络的其他部分中断联系，则整个网络都会瘫痪。为此，DARPA 大力投资网络互连技术的研究，开发了大量的硬件和软件，以实现异种网络间的互连。1969 年，DARPA 完成第一阶段工作，组成了一个 4 个节点覆盖全美国的实验性网络，即著名的 ARPAnet（Advanced Research Project Agency Network）。

ARPAnet 作为世界上第一个采用分组交换技术组建的网络，使用报文处理器（IMP）作为网络节点实现网络互连，最基本的服务是资源共享。ARPAnet 的用户不仅可以互换信息，并且能与异地的同事进行电子会议，还可以很简单地在网上进行文件传输。

1976 年，ARPAnet 发展到 60 多个节点，连接了 100 多台主机，跨越整个美国大陆，并通过卫星连至夏威夷，进而延伸至欧洲，形成了覆盖世界范围的通信网络。

ARPAnet 的成功极大地促进了网络互连技术的发展，1979 年，基本完成了 TCP/IP 体系结构和协议规范的制定任务。1980 年，DARPA 开始致力于互联网技术的研究，在 ARPAnet 全面推广 TCP/IP，1983 年，TCP/IP 成为 ARPAnet 上的标准协议。同年，出于网络安全性考虑，ARPAnet 被分解成两个网络：一个仍称为 ARPAnet，是进行实验研究用的科研网；另一个是军用的计算机网络 MILnet。

概括地说，在 1983～1984 年，由美国的单个分组交换网 ARPAnet 采用网络互连技术和 TCP/IP，逐渐发展演变成早期的 Internet。

（2）Internet 发展的第二阶段

1986 年，美国国家科学基金会（National Science Foundation，NSF）采用 TCP/IP 通信协议建立起 NSFnet 网络，要求所有 NSF 资助的网络都必须采用 TCP/IP 协议集，且与 ARPAnet 连通，并逐渐取代了 ARPAnet 网，形成了 Internet。

此后，其他发达国家也相继建立了本国的 TCP/IP 网络，并连接到美国的 Internet，逐步形成了覆盖全球的 Internet。

第二阶段的 Internet 的网络结构是 3 级结构，如图 1-1 所示。

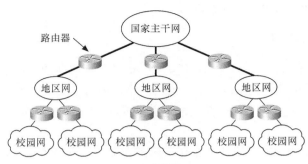

图 1-1 三级结构的 Internet

（3）Internet 发展的第三阶段

20 世纪 90 年代，美国政府开始鼓励商业部门介入。1995 年美国的商业供应商财团接管 Internet 构架。商业机构的介入，出现大量的 ISP（Internet Service Provider）和 ICP（Internet Content Provider），辅助用户接入 Internet。ICP 向用户提供 Internet 服务，在丰富 Internet 服务和内容的同时，也促进了 Internet 的扩展。

由于 TCP/IP 技术的推广，使得越来越多的国家将接入 Internet 列为促进本国国民经济发展的重要措施。

第三阶段的 Internet 的网络结构是多级结构，如图 1-2 所示。

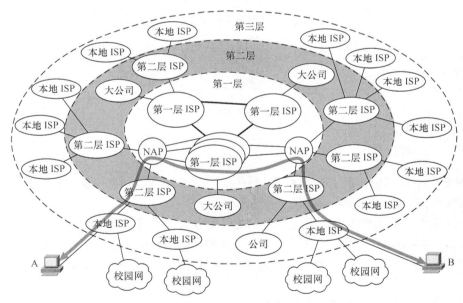

图 1-2 多级结构的 Internet

大致上可将 Internet 分为以下 5 个接入级：

● 网络接入点（NAP）；
● 国家主干网（主干 ISP，即第一层 ISP）；
● 地区 ISP（第二层 ISP）；
● 本地 ISP；

● 校园网、企业网或 PC 上网用户。

2．宽带 IP 网络的发展

随着信息技术的发展，人们对信息的需求不断提高。初期的 Internet 提供文件传输、电子邮件等数据业务，如今的 Internet 集图像、视频、声音、文字、动画等为一体，即以传输多媒体宽带业务为主，由此 Internet 的发展趋势便是宽带化——向宽带 IP 网络发展，宽带 IP 网络技术则应运而生。

近些年来，随着各种 IP 网络的宽带传输技术和宽带接入技术以及高速路由器技术不断涌现和完善，为宽带 IP 网络的发展提供了良好的基础。

1.2　宽带 IP 网络的组成

从宽带 IP 网络的工作方式上看，它可以划分为两大块：边缘部分和核心部分，如图 1-3 所示。

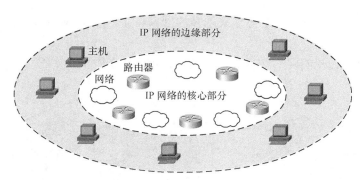

图 1-3　IP 网络的边缘部分与核心部分

1.2.1　IP 网络的边缘部分

IP 网络的边缘部分由所有连接在 IP 网络上的主机组成，这部分是用户直接使用的，用来进行通信（传送数据、音频或视频）和资源共享。

在网络边缘的端系统中运行的程序之间的通信方式通常可划分为两大类：

● 客户服务器（C/S）方式——客户是服务的请求方，服务器是服务的提供方。

● 对等（P2P）方式——两个主机在通信时并不区分哪一个是服务请求方还是服务提供方。

IP 网边缘部分的主机可以组成局域网。局域网（Local Area Network，LAN）是通过通信线路将较小地理区域范围内的各种计算机连接在一起的通信网络，它通常由一个部门或公司组建，作用范围一般为 0.1～10km。本书将在第 3 章介绍局域网技术。

1.2.2　IP 网络的核心部分

IP 网络的核心部分由大量网络和连接这些网络的路由器组成，其作用是为边缘部分提供连通性和交换。

1. 核心部分的网络

IP 网络核心部分的网络根据覆盖范围可分为广域网（WAN）和城域网（MAN）。

广域网（Wide Area，WAN）——在广域网（WAN）内，通信的传输装置和媒介由电信部门提供，其作用范围通常为几十千米到几千千米，可遍布一个城市、一个国家乃至全世界。广域网有时也称为远程网（Long Haul Network）。

城域网（Metropolitan Area Network，MAN）——其作用范围在广域网和局域网之间（一般是一个城市），作用距离为 5～50km，传输速率在 1Mbit/s 以上。城域网（MAN）实际上就是一个能覆盖一个城市的扩大的局域网。本书将在第 4 章介绍宽带 IP 城域网技术。

IP 网核心部分的网络根据采用的通信方式不同包括分组交换网、帧中继网、ATM 网等。

（1）分组交换

① 分组交换的概念及原理

分组交换属于"存储-转发"的交换方式，它是以分组为单位存储-转发，当用户的分组到达交换机时，先将分组存储在交换机的存储器中，当所需要的输出电路有空闲时，再将该分组发向接收交换机或用户终端。

分组是由分组头和其后的用户数据部分组成的。分组头包含接收地址和控制信息，其长度为 3～10 字节；用户数据部分长度一般是固定的，平均为 128 字节，最大不超过 256 字节。

分组交换的工作原理如图 1-4 所示。

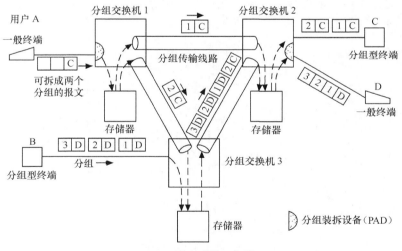

图 1-4　分组交换工作原理

假设分组交换网有 3 个交换中心（又称交换节点），分设有分组交换机 1、2、3。图中画出 A、B、C、D 4 个数据用户终端，其中 B 和 C 为分组型终端，A 和 D 为一般终端。分组型终端以分组的形式发送和接收信息，而一般终端（即非分组型终端）发送和接收的不是分组，而是报文。所以，一般终端发送的报文要由分组装拆设备（PAD）将其拆成若干个分组，以分组的形式在网中传输和交换；若接收终端为一般终端，则由 PAD 将若干个分组重新组装成报文再送给一般终端。

图 1-4 中存在两个通信过程，分别是非分组型终端 A 和分组型终端 C 之间的通信，以及分组型终端 B 和非分组型终端 D 之间的通信。

非分组型终端 A 发出带有接收终端 C 地址号的报文，分组交换机 1 将此报文拆成两个分组，存入存储器并进行路由选择，决定将分组 $\boxed{1}\boxed{C}$ 直接传送给分组交换机 2，将分组 $\boxed{2}\boxed{C}$ 先传给分组交换机 3（再由交换机 3 传送给分组交换机 2），路由选择后，等到相应路由有空闲，分组交换机 1 便将两个分组从存储器中取出送往相应的路由。其他相应的交换机也进行同样的操作，最后由分组交换机 2 将这两个分组送给接收终端 C。由于 C 是分组型终端，因此在交换机 2 中不必经过 PAD，直接将分组送给终端 C。

图中另一个通信过程，分组型终端 B 发送的数据是分组，在交换机 3 中不必经过 PAD，$\boxed{1}\boxed{D}$、$\boxed{2}\boxed{D}$、$\boxed{3}\boxed{D}$ 这 3 个分组经过相同的路由传输，由于接收终端为一般终端，所以在交换机 2 由 PAD 将 3 个分组组装成报文送给一般终端 C。

这里有以下几个问题需要说明：

- 来自不同终端的不同分组可以去往分组交换机的同一出线，这就需要分组在交换机中排队等待，一般本着先进先出的原则（也有采用优先制的），等到交换机相应的输出线路有空闲时，交换机对分组进行处理并将其送出。

- 一般终端需经分组装拆设备（PAD）才能接入分组交换网。

- 分组交换最基本的思想就是实现通信资源的共享，具体采用统计时分复用（STDM）。

我们把一条实在的线路分成许多逻辑的子信道，统计时分复用是根据用户实际需要动态地分配线路资源（逻辑子信道）的方法。即当用户有数据要传输时才给他分配资源，当用户暂停发送数据时，不给他分配线路资源，线路的传输能力可用于为其他用户传输更多的数据。图 1-5 是统计时分复用的示意图。

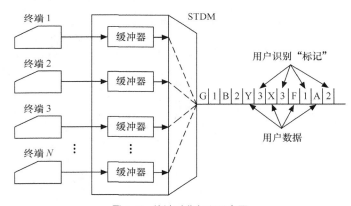

图 1-5 统计时分复用示意图

② 分组交换的优缺点

分组交换的主要优点如下。

- 传输质量高——分组交换机具有差错控制、流量控制等功能，可实现逐段链路的差错控制（差错校验和重发），而且对于分组型终端，在接收端也可以同样进行差错控制。所以，分组在网内传输中差错率大大降低（一般 $P_e \leqslant 10^{-10}$），传输质量明显提高。

- 可靠性高——在分组交换方式中，每个分组可以自由选择传输途径。由于分组交换机至少与另外两个交换机相连接。当网中发生故障时，分组仍能自动选择一条避开故障地点的迂回路由传输，不会造成通信中断。

● 为不同种类的终端相互通信提供方便——分组交换机具有变码和变速功能，从而能够实现不同速率、码型和传输控制规程终端间的互通，同时也为异种计算机互通提供方便。

● 能满足通信实时性要求——分组交换信息的传输时延较小，而且变化范围不大，能够较好地适应会话型通信的实时性要求。

● 可实现分组多路通信——由于每个分组都含有控制信息，所以，分组型终端尽管和分组交换机只有一条用户线相连，但可以同时和多个用户终端进行通信。

● 经济性好——在网内传输和交换的是一个个被规范化了的分组，这样可简化交换处理，不要求交换机具有很大的存储容量，降低了网内设备的费用。此外，由于进行分组多路通信（统计时分复用），可大大提高通信线路的利用率，并且在中继线上以高速传输信息，而且只有在有用户信息的情况下使用中继线，因而降低了通信线路的使用费用。

分组交换的主要缺点如下。

● 由于传输分组时需要交换机有一定的开销，使网络附加的控制信息较多，对长报文通信的传输效率比较低。

● 要求交换机有较高的处理能力。分组交换机要对各种类型的分组进行分析处理，为分组在网中的传输提供路由，并在必要时自动进行路由调整，为用户提供速率、代码和规程的变换，为网络的维护管理提供必要的信息等，因而要求具有较高处理能力的交换机，故大型分组交换网的投资较大。

● 分组交换的时延较大。由于分组交换机的功能较多，对信息处理所用的时间必然较大，因而导致时延较大。

③ 分组的传输方式

分组在分组交换网中的传输方式有两种：数据报方式和虚电路方式。主要采用的是虚电路方式，下面只简单介绍虚电路方式。

虚电路方式是两个用户终端设备在开始互相传输数据之前必须通过网络建立一条逻辑上的连接（称为虚电路），一旦这种连接建立以后，用户发送的数据（以分组为单位）将通过该路径按顺序通过网络传送到达终点。当通信完成之后用户发出拆链请求，网络清除连接。

虚电路方式原理如图 1-6 所示。

假设终端 A 有数据要送往终端 C，主叫终端 A 首先要送出一个"呼叫请求"分组到节点 1，要求建立到被叫终端 C 的连接。节点 1 进行路由选择后决定将该"呼叫请求"分组发送到节点 2，节点 2 又将该"呼叫请求"

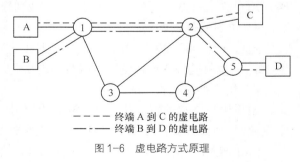

————— 终端 A 到 C 的虚电路
— · — · — 终端 B 到 D 的虚电路

图 1-6　虚电路方式原理

分组送到终端 C。如果终端 C 同意接受这一连接的话，它发回一个"呼叫接受"分组到节点 2，这个"呼叫接受"分组再由节点 2（通过网络规程）送往节点 1，最后由节点 1 送回给主叫终端 A。至此，终端 A 和 C 之间的逻辑连接（即虚电路）建立起来了。此后，所有终端 A 送给终端 C 的分组（或终端 C 送给终端 A 的分组）都沿已建好的虚电路传送，不必再进行路由选择。

假设终端 B 和终端 D 要通信，也预先建立起一条虚电路，其路径为终端 B—节点 1—节点 2—节点 5—终端 D。由此可见，终端 A 和终端 C 送出的分组都要经节点 1 到节点 2 的路由传送，即共享此路由（还可与其他终端共享）。也就是说，一条物理链路上可以建立多条虚电路。那么如何区分不同终端的分组呢？

为了区分一条线路上不同终端的分组，对分组进行编号（即分组头中的逻辑信道号），不同终端送出的分组其逻辑信道号不同，就好像把线路也分成了许多子信道一样，每个子信道用相应的逻辑信道号表示，我们称之为逻辑信道，逻辑信道号相同的分组就认为占的是同一个逻辑信道。经过交换机逻辑信道号要改变，即逻辑信道号只有局部意义，多段逻辑信道链接起来构成一条端到端的虚电路。

虚电路可以分为两种：交换虚电路（SVC）和永久虚电路（PVC）。一般的虚电路属于交换虚电路，但如果通信双方经常是固定不变的（如几个月不变），则可采用所谓的永久虚电路方式。用户向网络预约了该项服务之后，就在两用户之间建立了永久的虚电路连接，用户之间的通信，可直接进入数据传输阶段，就好像具有一条专线一样。

（2）帧中继

虽然分组交换具有传输质量高等优点，是目前数据信号的主要交换方式。但与电路交换相比，分组交换时延还是比较大，信息传输效率低（开销大），且协议复杂。而近些年来，用户对数据通信业务的需求增长很快，许多数据业务要求时延小、吞吐量大等，显然分组交换不适合传输这些数据业务。为改进分组交换的缺点，发展了帧中继。

① 帧中继的概念

帧中继（Frame Relay，FR）是分组交换的升级技术，它是在开放系统互连（OSI）第二层上用简化的方法传送和交换数据单元的一种技术，以帧为单位存储-转发。

帧中继交换机仅完成 OSI 物理层和链路层核心层的功能，将流量控制、纠错控制等留给终端去完成，大大简化了节点之间的协议，缩短了传输时延，提高了传输效率。

那么，会不会由于帧中继交换机不再进行纠错控制和流量控制而导致传输质量有所下降呢？或者说帧中继技术是否可行呢？

② 帧中继发展的必要条件

帧中继技术是在分组交换技术充分发展，数字与光纤传输线路逐渐替代已有的模拟线路，用户终端日益智能化的条件下诞生并发展起来的。帧中继的发展有以下两个必要条件。

● 光纤传输线路的使用

随着光纤传输线路的大量使用，数据传输质量大大提高，光纤传输线路的误码率一般低于 10^{-11}。也就是说在通信链路上很少出现误码，即使偶尔出现的误码也可由终端处理和纠正。

● 用户终端的智能化

由于用户终端的智能化（如计算机的使用），使终端的处理能力大大增强，从而可以把分组交换网中由交换机完成的一些功能（如流量控制、纠错等），交给终端去完成。

正由于帧中继的发展具备这两个必要条件，使得帧中继交换机可以省去纠错控制等功能，从而使其操作简单，既降低了费用，又缩短了时延，提高了信息传输效率，同时还能够保证传输质量。

③ 帧中继技术的功能

所谓帧中继技术的功能也就是帧中继技术的几个重要方面。

● 帧中继技术主要用于传递数据业务，它使用一组规程将数据以帧的形式有效地进行传送。帧（交换单元）的信息长度远比分组长度要长，预约的最大帧长度至少要达到 1600 字节/帧。

● 帧中继交换机（节点）取消了 X.25 的第三层功能（实际是取消了大部分网络层的功能，剩余的网络层功能压到了数据链路层），只采用物理层和链路层的两级结构，在链路层也仅保留了核心子集部分。

帧中继节点在链路层完成统计时分复用、帧透明传输和错误检测，但不提供发现错误后的重传操作（检测出错误帧，便将其丢弃），省去了帧编号、流量控制、应答和监视等机制。这就使得交换机的开销减少，提高了网络吞吐量，降低了通信时延。一般 FR 用户的接入速率在 64～2Mbit/s 之间，FR 网的局间中继传输速率一般为 2Mbit/s、34Mbit/s，现在已达到 155Mbit/s。

● 帧中继传送数据信息所使用的传输链路是逻辑连接，而不是物理连接，在一个物理连接上可以复用多个逻辑连接。帧中继采用统计时分复用，动态分配带宽，向用户提供共享的网络资源，大大提高了网络资源的利用率。

● 提供一套合理的带宽管理和防止阻塞的机制，用户可以有效地利用预先约定的带宽，并且还允许用户的突发数据占用未预定的带宽，以提高整个网络资源的利用率。

● 与分组交换一样，FR 采用面向连接的虚电路交换技术，可以提供交换虚电路（SVC）业务和永久虚电路（PVC）业务。目前世界上已建成的帧中继网络大多只提供永久虚电路（PVC）业务，对交换虚电路（SVC）业务的研究正在进行之中，将来可以提供 SVC 业务。

④ 帧中继的特点

● 高效性

帧中继的高效性体现在以下几个方面。

有效的带宽利用率——由于帧中继使用统计时分复用技术向用户提供共享的网络资源，大大提高了网络资源的利用率。

传输速率高。

网络时延短——由于帧中继简化了节点之间的协议处理，因而能向用户提供高速率、低时延的业务。

● 经济性

正因为帧中继技术可以有效地利用网络资源，从网络运营者的角度出发，可以经济地将网络空闲资源分配给用户使用。而作为用户可以经济灵活地接入帧中继网，并在其他用户无突发性数据传送时，共享资源。

● 可靠性

虽然帧中继节点仅有 OSI 参考模型第一层和第二层核心功能，无纠错和流量控制，但由于光纤传输线路质量好，终端智能化程度高，前者保证了网络传输不易出错，即使有少量错误也由后者去进行端到端的恢复。另外，网络中采取了永久虚电路（PVC）管理和阻塞管理，保证了网络自身的可靠性。

● 灵活性

帧中继网组建方面——由于帧中继的协议十分简单，利用现有数据网上的硬件设备稍加修改，同时进行软件升级就可实现，而且操作简便，所以实现起来灵活方便。

用户接入方面——帧中继网络能为多种业务类型提供共用的网络传送能力，且对高层协议保持透明，用户可方便接入，不必担心协议的不兼容性。

帧中继所提供的业务方面——帧中继网为用户提供了灵活的业务。虽然目前帧中继只提供 PVC，但不久的将来就可以提供 SVC 业务。

- 长远性

与完美的异步转移模式（ATM）技术相比，帧中继有简便而且技术成熟等优点，另外，两者本质上都是包（Packet）的交换，兼容起来也比较容易。因此，帧中继决不会因 ATM 的发展而被淘汰，相反，帧中继与 ATM 相辅相成，会成为用户接入 ATM 的最佳机制。

（3）异步转移模式

ATM（Asynchronous Transfer Mode，ATM）是一种转移模式（也叫传递方式），在这一模式中信息被组织成固定长度信元，来自某用户一段信息的各个信元并不需要周期性地出现，从这个意义上来看，这种转移模式是异步的（统计时分复用也叫异步时分复用）。

ATM 网具有诸多的优点，是一种比分组交换网和帧中继网完美的网络，是宽带 IP 网络主流通信技术之一。有关 ATM 的详细内容将在本书第 5 章加以介绍。

以上介绍了分组交换、帧中继和 ATM 的概念，这里有个问题值得说明：这几种交换方式都属于包的"存储-转发"的交换方式，有些文献将它们统称为分组交换（此时分组交换的含义是广义的）。

2．核心部分的路由器

路由器是 IP 网络中实现网络互连的关键构件，其任务是根据某种路由选择算法进行路由选择并转发收到的分组，有关路由器的内容详见本书第 7 章。

1.3 宽带 IP 网络的特点

宽带 IP 网络具有以下几个特点。

（1）TCP/IP 是宽带 IP 网络的基础与核心。

（2）通过最大程度的资源共享，可以满足不同用户的需要，IP 网络的每个参与者既是信息资源的创建者，也是使用者。

（3）"开放"是 IP 网络建立和发展中执行的一贯策略，对于开发者和用户极少限制，使它不仅拥有极其庞大的用户队伍，也拥有众多的开发者。

（4）网络用户透明使用 IP 网络，不需要了解网络底层的物理结构。

（5）IP 网络宽带化，具有宽带传输技术、宽带接入技术和高速路由器技术。

（6）IP 网络将当今计算机领域网络技术、多媒体技术和超文本技术 3 大技术融为一体，为用户提供极为丰富的信息资源和十分友好的用户操作界面。

1.4 宽带 IP 网络的 QoS

1.4.1 宽带 IP 网络的 QoS 性能指标

1．IP 网络服务质量的概念

IP 网络服务质量（Quality of Service，QoS）是指 IP 数据包在一个或多个网络传输的过程中所表现的各种性能，它是对各种性能参数的具体描述。这些性能参数包括带宽、时延、时延抖动、吞吐量和包丢失率等。

2. 宽带 IP 网络的 QoS 性能指标

反映宽带 IP 网络的 QoS 性能指标主要有以下几种。

（1）带宽

过去的通信线路传输的是模拟信号，带宽本来是指信号具有的频段宽度，即该信号所包含的各种不同频率成分所占据的频率范围，单位是赫（Hz）、千赫（kHz）、兆赫（MHz）、吉赫（GHz）等。

在 IP 网络中，信道一般传输的是数据信号，带宽用来表示网络的通信线路所能传送数据的能力。因此网络带宽表示从网络中的某一点到另一点所能通过的最高信息传输速率，单位是 bit/s、kbit/s、Mbit/s、Gbit/s 等。

（2）时延

IP 网络的时延是指 IP 数据从网络（或链路）的一端传送到另一端所需的时间。网络中的时延是由以下几个不同的部分组成的。

① 发送时延

发送时延（也叫传输时延）是主机或路由器发送数据包所需要的时间。也就是从发送数据包的第一个比特算起，到该数据包的最后一个比特发送完毕所需的时间。发送时延的计算公式是：

$$发送时延 = 数据包长度（bit）/信道带宽（bit/s） \tag{1-1}$$

② 传播时延

传播时延是电磁波在信道中需要传播一定的距离而花费的时间。传播时延的计算公式是：

$$传播时延 = 信道长度（m）/信号在信道上的传播速率（m/s） \tag{1-2}$$

值得注意的是：信号传输速率（即发送速率）和信号在信道上的传播速率是完全不同的概念。

③ 处理时延

处理时延是交换节点为存储-转发而进行一些必要的处理所花费的时间或路由器对数据包处理所花费的时间。

④ 排队时延

排队时延是交换节点或路由器缓存队列中数据包排队所经历的时延。排队时延的长短往往取决于网络中当时的通信量。

数据经历的总时延就是发送时延、传播时延、处理时延和排队时延之和：

$$总时延 = 发送时延 + 传播时延 + 处理时延 + 排队时延 \tag{1-3}$$

（3）时延抖动

时延抖动的定义是连续两个数据包时延的最大差值，用于描述数据包时延的变化程度。IP 网络是无连接的，可能导致同一传输流的数据包由于转发路径和网络状况的差异而产生不同的时延。

（4）吞吐量

吞吐量表示在单位时间内通过某个网络的数据量，它反映实际上到底有多少数据量能够通过网络。吞吐量受网络的带宽或网络的额定速率的限制。

（5）包丢失率

包丢失率反映了传输期间数据包的丢失程度，其定义是在特定时间间隔内丢失的数据包占传输数据包总数的比例。

1.4.2 IP 网络保证 QoS 的措施

要满足各种网络运营业务的服务特性要求，提供 IP 网络的 QoS（服务质量）保障，IP 网络就必须协调各种网络设备的 QoS 控制和管理机制，从而达到全网基础上的统一的 QoS 保障要求，因此在 IP 网络上确立扩展性良好的 QoS 体系结构，实现 IP 网络的 QoS 管理也是一个非常重要的问题。

互联网工程任务组（Internet Engineering Task Force，IETF）通过一系列的 RFC（Request For Comments）提出了多种解决网络 QoS 的技术方案，如综合服务（IntServ）模型、区分服务（DiffServ）模型、多协议标签交换（MPLS）技术和 QoS 路由。下面分别加以介绍。

1．综合服务模型

（1）综合服务的基本思想

综合服务（Integrated Service，IntServ）的基本思想是在传送数据之前，根据业务的服务质量需求进行网络资源预留，从而为该数据流提供端到端的服务质量保证，这种预留主要是通过引入资源预留协议（Resource Reservation Protocol，RSVP）实现的。

（2）资源预留协议

资源预留协议（RSVP）是一种在主机和路由器之间进行数据流的 QoS 服务信息传递的协议，它与 Internet 网络结构及路由协议相互兼容，并能够将数据流的 QoS 状态传递给主机或路由器，通过彼此的协商进行资源预留。

资源预留过程如图 1-7 所示。

① 发送方应用程序通过程序接口将数据流的特征和期望的 QoS 要求送到主机的 RSVP 部件，RSVP 部件根据这些信息形成路径（Path）消息送到下一跳（指下一个路由器）。

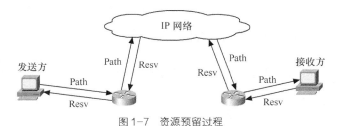

图 1-7 资源预留过程

② IP 网络中间的路由器的 RSVP 部件收到 Path 消息后，保存该数据流的参数和前一跳的 IP 地址，这样做的目的是为预留消息（Resv）请求提供路径信息；而且该路由器根据自己可用资源的信息，形成新的 Path 消息。

③ 接收方的 RSVP 部件收到 Path 消息后，通过 RSVP 应用程序接口送到接收方应用程序。该应用程序根据收到的业务特征和可用资源参数形成 Resv 消息，然后将该消息按保存过的前一跳 IP 地址转发出去（Resv 消息沿着 Path 消息转发的反方向）。

④ IP 网络中间的路由器的 RSVP 部件收到 Resv 消息后，为数据流预留资源，同时设置数据流分类器和数据转发器的参数，并将该消息按保存的前一跳 IP 地址进行转发。

⑤ 发送方的 RSVP 部件收到 Resv 消息后通过应用程序接口送到相应的应用程序。

经过上述过程，资源预留的通路就已经建立起来并可以进行数据的发送了。

在数据传输过程中，当某个具有 RSVP 的路由器收到数据包时，它首先对数据包进行分类，按照 RSVP 建立资源预留时的数据流分类标准将该数据包送到相应的输出队列中，然后由转发机制按一定的算法转发出去。另外，该路由器还要监测数据流，确定其是否符合预先约定的服务标准。如果不符合，对于负载受控服务，要将不符合的数据包通过尽力而为服务传送转发；而对于确保服务，则一般会对该业务进行重新整形使之符合规定的业务特征再转发。

（3）综合服务模型的优缺点

① 综合服务模型的优点

综合服务模型的主要优点如下。

- 能够在 IP 网络环境上对多种类型的服务提供端到端的 QoS 保障。
- 资源预留协议（RSVP）可以利用软状态来动态维护主机和路由器的状态，所以可以较好地适应动态组成员的变化和路由信息的变化。
- IntServ 模型既支持单播，也能够很好地支持组播业务中网络资源的有效分配。

② 综合服务模型的缺点

综合服务模型具有以下几个缺点。

- IntServ 模型是针对单个业务流提供资源预留，可扩展性不强。
- 要求网络中的每一个路由器都具有支持 RSVP 的功能，实现复杂。
- 对于短生存周期的数据流，IntServ 模型的资源预留的开销比较大。
- IntServ 模型资源预留机制可能会与传统路由协议之间产生矛盾，致使网络性能受到影响。

由于上述缺点，IntServ 模型没有在 IP 网络中被广泛采用。

2. 区分服务模型

（1）区分服务的基本思想

区分服务（Differentiated Service，DiffServ）的基本思想是将用户的数据流按照服务质量要求进行等级划分并进行流量控制。任何用户的数据流都可以自由进入网络并被分配到某一个业务等级上，不同类型的业务流具有不同的优先权，当网络出现拥塞时，级别高的数据流在排队和占用资源时比级别低的数据流有更高的优先权。

DiffServ 不是面向单个业务流提供服务，而是要对业务流进行分类，将具有相同特性的若干业务流汇聚起来，为整个汇聚流提供服务。DiffServ 业务流的分类标识和流量控制是在网络的边缘入口处完成的，网络内部的核心路由器中只保存一些简单分类和分类处理信息，从而实现 DiffServ 业务流的快速转发和流量控制。

（2）区分服务模型的优缺点

① 区分服务模型的优点

区分服务模型的主要优点如下。

- DiffServ 模型采用业务流汇聚的机制将具有相同特性的若干业务流汇聚起来，为整个汇聚流提供服务，使业务流的状态信息数大量减少，所以扩展性较强。
- 在 DiffServ 模型中，复杂的业务流分类、标记等操作由网络的边界路由器或主机完成，而网络内部的核心路由器只需要实现简单的业务流按类型转发，减轻了核心网络设备的处理压力，降低了网络管理和维护的成本，实现和部署比较容易。
- 与 IntServ 模型中的单个业务流相比，DiffServ 模型的汇聚流不需要使用额外的信令控制开销。

② 区分服务模型的缺点

区分服务 DiffServ 模型的缺点如下。

- DiffServ 模型只能保证边界到边界的 QoS，很难提供基于流的端到端的 QoS 质量保证。

- DiffServ 模型只承诺相对的服务质量，不能对用户提供绝对的服务质量保证，即当优先业务所需要的资源超出网络的承受能力时，优先业务的服务质量也难以得到保证。因为在网络发生拥塞时，DiffServ 模型只能采取丢弃数据包的方式，而不能采取如旁路的方式使部分流量通过其他路径到达终点。

- 汇聚后的 DiffServ 业务流还无法保证完全实现汇聚流中业务微流之间的业务公平性。

- 由于标准还不够详尽，不同运营商的 DiffServ 网络之间的互通不方便。

以上介绍了 IntServ 模型和 DiffServ 模型，它们各有利弊，都无法完全满足互联网多种业务的需要。为此，业界提出了将这两种模型结合使用以保证全网服务质量的解决方案。即在边缘网采用 IntServ 模型，解决端到端的 QoS；核心网采用 DiffServ 模型，以提供良好的扩展性。

3. 多协议标签交换技术

多协议标签交换（Multi-Protocol Label Switch，MPLS）的关键思想是用标签来识别和标记 IP 数据报，并把标签封装后的数据报转发到已升级改善过的路由器或交换机，由它们在网络内部继续交换标签、转发数据报。

利用 MPLS 可以使网络能够达到较为理想的 QoS 保证。其优势主要在于：

（1）能够提供以往 IP 网中无法保证的流量工程业务，可最佳利用链路和节点平衡负荷，确保某些业务留有必要的带宽，使宽带 IP 网络能够具备一定的 QoS 能力，这对于日益增长的互联网业务与 IP 网的规模是至关重要的。

（2）能够增强网络的性能，它可以实现许多以往技术所无法实现的路由功能，如显式路由功能、环路控制、组播和 VPN 等。

（3）能够很容易地和 DiffServ 结合，实现利用业务分类来保证某些实时业务的 QoS。

有关 MPLS 的详细内容，请参见本书第 5 章。

4. QoS 路由

QoS 路由是能够依据网络上可用的实际资源和用户业务的 QoS 参数需求进行路径计算、选择的路由机制。

QoS 路由比传统的路由选择要复杂，需要考虑诸多的因素，如网络拓扑结构、业务的 QoS 要求、链路上的可用资源和网络管理层面所规定的其他策略等。QoS 路由要达到以下的主要目标。

（1）能够动态地选择路由，为每一个 QoS 业务连接请求，找到能够满足 QoS 需求的可行路径。

（2）优化资源配置，平衡网络负载，提高网络全局资源利用率。

（3）与传统的路由机制相比，能够改善网络的吞吐量和网络性能的退化。

1.5 宽带 IP 网络的关键技术及发展趋势

1.5.1 宽带 IP 网络的关键技术

宽带 IP 网络的关键技术主要包括宽带传输技术、宽带接入技术和高速路由器技术。

1. 宽带传输技术

目前常用的宽带传输技术主要有 IP over ATM（POA）、IP over SDH（POS）和 IP over

DWDM。

（1）IP over ATM

IP over ATM（POA）是 IP 技术与 ATM 技术的结合，它是在 IP 网路由器之间采用 ATM 网传输 IP 数据报。

（2）IP over SD

IP over SDH（POS）是 IP 技术与 SDH 技术的结合，它是在 IP 网路由器之间采用 SDH 网传输 IP 数据报。

（3）IP over DWDM

IP over DWDM 是 IP 与 DWDM 技术相结合的标志。首先在发送端对不同波长的光信号进行复用，然后将复用信号送入一根光纤中传输，在接收端再利用解复用器将各不同波长的光信号分开，送入相应的终端，从而实现 IP 数据报在多波长光路上的传输。

有关 IP over ATM（POA）、IP over SDH（POS）和 IP over DWDM 的具体内容将在本书第 5 章介绍。

2．宽带接入技术

宽带接入技术主要有 ADSL、HFC、FTTX+LAN、EPON/GPON 和无线宽带接入等（详见第 6 章）。

1.5.2　宽带 IP 网络的发展趋势

1．IP 承载网必须满足的要求

IP 网络作为支持下一代电信业务的主要承载网络，必须满足如下要求。

（1）可运营可管理

下一代网络应能够提供营运商一套方便的网络业务运营的管理手段，包括对用户的管理、对网络设备的管理、对网络资源的管理、对业务的管理等。

（2）提供多业务承载的能力

为了降低基础网络建设开销和运营维护成本，要求 IP 网络不仅能够承载现有的 Internet 业务，承载语音和视频等多媒体业务，还要具备如 NGN，3G 等新业务承载的能力。

（3）具有业务质量保证

IP 承载网必须是一个高度稳定、高可用的网络，以保障业务的可靠运营。而且它应能够保证向用户提供类似原来电信网相同甚至更好的服务质量，以使业务在网络上的时延、时延抖动、丢包情况是可控的、可预测的。

（4）业务安全

IP 承载网必须能够提供安全的端到端服务，避免或减少各种恶意攻击对网络业务的影响。采取网络设备抗攻击、用户业务保护、避免非法用户业务盗用等方式保护网络业务安全。

2．宽带 IP 网络的发展趋势

随着 IP 网的迅猛发展以及数据业务量的爆炸性持续增长，迫切需要扩大网络容量。SDH 网难以承受 IP 网如此巨大的业务量，密集波分复用（DWDM）技术逐步得到广泛应用，未来的骨干网络将步入一个全光网的时代，即宽带 IP 网络向光互联网方向发展。

光互联网是以光纤为传输媒介，以 DWDM（密集波分复用）为传输技术，采用高性能的路由器进行路由选择，以 IP 为网络通信协议，并在此基础上承载各种业务。

（1）宽带 IP 网络传输技术的发展

宽带 IP 网络的传输技术将主要采用 IP over DWDM。

从网络层次上来看，IP over ATM 体系结构存在效率低、设备复杂、成本高昂、管理复杂等缺点。IP over SDH 比 IP over ATM 的层次结构简单，因而传输效率比 IP over ATM 高，并且设备简化、成本降低。于是考虑 IP 骨干网采用 IP over SDH（POS），它很快取代 IP over ATM 成为 IP 骨干网的主流技术。

但是 IP over SDH 并不是分层简化的终极体系，在骨干网络中还能进一步简化掉 SDH 层，把 IP 应用直接运行在光通道上。采用 IP over DWDM 技术，可减少网络各层之间的中间冗余部分，减少 SDH、ATM、IP 等各层之间的功能重叠，减少设备操作、维护和管理费用。同时，由于省去了中间的 ATM 层和 SDH 层，其传输效率很高，而且可以大大节省网络运营商的成本，从而间接降低用户获得多媒体通信业务的费用。显然，这是一种最直接、最简单、最经济的 IP 网络体系结构，非常适用于超大型 IP 骨干网。

（2）路由器技术的发展

未来全光互联网带宽巨大、处理速度高，要求路由器具有更高的转发速度以及更大的传输带宽，而且还应很好地解决以往路由器长期困扰人们的 QoS、流量控制和价格昂贵等问题，光路由器则是一个很好的解决方案。

（3）基于 IPv6 的下一代光互联网

为了能充分支持丰富多样、个性化、无处不在的各种创新业务，如远程应用业务（远程教育、远程医疗、远程监控等）、宽带接入业务、视频点播业务、移动业务、网络游戏业务、VoIPv6 业务等，下一代光互联网将采用 IPv6 作为网络通信协议。

小　　结

1. 宽带 IP 网络是指 Internet 的交换设备及路由设备、中继通信线路、用户接入设备和用户终端设备都是宽带的，通常中继线上传信速率为几至几十 Gbit/s，用户接入速率可达 1～100Mbit/s。宽带 IP 网络上能传送各种音视频和多媒体等宽带业务，同时支持当前的窄带业务，它继承与发展了当前的网络技术、IP 技术，并向下一代网络方向发展。

2. Internet 的基础结构大体上经历了 3 个阶段的演进。随着信息技术的发展，人们对信息的需求也不断提高。如今的 Internet 集图像、视频、声音、文字、动画等为一体，即以传输多媒体宽带业务为主。由此 Internet 的发展趋势便是宽带化——向宽带 IP 网络发展，所以宽带 IP 网络技术应运而生。

3. 从宽带 IP 网络的工作方式上看，它可以划分为两大块：边缘部分和核心部分。

边缘部分由所有连接在 IP 网络上的主机组成，这部分是用户直接使用的，用来进行通信和资源共享。边缘部分的主机可以组成局域网。

核心部分由大量网络和连接这些网络的路由器组成，其作用是为边缘部分提供连通性和交换。核心部分的网络根据覆盖范围可分为广域网（WAN）和城域网（MAN）；根据采用的通信方式不同包括分组交换网、帧中继网、ATM 网等。

4．宽带 IP 网络具有以下几个特点：（1）TCP/IP 是宽带 IP 网络的基础与核心；（2）通过最大程度的资源共享，可以满足不同用户的需要；（3）"开放"是 IP 网络建立和发展中执行的一贯策略，对于开发者和用户极少限制；（4）网络用户透明使用 IP 网络，不需要了解网络底层的物理结构；（5）IP 网络宽带化，具有宽带传输技术、宽带接入技术和高速路由器技术；（6）IP 网络将当今计算机领域网络技术、多媒体技术和超文本技术 3 大技术融为一体，为用户提供极为丰富的信息资源和十分友好的用户操作界面。

5．IP 网络服务质量（QoS）是指 IP 数据包在一个或多个网络传输的过程中所表现的各种性能，它是对各种性能参数的具体描述。这些性能参数包括带宽、时延、时延抖动、吞吐量和包丢失率等。

解决网络 QoS 的技术方案主要有：综合服务（IntServ）模型、区分服务（DiffServ）模型、多协议标签交换 MPLS 和 QoS 路由。

综合服务（IntServ）的基本思想是在传送数据之前，根据业务的服务质量需求进行网络资源预留，从而为该数据流提供端到端的服务质量保证，这种预留主要是通过引入资源预留协议 RSVP 实现的。

区分服务（DiffServ）的基本思想是将用户的数据流按照服务质量要求进行等级划分并进行流量控制。任何用户的数据流都可以自由进入网络并被分配到某一个业务等级上，不同类型的业务流具有不同的优先权，当网络出现拥塞时，级别高的数据流在排队和占用资源时比级别低的数据流有更高的优先权。

MPLS 的关键思想是用标签来识别和标记 IP 数据报，并把标签封装后的数据报转发到已升级改善过的路由器或交换机，由它们在网络内部继续交换标签、转发数据报。

QoS 路由是能够依据网络上可用的实际资源和用户业务的 QoS 参数需求进行路径计算、选择的路由机制。

6．宽带 IP 网络的关键技术主要包括宽带传输技术、宽带接入技术和高速路由器技术。

目前常用的宽带传输技术主要有 IP over ATM（POA）、IP over SDH（POS）和 IP over DWDM 等。

宽带接入技术主要有 ADSL、HFC、FTTX+LAN、EPON/GPON 和无线宽带接入等。

7．宽带 IP 网络技术向光互联网方向发展，以 IP over DWDM 为传输技术，采用高性能的路由器进行路由选择，采用 IPv6 作为网络通信协议。

习　题

1-1　宽带 IP 网络与窄带 IP 网络有什么区别？

1-2　宽带 IP 网络包括哪两个部分？各部分的作用是分别是什么？

1-3　宽带 IP 网络的基础与核心是什么？

1-4　反映宽带 IP QoS 网络性能的指标主要有哪些？

1-5　宽带 IP 网络的关键技术主要包括哪些？

1-6　简述宽带 IP 网络的发展趋势。

第 2 章　宽带 IP 网络的体系结构

TCP/IP 是宽带 IP 网络的基础与核心，本章介绍 TCP/IP 参考模型及各层协议，主要内容包括：

- TCP/IP 参考模型
- IP 及辅助协议
- UDP 和 TCP
- 应用层协议
- 下一代网际协议 IPv6

2.1　TCP/IP 参考模型

2.1.1　TCP/IP 分层模型

分层模型包括各层功能和各层协议描述两方面的内容。每一层提供特定的功能和相应的协议，层与层之间相对独立，当需要改变某一层的功能时，不会影响其他层。采用分层技术，可以简化系统的设计和实现，并能提高系统的可靠性和灵活性。

计算机网络最早采用的是开放系统互连参考模型（OSI 参考模型），IP 网也同样采用分层体系结构，即 TCP/IP 分层模型。

读者在前序课中应该已经学习过 OSI 参考模型，但为了保证本书的系统性，同时也为了使大家更好地理解 TCP/IP 分层模型，所以在讨论 TCP/IP 分层模型之前，首先简单介绍一下 OSI 参考模型。

1. OSI 参考模型

（1）问题的提出

我们知道计算机网络的终端主要是计算机，而不同厂家生产的计算机的型号、种类不同，为了使不同类型的计算机能互连，以便相互通信和资源共享，1977 年，国际标准化组织（ISO）提出了开放系统互连参考模型（OSI-RM），并于 1983 年春定为正式国际标准，该标准同时也得到了当时的国际电报电话咨询委员会（CCITT）的支持。

OSI 参考模型是将计算机之间进行数据通信全过程的所有功能逻辑上分成若干层，每一层对应有一些功能，完成每一层功能时应遵照相应的协议。即各层功能和协议的集合构成了 OSI 参考模型。

（2）OSI 参考模型的基本概念

为了更好地理解开放系统互连参考模型，我们首先介绍几个概念。

① 开放系统

所谓开放系统是指能遵循 OSI 参考模型实现互连通信的计算机系统。

② 实体

OSI 模型的每一层都是若干功能的集合，可以看成它由许多功能块组成，每一个功能块执行协议规定的一部分功能，具有相对的独立性，我们称之为实体。实体即可以是软件实体（如一个进程），也可以是硬件实体（如智能输入输出芯片）。每一层可能有许多个实体，相邻层的实体之间可能有联系，相邻层之间通过接口通信。

③ 服务访问点

在同一系统中，一个第（N）层实体和一个第（N+1）层实体相互作用时，信息必须穿越上下两层之间的边界。OSI-RM 中将第（N）层与第（N+1）层这样上下相邻两层实体信息交换的地方，称为服务访问点（Service Access Point，SAP），表示为（N）SAP。（N）SAP 实际上就是第（N）层与第（N+1）层之间的逻辑接口。

④ 服务

OSI 中的服务是指某一层及其以下各层通过接口提供给上层的一种能力。开放系统互连体系结构包含一系列的服务，而每个服务则是通过某一个或某几个协议来实现。

（N）服务是由一个（N）实体作用在一个（N）SAP 上来提供的；或者，（N+1）实体通过（N）SAP 取得（N）实体提供的（N）服务。

（3）OSI-RM 的分层结构

OSI 参考模型共分 7 层。这 7 个功能层自下而上分别是：①物理层；②数据链路层；③网络层；④运输层；⑤会话层；⑥表示层；⑦应用层。图 2-1 表示了两个计算机通过交换网络（设为分组交换网——包括若干分组交换机以及连接它们的链路）相互连接和它们对应的 OSI 参考模型分层的例子。

其中计算机的功能和协议逻辑上分为 7 层；而分组交换机仅起通信中继和交换的作用，其功能和协议只有 3 层。通常把 1～3 层称为低层或下 3 层，它是由计算机和分组交换网络共同执行的功能，而把 4～7 层称为高层，它是计算机 A 和计算机 B 共同执行的功能。

通信过程是：发端信息从上到下依次完成各层功能，收端从下到上依次完成各层功能。如图 2-1 中箭头所示。

（4）各层功能概述

① 物理层

物理层并不是物理媒体本身，它是开放系统利用物理媒体实现物理连接的功能描述和执行连接的规程。物理层提供用于建立、保持和断开物理连接的机械的、电气的、功能的和规程的手段。简而言之，物理层提供有关同步和全双工比特流在物理媒体上的传输手段。

物理层传送数据的基本单位是比特。

物理层典型的协议有 RS232C，RS449/422/423，V.24，V.28，X.20 和 X.21 等。

② 数据链路层

OSI 参考模型数据链路层的功能主要有：

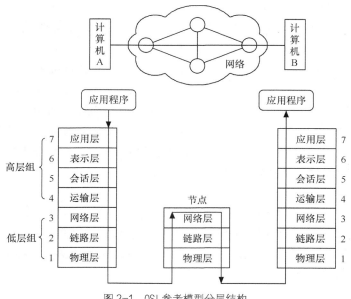

图 2-1 OSI 参考模型分层结构

● 负责数据链路（数据链路包括传输信道和两端的链路控制装置）的建立、维持和拆除。

● 差错控制。

● 流量控制。

数据链路层传送数据的基本单位是帧。

数据链路层常用的协议有基本型传输控制规程和高级数据链路控制（HDLC）规程。

③ 网络层

在计算机通信网中进行通信的两个系统之间可能要经过多个节点和链路，也可能还要经过若干个通信子网。网络层负责将高层传送下来的信息分组进行必要的路由选择、差错控制、流量控制等处理，使通信系统中的发送端的运输层传下来的数据能够准确无误地找到接收端，并交付给其运输层。

网络层传送数据的基本单位是分组。

网络层的协议是 X.25 分组级协议。

④ 运输层

运输层实现用户的端到端的或进程之间数据的透明传送，使会话层实体不需要关心数据传送的细节，同时，还用于弥补各种通信子网的质量差异，对经过下 3 层仍然存在的传输差错进行恢复。具体来说其功能包括端到端的顺序控制、流量控制、差错控制及监督服务质量。

运输层传送数据的基本单位是报文。

⑤ 会话层

为了两个进程之间的协作，必须在两个进程之间建立一个逻辑上的连接，这种逻辑上的连接称之为会话。会话层作为用户进入运输层的接口，负责进程间建立会话和终止会话，并且控制会话期间的对话。提供诸如会话建立时会话双方资格的核实和验证，由哪一方支付通信费用，及对话方向的交替管理、故障点定位和恢复等各种服务。它提供一种经过组织的方法在用户之间交换数据。

会话层及以上各层中，数据的传送单位一般都称为报文，但与运输层的报文有本质的不同。

⑥ 表示层

表示层提供数据的表示方法，其主要功能有：代码转换、数据格式转换、数据加密与解密、数据压缩与恢复等。

⑦ 应用层

应用层是 OSI 参考模型的最高层，它直接面向用户以满足用户的不同需求，是利用网络资源唯一向应用进程直接提供服务的一层。

应用层的功能是确定应用进程之间通信的性质，以满足用户的需要。同时应用层还要负责用户信息的语义表示，并在两个通信用户之间进行语义匹配。

（5）信息在 OSI 参考模型各层的传递过程

OSI-RM 中，不同系统的应用进程在进行数据传送时，其信息在各层之间的传递过程及所经历的变化如图 2-2 所示。

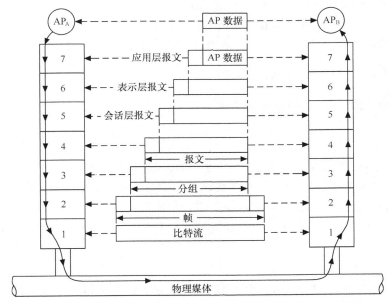

图 2-2　信息在各层之间的传递过程

为叙述方便，在图 2-2 中假定两个开放系统（计算机系统 A 和计算机系统 B）是直接相连的。由计算机系统 A 的应用进程 AP_A 向计算机系统 B 的应用进程 AP_B 传送数据。

由计算机系统 A 的应用进程 AP_A 先将用户数据送至最高层（应用层），该层在用户数据前面加上必要的控制信息，形成应用层报文后送至第 6 层（表示层）。第 6 层收到这一报文后，在前面加上本层的控制信息，形成表示层的报文后送至第 5 层（会话层）。信息按这种方式逐层向下传送，第 4 层（运输层，也称传送层）的数据传送单位为报文，第 3 层（网络层）的数据数据传送单位为分组，到达第 2 层（数据链路层），在此层控制信息分为两个部分，分别加在本层用户数据的首部和尾部，构成数据帧送达最低层（物理层）。物理层实现比特流传送，不需再加控制信息。

当这样一串比特流经过传输媒体到达计算机系统 B 后，再从最低层逐层向上传送，且在每一层都依照相应的控制信息完成指定操作，再去掉本层的控制信息，将剩下的用户数据上交给高一层。依次类推，当数据达到最高层时，再由应用层将用户数据提交给应用进程 AP_B。最终实现了应用进程 AP_A 与应用进程 AP_B 之间的通信。

图 2-3 TCP/IP 模型及与 OSI 参考模型的对应关系

2．TCP/IP 分层模型

TCP/IP 模型及与 OSI 参考模型的对应关系如图 2-3 所示。

由图 2-3 可见，TCP/IP 模型包括 4 层：

● 网络接口层——对应 OSI 参考模型的物理层和数据链路层；

● 网络层——对应 OSI 参考模型的网络层；

● 运输层——对应 OSI 参考模型的运输层；

● 应用层——对应 OSI 参考模型的 5 层、6 层、7 层。

值得强调的是，TCP/IP 模型并不包括物理层，网络接口层下面是物理网络。

2.1.2　TCP/IP 模型各层功能及协议

下面概要地介绍 TCP/IP 模型各层功能及协议。

1．应用层

TCP/IP 应用层的作用是为用户提供访问 Internet 的高层应用服务，如文件传送、远程登录、电子邮件、WWW 服务等。为了便于传输与接收数据信息，应用层要对数据进行格式化。

应用层的协议就是一组应用高层协议，即一组应用程序，主要有文件传送协议（FTP）、远程终端协议（TELNET）、简单邮件传送协议（SMTP）、超文本传送协议（HTTP）等。

2．运输层

TCP/IP 运输层的作用是提供应用程序间（端到端）的通信服务，确保源主机传送的数据正确到达目的主机。

运输层提供了以下两个并列的协议。

（1）传输控制协议（TCP）：负责提供高可靠的、面向连接的数据传送服务，主要用于一次传送大量报文，如文件传送等。

（2）用户数据报协议（UDP）：负责提供高效率的、无连接的服务，用于一次传送少量的报文，如数据查询等。

运输层的数据传送单位是 TCP 报文段或 UDP 报文（统称为报文段）。

3．网络层

网络层的作用是提供主机间的数据传送能力，其数据传送单位是 IP 数据报。

网络层的核心协议是 IP，IP 非常简单，它提供的是不可靠、无连接的 IP 数据报传送服务。

网络层的辅助协议是协助 IP 更好地完成数据报传送，主要有以下几个协议。

（1）地址解析协议（ARP）——用于将 IP 地址转换成物理地址。连在网络中的每一台主机都要有一个物理地址，物理地址也叫硬件地址，即 MAC 地址，它是固化在计算机的网卡上。

（2）逆地址解析协议（RARP）——与 ARP 的功能相反，用于物理地址转换成 IP 地址。

（3）Internet 控制报文协议（ICMP）——用于报告差错和传送控制信息，其控制功能包括差错控制、拥塞控制和路由控制等。

（4）Internet 组管理协议（IGMP）——IP 多播用到的协议，利用 IGMP 使路由器知道多播组成员的信息。

4．网络接口层

网络接口层的数据传送单位是物理网络帧（简称物理帧或帧）。

网络接口层主要功能如下。

（1）发端负责接收来自网络层的 IP 数据报，将其封装成物理帧并且通过特定的网络进行传输；

（2）收端从网络上接收物理帧，抽出 IP 数据报，上交给网络层。

网络接口层没有规定具体的协议。请注意，TCP/IP 模型的网络接口层对应 OSI 参考模型的物理层和数据链路层，不同的物理网络对应不同的网络接口层协议。

TCP/IP 模型中各层协议归纳如图 2-4 所示。

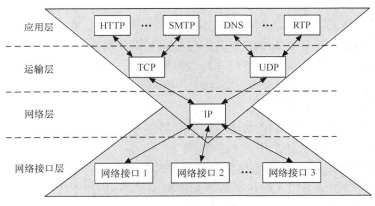

图 2-4　TCP/IP 协议集

由图 2-4 可以看出两点：一是 IP over Everything，即 IP 可应用到各式各样的网络上；二是 Everything over IP，即 IP 可为各式各样的应用程序提供服务。

有关 TCP/IP 模型的各层协议，这里还有两个问题需要说明：

● TCP/IP 是一个协议集，IP 和 TCP 是其中两个重要的协议。

● 严格地说，应用程序并不是 TCP/IP 的一部分，用户可以在运输层之上建立自己的专用程序。但设计使用这些专用应用程序要用到 TCP/IP，所以将它们作为 TCP/IP 的内容，其实它们不属于 TCP/IP。

以上对 TCP/IP 模型各层功能和协议做了概要的介绍，下面分别具体论述 TCP/IP 模型各层协议的相关内容。

2.2 IP 及辅助协议

我们知道，TCP/IP 模型网络层协议包括 IP 及辅助协议，下面首先详细介绍 IP，然后简单分析 IP 的辅助协议。

2.2.1 IP（IPv4）

目前 Internet 广泛采用的 IP 是 IPv4，为了解决 IPv4 地址资源紧缺问题，近些年正在研究 IPv6。这里介绍的是 IPv4，将在本章 2.5 节探讨 IPv6 的相关内容。

1．IP 的特点

IP 是网络层的核心协议，它的特点有：
- 仅提供不可靠、无连接的数据报传送服务；
- IP 是点对点的，所以要提供路由选择功能；
- IP（IPv4）地址长度为 32bit。

2．IP 地址（分类的 IP 地址）

Internet 为每一个上网的主机分配一个唯一的标识符，即 IP 地址。

（1）IP 地址的结构

IP 地址是分等级的，其地址结构如图 2-5 所示。

网络地址	主机地址

图 2-5　IP 地址的结构

IP 地址长 32bit（现在由 Internet 名字与号码指派公司 ICANN 进行分配），包括两部分：网络地址（网络号）——用于标识连入 Internet 的网络；主机地址（主机号）——用于标识特定网络中的主机。

IP 地址分两个等级的好处是：

① IP 地址管理机构在分配 IP 地址时只分配网络号，而剩下的主机号则由得到该网络号的单位自行分配，这样就方便了 IP 地址的管理。

② 路由器仅根据目的主机所连接的网络号来转发 IP 数据报（而不考虑目的主机号），这样就可以使路由表中的项目数大幅度减少，从而减小了路由表所占的存储空间。

（2）IP 地址的表示方法

IP 地址用点分十进制表示。所谓点分十进制是 32bit 长的 IP 地址，以×．×．×．×格式表示，×为 8bit，其值为 0～255。即：

十进制值　．　十进制值　．　十进制值　．　十进制值

例 2-1：某 IP 地址为 10011000 01010001 10000001 00000000，将其表示成点分十进制形式。

答：此 IP 地址的点分十进制表示为

152.81.129.0

点分十进制表示的好处是可以提高 IP 地址的可读性，而且可很容易地识别 IP 地址类别。下面介绍 IP 地址的类别。

（3）IP 地址的类别

根据网络地址和主机地址各占多少位，IP 地址分成为 5 类，即 A 类～E 类，如图 2-6 所示。

图 2-6　IP 地址的类别

IP 地址格式中，前几个比特用于标识地址是哪一类。A 类地址第一个比特为 0；B 类地址的前两个比特为 10；C 类地址的前 3 个比特为 110；D 类地址的前 4 个比特为 1110；E 类地址的前 5 个比特为 11110。由于 Internet 地址的长度限定于 32 个比特，类的标识符占用位数越多，则可使用的地址空间就越小。

Internet 的 5 类地址中，A、B、C 3 类为主类地址，D、E 为次类地址。目前 Internet 中一般采用 A 类、B 类、C 类地址。下面根据图 2-6 将这 3 类地址做个归纳，如表 2-1 所示。

表 2-1　　　　　　　　　　　　　　A 类、B 类、C 类 IP 地址

类别	类别比特	网络地址空间	主机地址空间	起始地址	标识的网络种类	每网主机数	适用场合
A 类	0	7	24	1～126	126 (2^7-2)	16777214 $(2^{24}-2)$	大型网络
B 类	10	14	16	128～191	16384 (2^{14})	65534 $(2^{16}-2)$	中型网络
C 类	110	21	8	192～223	2097152 (2^{21})	254 (2^8-2)	小型网络

这里有以下几点说明。

● 起始地址是指前 8 个比特表示的地址范围。

● A 类地址标识的网络种类为 2^7-2，减 2 的原因是：第一，IP 地址中的全 0 表示"这个"（this）。网络号字段为全 0 的 IP 地址是个保留地址，意思是"本网络"。第二，网络号字段为 127（即 01111111）保留作为本地软件环回测试本主机用（后面 3 字节的二进制数字可任意填入，但不能都是 0 或都是 1）。

● 每网主机数 2^n-2，减 2 的原因是：全 0 的主机号字段表示该 IP 地址是本主机所连接到的"单个网络"地址（例如，一主机的 IP 地址为 116.16.32.5，该主机所在网络的 IP 地址就是 116.0.0.0）。而全 1 表示"所有的（all）"，因此全 1 的主机号字段表示该网络上的所有主机。

● 实际上，IP 地址是标志一个主机（或路由器）和一条链路的接口。当一个主机同时连接到两个网络上时，该主机就必须同时具有两个相应的 IP 地址，其网络号必须是不同的。这种主机称为多接口主机（其实就是路由器）。由于一个路由器至少应当连接到两个网络（这样它才能将 IP 数据报从一个网络转发到另一个网络），因此一个路由器至少应当有两个不同的 IP 地址。

● 另外，D 类地址不标识网络，起始地址为 224～239，用于特殊用途（做为多播地址）。E 类地址的起始地址为 240～255。该类地址暂时保留，用于进行某些实验及将来扩展之用。

以上介绍的是两级结构的 IP 地址，这种两级 IP 地址存在一些缺点：一是 IP 地址空间的利用率有时很低，比如 A 类和 B 类地址每个网络可标识的主机很多，如果这个网络中同时上网的主机没那么多，显然主机地址资源空闲浪费；二是两级的 IP 地址不够灵活。为了解决这些问题，Internet 采用子网地址，由此 IP 地址结构由两级发展到三级。

（4）子网地址和子网掩码

① 划分子网和子网地址

为了便于管理，一个单位的网络一般划分为若干子网，子网是按物理位置划分的。为了标识子网和解决两级的 IP 地址的缺点，采用子网地址。

子网编址技术是指在 IP 地址中，对于主机地址空间采用不同方法进行细分，通常是将主机地址的一部分分配给子网做为子网地址。采用子网编址后，IP 地址结构变为三级，如图 2-7 所示。

网络地址	子网地址	主机地址

图 2-7　三级 IP 地址结构

② 子网掩码

子网掩码是一个网络或一个子网的重要属性，其作用有两个：一个是表示子网和主机地址位数；另一个是将某台主机的 IP 地址和子网掩码相与可确定此主机所在的子网地址。

子网掩码的长度也为 32bit，与 IP 地址一样用点分十进制表示。

如果已知一个 IP 网络的子网掩码，我们将其点分十进制转换为 32bit 的二进制，其中"1"代表网络地址和子网地址字段；"0"代表主机地址字段。举例说明如下。

例 2-2：某网络 IP 地址为 168.5.0.0，子网掩码为 255.255.248.0，求（1）子网地址、主机地址各多少位。（2）此网络最多能容纳的主机总数（设子网和主机地址的全 0、全 1 均不用）。

答：（1）此网络采用 B 类 IP 地址

B 类地址网络地址空间为 14，再加 2 位标志位共 16 位

后 16 位为子网地址和主机地址字段

子网掩码对应的二进制：11111111 11111111 11111000 00000000

子网地址 5 位，主机地址 11 位

（2）此网络最多能容纳的主机数为：$(2^5 - 2)(2^{11} - 2) = 61380$

例 2-3：某主机 IP 地址为 165.18.86.10，子网掩码为 255.255.224.0，求此主机所在的子网地址。

答：主机 IP 地址 165.18.86.10 的二进制为：

10100101 00010010 01010110 00001010

子网掩码 255.255.224.0 的二进制为：

11111111 11111111 11100000 00000000

将主机的 IP 地址与子网掩码相与，可得此主机所在的子网地址为：

10100101 00010010 01000000 00000000

其点分十进制为：165.18.64.0

需要说明的是，Internet 中为了简化路由器的路由选择算法，不划分子网时也要使用子网掩码。此时子网掩码：1 比特的位置对应 IP 地址的网络号字段；0 比特的位置对应 IP 地址的主机号字段。

在一个划分子网的网络中可同时使用几个不同的子网掩码，这叫可变长子网掩码。

划分子网在一定程度上缓解了 Internet 在发展中遇到的一些困难。但是仍然面临着 IPv4 的地址资源紧缺问题，Internet 的用户数急剧增长，整个 IPv4 的地址空间最终将全部耗尽。为了提高 IP 地址资源的利用率，研究出无分类编址方法，它的正式名字是无分类域间路由选择（Classless Inter-Domain Routing，CIDR）。

3．无分类编址（无分类域间路由选择）

（1）CIDR 的主要特点

CIDR 具有以下主要特点。

① CIDR 不再划分 A 类、B 类和 C 类地址，也不再划分子网地址，因而可以更加有效地分配 IPv4 的地址空间。

② CIDR 使用各种长度的"网络前缀"来代替分类地址中的网络号和子网号。

③ IP 地址是无分类的两级编址。

（2）CIDR 的记法

CIDR 一般表示为：

IP 地址 ::= {<网络前缀>，<主机号>}

CIDR 也可以采用斜线记法，具体为：在 IP 地址后面加上一个斜线"/"，然后写上网络前缀所占的比特数（这个数值对应于三级编址中子网掩码中 1 比特的个数）。

例如，CIDR 地址 196.28.65.30/22（其二进制表示为 11000100 00011100 01000001 00011110）

表示网络前缀占 22bit，为 11000100 00011100 010000

主机号占 10bit，为 01 00011110

需要注意的是，上例 CIDR 的斜线记法指的是一个单个的 IP 地址。

（3）CIDR 地址块

CIDR 将网络前缀都相同的连续的 IP 地址组成 CIDR 地址块。一个 CIDR 地址块是由起始地址（地址块中的最小地址）和地址块中的地址数来决定的。

CIDR 地址块的表示方法有以下几种。

① 斜线记法

例如，132.10.80.0/20 表示的地址块共有 2^{12} 个地址，132.10.80.0 为地址块的起始地址。（在不需要指出地址块的起始地址时，也可将这样的地址块简称为"/20 地址块"）。

这个地址块的所有地址为：

10000100 00001010 01010000 00000000　（最小地址：132.10.80.0）
10000100 00001010 01010000 00000001
10000100 00001010 01010000 00000010
10000100 00001010 01010000 00000011
10000100 00001010 01010000 00000100
10000100 00001010 01010000 00000101
　　　　　　　　⋮
10000100 00001010 01011111 11111011
10000100 00001010 01011111 11111100
10000100 00001010 01011111 11111101
10000100 00001010 01011111 11111110
10000100 00001010 01011111 11111111　（最大地址：132.10.95.255）

其实主机号全 0 的 132.10.80.0 和主机号全的 1132.10.95.255 不用，所以此地址块实际共有 $2^{12}-2$ 个地址。由此例可以看出，CIDR 地址块中所有地址的前缀都是一样的，网络前缀越短，其地址块所包含的地址数就越多。

② 将点分十进制中低位连续的 0 省略

例如，56.0.0.0/12 可简写为 56/12。

③ 用二进制表示

例如，56.0.0.0/12 可写为：

00111000 0000×××× ×××××××× ××××××××

（20 个×可以是任意值，但全 0 和全 1 的主机号一般不使用）

④ 网络前缀的后面加一个星号 * 的表示方法

例如，56.0.0.0/12 可写为：

00111000 0000*

在星号*之前是网络前缀，而星号*表示 IP 地址中的主机号。

需要注意的是，见到斜线记法表示的地址时，一定要根据上下文弄清它是指一个单个的 IP 地址还是指一个地址块。

（4）CIDR 的掩码

CIDR 虽然不使用子网了，但仍然使用"掩码"这一名词（但不叫子网掩码）。

掩码是这样表示的：网络前缀所占的比特数均为 1，主机号所占的比特数均为 0。

例如，对于/22 地址块，它的掩码是 22 个连续的 1，接着有 10 个 0，斜线记法中的数字就是掩码中 1 的个数。

例 2-4：求 56.0.0.0/12 地址块的掩码，将其表示成点分十进制形式。

答：56.0.0.0/12 的掩码的二进制为：

11111111 11110000 00000000 00000000

此掩码的点分十进制为：255.240.0.0

4．IP 数据报格式

IP 数据报的格式如图 2-8 所示。

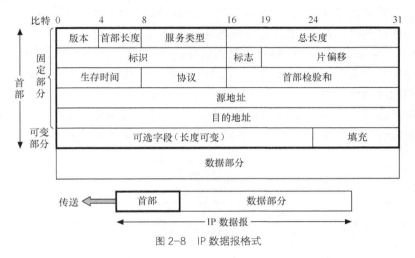

图 2-8　IP 数据报格式

IP 数据报由报头（也叫首部）和数据两部分组成，其中首部又包括固定长度字段（共 20 字节，是所有 IP 数据报必须具有的）和可选字段（长度可变）。

下面介绍首部各字段的作用。

● 版本（4bit）——指出 IP 的版本，目前的 IP 版本号为 4（即 IPv4）。

● 首部长度（4bit）——以 32bit（4 字节）为单位指示 IP 数据报首部的长度。如果首部只有固定长度字段，则首部最短为 20 字节；首部长度字段占用 4bit，首部长度的最大值为 15，而它又以 4 字节为单位指示，所以 IP 数据报首部的最大长度为 60 字节，即首部长度为 20～60 字节。

● 服务类型（8bit）——用来表示用户所要求的服务类型，具体包括优先级、可靠性、吞吐量和时延等。

优先级	D	T	R	C	未用

D 比特设置时，表示要求有更低的时延；T 比特设置时，表示要求有更高的吞吐量；R 比特设置时，表示要求有更高的可靠性；C 比特设置时，表示要求选择更小的路由。

● 总长度（16bit）——以字节为单位指示数据报的长度，数据报的最大长度为 65535 字节。

● 标识、标志和片偏移字段（共 32bit）——控制分片和重组（分片和重组的概念后述）。

● 生存时间（8bit）——记为 TTL，控制数据报在网络中的寿命，其单位为秒。

● 协议字段（8bit）——指出此数据报携带的数据使用何种协议，以便目的主机的网络层决定将数据部分上交给哪个处理过程。

● 首部检验和字段（16bit）——对数据报的首部（不包括数据部分）进行差错检验。

- 源地址和目的地址——各占 4 字节，即发送主机和接收主机的 IP 地址。
- 可选字段——用来支持排错、测量及安全等措施。
- 填充——IP 数据报报头长度为 32bit 的整倍数，假如不是，则由填充字段添 "0" 补齐。

5．IP 数据报的传输

前面我们已经学习了 IP 地址的相关内容，在具体探讨 IP 数据报的传输之前，首先简单介绍一下硬件地址的概念及 IP 地址与硬件地址的区别。

在 IP 网中，每台上网的主机和路由器都要分配 IP 地址，IP 地址放在 IP 数据报的首部；而在物理网络中每台主机和路由器都有自己的物理地址，也叫硬件地址（固化在网卡中），硬件地址放在物理网络帧的首部。

从层次的角度看，IP 地址是在网络层及以上各层使用的地址；硬件地址是在数据链路层和物理层（对应着网络接口层）使用的地址。IP 地址与硬件地址的区别如图 2-9 所示。

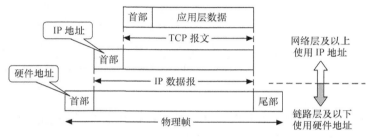

图 2-9　IP 地址与硬件地址的区别

（1）在发送端

源主机在网络层将运输层送下来的报文组装成 IP 数据报（IP 数据报首部的源 IP 地址是源主机的 IP 地址；目的 IP 地址是目的主机的 IP 地址，不是沿途经过的路由器的 IP 地址），然后将 IP 数据报送到网络接口层。

在网络接口层对 IP 数据报进行封装，即将数据报作为物理网络帧的数据部分，前面加上首部后面加上尾部，形成可以在物理网络中传输的帧，然后送到物理网络上传输。IP 数据报的封装可参照图 2-9 所示。

这里有两点需要说明。

- 每个物理网络都规定了物理帧的大小，物理网络不同，帧的大小限制也不同，物理帧的最大长度称为最大传输单元（MTU），一个物理网络的 MTU 由硬件决定，通常情况下是保持不变的。而 IP 数据报的大小由软件决定，在一定范围内可以任意选择。可通过选择适当的 IP 数据报大小以适应 Internet 中不同物理网络的 MTU，使一个 IP 数据报封装成一个物理帧。

- 另外，帧头中的地址是硬件地址，其目的地址是下一个路由器的硬件地址，在网络接口层由网络接口软件调用 ARP 得到下一个路由器的硬件地址（即利用 ARP 将 IP 地址转换为物理地址）。

（2）在网络中传输

源主机所发送的 IP 数据报（已封装成物理网络帧，但习惯说成 IP 数据报）在到达目的主机前，可能要经过由若干个路由器连接的许多不同种类的物理网络。路由器对 IP 数据报要进行以下处理：路由选择、传输延迟控制和分片（需要的话，进行分片）等，下面分别具体介绍。

① 路由选择

每个路由器都要根据目的主机的 IP 地址对 IP 数据报进行路由选择。

② 传输延迟控制

为避免由于路由器路由选择错误，至使数据报进入死循环的路由，而无休止地在网中流动，IP 对数据报传输延迟要进行特别的控制。为此，每当产生一个新的数据报，其报头中"生存时间"字段均设置为本数据报的最大生存时间（TTL），单位为秒。随着时间流逝，路由器从该字段减去消耗的时间。一旦 TTL 小于 0，便将该数据报从网中删除，并向源主机发送出错信息。

③ 分片

● 分片的概念

IP 数据报要通过许多不同种类的物理网络传输，而不同的物理网络 MTU 大小的限制不同。为了选定最佳的 IP 数据报大小，以实现所有物理网络的数据报封装，IP 提供了分片机制，在 MTU 较小的网络上，将数据报分成若干片进行传输。

为了说明这个问题，参见图 2-10。

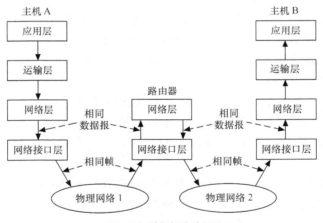

图 2-10　数据报分片图示

设主机 A 要和主机 B 通信。

假如物理网络 1 的 MTU 较大，物理网络 2 的 MTU 较小。主机 A 根据物理网络 1 的 MTU 选择合适的 IP 数据报大小，即一个 IP 数据报封装成物理网络 1 的一个物理帧。但是此 IP 数据报对于物理网络 2 来说就长了，所以在路由器（网络层）中要将 IP 数据报进行分片，每一片在网络接口层封装成短的物理帧，然后送往物理网络 2 传输。在目的主机中再将各片重组为原始数据报。

值得说明的是，分片是在 MTU 不同的两个网络交界处路由器中进行的，而片重组是由目的主机完成。IP 数据报在传输过程中可以多次分片，但不能重组。

这种重组方式使各片独立路由选择，不要求中间路由器存储和重组片，简化了路由器协议，减轻了路由器负担，使得 IP 数据报能以最快速度到达目的主机。

- 分片方法

每片与原始数据报具有相同的格式，每片中包括片头和部分数据报数据。其中，片头大部分是复制原始数据报的报头，只增加了少量表示分片信息的比特（我们认为片头=报头）；而片数据≤MTU−片头，另外在求片数据大小时，注意分片必须发生在 8 字节的整倍数（原因后述）。

例 2-5：一个 IP 数据报长为 1132 字节，报头长 32 字节，现要在 MTU 为 660 字节的物理网络中传输，如何分片？画出各片结构示意图。

答：数据区长 1132−32=1100 字节

片头+片数据≤MTU

片数据≤MTU−片头=660−32=628 字节

因为分片必须发生在 8 字节的整倍数，所以每片数据取 624 字节。

各片结构如图 2-11 所示。

图 2-11 中的偏移量是指在原始数据报中每片数据首字节与报头最后一个字节的间隔。

图 2-11 分片示意图

- 分片控制

数据报报头中，与控制分片和重组有关的 3 个字段为标识、标志和片偏移。

标识——占 16bit，标识字段是目的主机赋予数据报的标识符，其作用是确保目的主机能重组分片为数据报。分片时，该字段必须原样复制到新的片头中。当分片到达时，目的主机使用标识字段和源地址来识别分片属于哪个数据报。

标志——占 3bit，如图 2-12 所示。

标志字段目前只有前两位有意义。标志字段的最低位是

保留	DF	MF

图 2-12 标志字段的意义

MF（More Fragment），MF=1 表示后面"还有分片"，MF=0 表示这已是最后一个分片；标志字段中间的一位是 DF（Don't Fragment），意思是"不能分片"，只有当 DF=0 时才允许分片。

片偏移——占 13bit，指出某片数据在初始数据报数据区中的偏移量，其偏移量以 8 字节为单位指示（所以分片必须发生在 8 字节的整倍数）。由于各片按独立数据报的方式传输，到达目的主机的过程是无序的，则重组的片顺序由片偏移字段提供。如果有一片或多片丢失，则整个数据报必须废弃。

（3）在接收端

当所传数据流到达目的主机时，首先在网络接口层识别出物理帧，然后去掉帧头，抽出 IP 数据报送给网络层。

在网络层需对数据报目的 IP 地址和本主机的 IP 地址进行比较。如果相匹配，IP 软件接收该数据报并将其交给本地操作系统，由高级协议的软件处理；如果不匹配（说明本主机不是此 IP 数据报的目的地），IP 则要将数据报报头中的生存时间减去一定的值，结果如大于 0，则为其进行路由选择并转发出去。

如果 IP 数据报在传输过程中进行了分片，目的主机要进行重组。

（注：由于历史的原因，许多有关 TCP/IP 的文献习惯上将路由器称为网关。）

2.2.2 Internet 控制报文协议

1. ICMP 的作用

IP 提供不可靠、无连接的数据报传送服务。由于实际系统并不是理想的，差错和故障的发生总是难免的。因此，需要建立差错检测与控制机制，报告传送错误和提供控制功能，以保证 Internet 的正常工作。其中控制功能包括差错控制、拥塞控制和路由控制等，IP 控制报文协议（Internet Control Message Protocol，ICMP）就是 TCP/IP 提供的用以解决差错报告与控制的主要手段。

作为 IP 不可缺少的组成部分，ICMP 是 IP 正常工作的辅助协议。当 IP 数据报在传输过程中产生差错或故障时，ICMP 允许路由器和主机发送差错报文或控制报文给其他路由器或主机。

2. ICMP 报文的封装及格式

（1）ICMP 报文的封装

当需要完成差错控制、拥塞控制和路由控制等控制功能时，就要传送 ICMP 报文。ICMP 报文作为 IP 数据报的数据部分，加上数据报的首部（报头），组成 IP 数据报发送出去，如图 2-13 所示。

图 2-13 ICMP 报文的封装

虽然 ICMP 报文利用 IP 数据报的数据部分传送，但 ICMP 不是 IP 的高层协议，它仍是网络层中的协议，ICMP 仅是作为 IP 的一个辅助协议。

（2）ICMP 报文格式

ICMP 报文格式如图 2-14 所示。

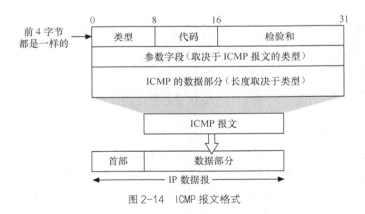

图 2-14 ICMP 报文格式

ICMP 报文分为报头和数据区两大部分，其中报头包含类型字段、代码字段和校验和字段 3 项（可能还包括参数字段）。

● 类型字段——占 8bit，表示 ICMP 报文类型，类型字段不同的数值所表示的 ICMP 报文类型如表 2-2 所示。

表 2-2   ICMP 报文类型

类型字段数值	ICMP 报文类型
0	回送应答
3	目的不能到达
4	源站抑制
5	重定向（改变路由）
8	回送请求
9	路由器通告
10	路由器询问
11	数据报超时
12	数据报参数问题
13	时间戳请求
14	时间戳应答
15	信息请求
16	信息应答
17	掩码地址请求
18	掩码地址应答

- 代码字段——占 8bit，用于进一步区分某种类型中的几种不同情况。
- 校验和字段——占 16bit，提供对整个 ICMP 报文的差错校验。
- 参数字段——占 32bit，这部分内容与 ICMP 的类型有关（没有可不用）。
- 数据字段——ICMP 报文数据区含有出错 IP 数据报报头及其前 64bit 数据，这些信息将由 ICMP 提供给发送主机，以确定出错数据报。

3．ICMP 报文的类型

ICMP 报文包括两种类型：ICMP 差错报告报文和 ICMP 询问报文。

（1）ICMP 差错报告报文

ICMP 差错报告报文的主要类型及作用如下。

① 目的不能到达——当路由器或目的主机不能交付数据报时，就向源主机发送目的不能到达报文。

② 源站抑制——当路由器或目的主机由于拥塞而丢失数据报时，就向源主机发送源站抑制报文，通知源站放慢发送数据报的速率，以缓解拥塞。

③ 数据报超时——当路由器收到生存时间为零的数据报时，将该数据报从网中删除，并向源主机发送数据报超时报文。而当目的主机在规定的时间内没能收到数据报，就向源主机发送数据报超时报文；若数据报在传输过程中分片，当目的主机在规定的时间内没能收到全部的数据报各片时，就把已经收到的数据报片都丢弃，向源主机发送数据报超时报文。

④ 参数问题——当路由器或目的主机收到的数据报首部中有的字段的值不正确时，就丢

弃该数据报，并向源主机发送参数问题报文。

⑤ 重定向（改变路由）——路由器把改变路由报文发送给源主机，通知源主机下次应将数据报发送给另外的路由器（可通过更好的路由）。

（2）ICMP 询问报文

ICMP 询问报文的主要类型及作用如下。

① 回送请求和回答报文——源主机或路由器向一个特定的目的主机发送回送请求报文，用来测试目的主机是否可达以及了解其有关状态，收到该回送请求报文的目的主机必须给源主机或路由器回送 ICMP 回答报文。

② 时间戳请求和回答报文——用来进行时钟同步和测量时间。

③ 掩码地址请求和回答报文——可向掩码服务器得到某个接口（对应网络）的地址掩码。

④ 路由器询问和通告报文——用来了解连接在本网上的路由器能否正常工作。

2.2.3　ARP 和 RARP

1．地址转换协议

（1）地址转换协议的作用

在 Internet 中，每一个物理网络中的主机都具有自己的物理地址，并且这些主机不能直接识别 IP 地址。即 IP 地址是不能直接用来通信的，在实际链路上传送数据帧时，必须使用物理地址。所以在 Internet 中要求提供实现物理地址与 IP 地址转换的协议，为此 TCP/IP 提供了地址转换协议（ARP）和逆向地址转换协议（RARP）。

地址转换协议（ARP）的作用是将 IP 地址转换为物理地址。

（2）ARP 的工作原理

在每台使用 ARP 的主机中，都保留了一个专用的内存区即高速缓存，存放着 ARP 转换表。表中登记有最近获得的 IP 地址和物理地址的对应。

当某台主机要发送 IP 数据报时，查找 ARP 表得到目的主机 IP 地址对应的物理地址，然后将 IP 数据报封装成物理帧（其帧头中有目的主机的物理地址），传送给该物理网络地址所对应的目的主机。

ARP 表中的表项是通过发送和接收 ARP 报文而获得的。首先 ARP 将带有源主机自身的物理地址和目的地 IP 地址的报文向网络广播，当目的主机收到该报文后由物理网络的驱动程序检查帧类型并交给 ARP。ARP 识别出自己的 IP 地址，则根据发送者的物理地址向发送者发出一个应答报文，说明自己的物理地址。源主机将收到目的主机的 IP 地址和物理地址登记到 ARP 转换表中。此后再发送 IP 数据报时，便可通过查 ARP 转换表实现地址转换。

2．逆向地址转换协议

逆向地址解析协议（RARP）的作用是将物理地址转换为 IP 地址。

逆向地址解析协议（RARP）使只知道自己硬件地址的主机（无盘工作站）能够知道其 IP 地址。RARP 目前已很少使用。

2.2.4　IP 多播及 IGMP

1. IP 多播的基本概念

（1）IP 多播的概念

IP 多播就是在 IP 网上进行一对多的通信，即由一个源点发送到许多个终点。尽管广播与多播都实现点到多点数据传输，但二者在概念和实现上存在着很大差异。

广播的目的站点是网络中所有站点。广播通信实现相对简单，目的站点将接收所有广播数据。

而对于多播通信，目的站点是网络中部分站点（这些站点组成一个多播组），发往某个多播组的数据只能被多播组内的站点所接收。各站点可自主地决定是否参与某个多播组的通信，可随时加入或退出某个多播组，而且也允许一个站点加入多个多播组。多播通信涉及多播组成员的管理和识别的问题，比广播通信复杂得多。

IP 多播采用的 IP 地址是 D 类地址。D 类 IP 地址的前 4 位是 1110，因此 D 类地址范围是 224.0.0.0～239.255.255.255。每一个 D 类地址可以标识一个多播组，共可标识 2^{28} 个多播组。多播地址只能用于目的地址，而不能用于源地址。

IP 多播可以分为两种：一种是只在本局域网上进行硬件多播，另一种是在 IP 网的范围进行多播。

（2）在局域网上进行硬件多播（简称硬件多播）

由于目前应用比较多的局域网是以太网，所以在此以以太网为例介绍如何在在局域网上进行硬件多播。有关以太网的详细内容参见本书第 3 章。

由于以太网的传输介质是广播式的，因此也容易实现对多播的支持。

① 硬件多播地址

上面介绍过硬件地址（或物理地址）的概念，IEEE 802 标准为以太网规定了一种 48bit 的硬件地址（一般用 16 进制表示）。其中前 3 个字节由 IEEE 的注册管理委员会 RAC 负责分配，后 3 个字节由厂家自行指派。

以太网预留了用于多播通信的硬件地址空间。在 48bit 的以太网硬件地址中，因特网号码指派管理局（IANA）拥有的以太网地址块的高 24 位为 00-00-5E。其中最高字节的最低比特被用于标识多播地址：若该位被置 1 表示该地址是一个多播地址，否则表示该地址是一个普通的单播地址。规定 TCP/IP 使用的以太网多播地址块的范围是：从 01-00-5E-00-00-00～01-00-5E-7F-FF-FF，可见在每一个硬件地址中，只有 23 位可用作多播。

以太网中约有一半的地址空间可用于多播通信，每一个多播地址被用来唯一地标识一个多播组。若目的地址为多播地址，则表示该数据帧为多播帧，应被目的多播地址所指定的多播组中的所有成员所接收。

② 硬件多播的实现

当站点需要加入某个多播组时，高层软件首先通过某种方式获得该组的地址。以太网硬件支持对多播数据帧的识别。通常以太网接口中有一组寄存器，用来记录本站点所属的所有多播组的地址。站点加入一个多播组时，高层软件可通过设备驱动程序将其多播地址配置到网络接口的多播地址寄存器中。

　　在工作时，网络接口监听以太网总线上的所有数据帧。对单播数据帧，若目的地址等于自身硬件地址，则接收该帧；否则将其过滤。对广播数据帧，则无条件接收。对多播数据帧，若多播地址与自身接口上多播寄存器中记录的某一个多播地址值相匹配，则接收该帧，否则将其过滤。通过这种方式，以太网就可同时支持单播、广播和多播。

　　（3）IP 网上的多播

　　① IP 网上多播的特点

　　若将 IP 网看作是一个统一的虚拟网络，那么 IP 多播与在局域网上进行硬件多播的概念相同。但是由于 IP 网自身是一个由众多异种网络构成的互联网，在 IP 网上实现多播比在局域网上进行硬件多播要复杂得多，而且它们也有本质上的区别。

　　归纳起来，IP 多播的特点如下。

　　● 　IP 网上的多播是在通信子网（网络层或 IP 层）上提供的多播功能——IP 多播是一种网络层的功能，用于向高层用户提供 IP 数据报的多播传送服务。

　　● 　使用多播 IP 地址来标识一个多播组——每个多播组都具有一个唯一的多播 IP 地址（D 类地址）。

　　● 　多播组成员的任意性——多播组成员可以位于 IP 网中的任何位置。一个站点可在任何时候自主、动态地加入或退出某个多播组，而且一个站点也可以是任意多个多播组的成员。另外，IP 多播允许任何站点向任何多播组发送数据，多播组成员只用于确定站点主机是否接收发往多播组的数据，而不用于限制发送者。

　　● 　多播组成员的匿名性——发送者在向一个多播组发送数据报时，只需要使用多播组的地址，而并不需要了解多播组成员的数量和各成员的地址。

　　● 　IP 多播依赖于路由器对多播功能的支持——由于 IP 多播组的成员可位于 IP 网的任何位置上，为保证多播在逻辑上的一致性，IP 网应能够将多播数据报正确地转发到所有成员站点所在的网络中去。显然，该过程不仅包含了在同一个网络中多播数据报的传送，也包含了多播数据报在不同网络之间的转发过程。这种在不同网络之间进行的多播数据报转发需要路由器来参与完成，路由器对多播数据报进行转发时也必然需要进行路由选择。

　　● 　尽力而为的转发机制——IP 对多播数据报的转发与对单播数据报的转发一样，采用的是不可靠的、尽力而为的数据报转发机制。这意味着多播数据报与其他单播数据报一样，在传输过程中可能存在丢失、延迟、重复或乱序，部分多播组的成员可以成功接收数据报，而另一些将可能失败。

　　② IP 多播地址到硬件多播地址的映射

　　由上述可知，硬件地址中只有 23 位可用作多播，D 类 IP 地址可供分配的有 28 位，在这28 位中的前 5 位不能用来构成以太网硬件地址，只需将 IP 多播地址的低 23 位直接映射成以太网多播硬件地址的低 23 位上。D 类 IP 地址与以太网多播硬件地址的映射关系如图 2-15 所示。

　　例如，IP 多播地址 224.19.36.8 将被映射成以太网多播地址 01.00.5E.19.36.8，即01.00.5E.13.24.08。

　　由于 IP 多播地址中有 28 个有效位来标识多播组，而只有低 23 位映射成硬件地址，因此可能有多个 IP 多播地址（对应多个多播组）被映射到同一个以太网多播地址。采用这种映射方法是为了降低实现的复杂度，也使软件调试更为容易，还能消除在共享以太网通信时 IP 与其他协议之间的相互干扰。其实，使用 28 位中的 23 位作为硬件地址已经包括了足够大的多播地址的集合，两个多播组地址在映射时出现冲突的概率相当小。尽管如此，IP 多播软件需要检查传入数据报的多播地址，以便丢弃那些不需要的数据报。

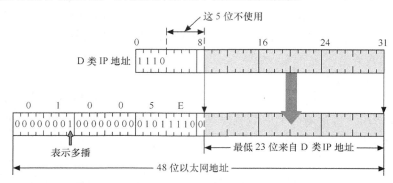

图 2-15 D 类 IP 地址与以太网多播地址的映射关系

（4）IP 多播协议

IP 多播需要两种协议：

● Internet 组管理协议（Internet Group Management Protocol，IGMP）——利用 IGMP 使路由器知道多播组成员的信息。

● 多播路由选择协议——连接在局域网上的多播路由器还必须和 IP 网上的其他多播路由器协同工作，以便把多播数据报用最小代价传送给所有的组成员，这就需要使用多播路由选择协议。

下面主要介绍 Internet 组管理协议（IGMP），而多播路由选择协议将在本书第 7 章探讨 IP 网的路由选择协议时再加以介绍。

2．Internet 组管理协议

1989 年公布的 RFC 1112（IGMPv1）早已成为了因特网的标准协议；1997 年公布的 RFC 2236（IGMPv2，建议标准）对 IGMPv1 进行了更新；2002 年 10 月公布了 RFC 3376（IGMPv3，建议标准），宣布 RFC 2236（IGMPv2）是陈旧的。

（1）IGMP 的作用

路由器为建立多播转发路由必须了解每个多播组成员在 Internet 中的分布，所以主机应该能将其所在的多播组通知给本地路由器。主机与本地路由器之间使用 IGMP 来进行多播组成员信息的交互（具体地说，IGMP 是让连接在本地局域网上的多播路由器知道本局域网上是否有主机参加或退出了某个多播组）。在此基础上，本地路由器再与其他多播路由器通信，传播多播组的成员信息，并建立多播路由。

IGMP 现在已经是 TCP/IP 中的重要标准之一，所有 IP 多播系统（包括主机和路由器）都需要支持 IGMP。

IGMP 的工作分为以下两个阶段。

● 第一阶段：当某个主机加入新的多播组时，该主机应向连接在本地局域网上的多播路由器发送 IGMP 报文，声明自己要成为该多播组的成员。本地的多播路由器收到 IGMP 报文后，将组成员关系转发给 IP 网上的其他多播路由器。

● 第二阶段：因为多播组成员关系是动态的，因此本地多播路由器要周期性地查询本地局域网上的主机，以便知道这些主机是否还继续是多播组的成员。只要某个多播组有一台主机响应，那么多播路由器就认为这个多播组是活跃的（同一个多播组内的每一台主机都要监听响应，只要有本多播组的其他主机先发送了响应，自己就可以不再发送响应了）。但一个多播组在经过几次的查询后仍然没有一台主机响应，则不再将该多播组的成员关系转发给其他的多播路由器。

（2）IGMP 报文的格式

由上述可见，IGMP 采用了查询/响应方式，本地路由器定期向本网络内的所有主机查询多播组的成员状态，主机向路由器发送响应，报告其所在的多播组。IGMP 报文用于在主机与本地路由器间传递多播组成员信息。

IGMPvl 的报文格式与 IGMPv2（或 IGMPv3）的格式有所不同，但是 IGMPv2 向下兼容IGMPvl。图 2-16 给出了 IGMPv2 的报文格式。

图 2-16　IGMPv2 的报文格式

IGMP 报文的格式非常简单，只包含 8 字节。

① 类型（Type）字段（1 字节）——用于标识报文的功能类型。报文类型定义如下：

- 类型字段值为 0x11：多播组成员查询报文；
- 类型字段值为 0xl2：多播组成员报告报文，用于 IGMPvl；
- 类型字段值为 0xl6：多播组成员报告报文，用于 IGMPv2；
- 类型字段值为 0xl7：离开多播组通知报文，用于 IGMPv2。

② 最大响应时间（Max Resp Time）字段（1 字节）——用于指定一个时间值。当多播路由器轮询多播组成员时，主机在响应之前将等待一段随机的时间。这个时间字段给出了最大的随机时延间隔，以 0.1s 为单位。默认的最大等待值为 10s。主机将选择 0～10s 的一个随机值作为等待时间。

③ 校验和字段（2 字节）——用于对整个 IGMP 的报文进行差错校验，其算法与 IP 数据报的校验和算法一样。

④ 多播组地址字段（4 字节）——用于指定某个特定的多播组，以便本地路由器向特定多播组发送成员查询报文。若该字段为 0，则表示所有多播组。

这里还有两点值得说明。

- 和 ICMP 相似，IGMP 使用 IP 数据报传递其报文（即 IGMP 报文加上 IP 首部构成 IP数据报），但它也向 IP 提供服务。因此，我们不能把 IGMP 看成是一个单独的协议，而是属于整个网际协议 IP 的一个组成部分。

- 为了提高效率，避免增加过多开销，并防止本地网络的拥塞，在主机和多播路由器之间的所有通信都是使用 IP 多播。

2.3　UDP 和 TCP

TCP/IP 模型的运输层有两个并列的协议：TCP 和 UDP。在具体介绍这两个协议之前，首先要了解可靠传输的原理及协议端口的概念。

2.3.1 可靠传输的原理

理想的数据传输应满足两个条件：一是传输信道不产生差错；二是不管发送方以多快的速率发送数据，接收方总是来得及处理收到的数据。在这样的理想传输条件下，不需要采取任何措施就能够实现可靠传输。

但实际的数据传输情况是：信道是不可靠的，传送的数据可能会产生差错，需要差错控制；接收数据的速率可能跟不上发送数据的速率，要流量控制。所以要有保证可靠传输的协议。

OSI 参考模型的数据链路层要负责可靠传输，即要进行检错、纠错及流量控制。但在因特网环境下，网络层的核心协议 IP 提供的是不可靠的数据报传输，数据链路层（指的是网络接口层，TCP/IP 模型的网络接口层对应 OSI 参考模型的物理层和数据链路层）没有必要提供比 IP 更多的功能，而且数据链路层的可靠传输并不能够保证网络层的传输也是可靠的。所以在 TCP/IP 协议族中，可靠传输（纠错及端到端的流量控制）由运输层的 TCP 负责。

下面介绍（运输层）几种保证可靠传输的协议。

1. 停止等待协议

停止等待协议[①]规定：发送端采用停止等待发送方式，即每发送一个报文段就暂停下来，等待接收端的确认。实际的数据传输可能有以下几种情况：

（1）正常情况（指报文段在传输时没出现错误，也没丢失）

接收端收到报文段进行差错检测，若报文段没错，就向发送端返回一个确认 ACK，发送端再发送下一个报文段，如图 2-17（a）所示。

（2）报文段出错

若接收端检验出报文段有错，就丢弃有差错的报文段，其他什么也不做（不通知发送端）。但是停止等待协议采用超时重传机制，即当发送端发送完一个报文段时，就启动一个超时定时器。若在超时定时器规定的定时时间到了，仍没有收到接收端的确认，发送端就重发这一报文段，如图 2-17（b）所示。

若发送端在超时定时时间内收到了确认，则将超时定时器停止计时并清零。超时定时器的定时时间一般设定为略大于"从发完报文段到收到应答所需的平均时间"。

（3）报文段丢失

若报文段在传输过程中丢失了，这时接收端当然什么也不知道，自然不会向发送端返回确认的，但是发送端等超时定时器规定的定时时间一到，就重发这一报文段，如图 2-17（c）所示。

以上介绍了停止等待协议的各种规定，另外还有几个问题需要说明。

● 报文段是要编号的，我们知道序号占用的比特数越少，数据传输的额外开销就越小。对于停止等待协议，由于每发送一个数据段就停止等待，理论上用一个比特来编号就够了（重

[①] 在计算机网络发展初期，通信链路不太可靠，在链路层传送数据时都要采用可靠的通信协议，其中最简单的可靠传输协议是停止等待协议。在运输层并不使用这种协议，这里只是为了引出可靠传输的问题才介绍停止等待协议。

复使用）。但为了应对一些特殊情况，所以报文段编号要用几个比特。

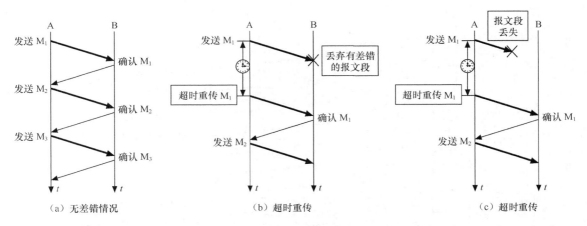

（a）无差错情况　　　　　　　（b）超时重传　　　　　　　（c）超时重传

图 2-17　停止等待协议示意图

● 确认 ACK 也要带有序号，ACKn 表示"第 n-1 号报文段已经收到，现在期望接收第 n 号报文段"。

停止等待协议的优点是实现简单，但缺点是由于采用停止等待发送方式，通信信道的利用率不高。

为了提高通信信道的利用率，满足数据传输高效率的要求，可采用连续发送方式。即发送端能够连续发送报文段，而不是在每发送完一个报文段后，就停下来等待接收端的确认。发送端在连续发送报文段的同时，接收对方的确认。若某报文段有错（或丢失），则将出错（或丢失）报文段或出错（或丢失）报文段及以后的各报文段重发。

这种协议称为自动重发请求（Automatic Repeat reQuest，ARQ）协议。根据重发方式的不同分为连续 ARQ 协议和选择重发 ARQ 协议，下面分别加以介绍。

2. 连续 ARQ 协议

（1）连续 ARQ 协议工作原理

连续 ARQ 协议的重发方式是返回重发，即发送端从出错（或丢失）报文段及以后的各报文段都要重发。连续 ARQ 协议的工作原理如图 2-18 所示。

由图 2-18 可见终端 A 向终端 B 发送报文段（传输数据的报文段表示为 DATA），发完 0 号报文段后，不是停下来等待，而是继续发送后续的 1 号、2 号、3 号等报文段。同时终端 A 每发送完一个报文段就要为该报文段设置超时定时器。终端 B 连续接收各个报文段，并经过差错检验后向终端 A 发回确认。由于发送端是连续发送，在确认中要说明对哪个报文段的确认，所以确认需要编号。

在连续 ARQ 协议中应答也只采用确认，不用否认。ACK（n）表示对（n-1）号报文段的确认，即通知发送端准备接收（n）号报文段。例如，确认 ACK2，在通知发送端 1 号报文段已正确到达接收端，接收端等待接收 2 号报文段。

另外，在连续 ARQ 协议中，接收端必须按序接收报文段。当连续接收时发现报文段出错，将出错报文段丢弃，由于失序要将后续再接收到的正确报文段也一并丢弃，直到出错报文段重发正确后，再连续接收。

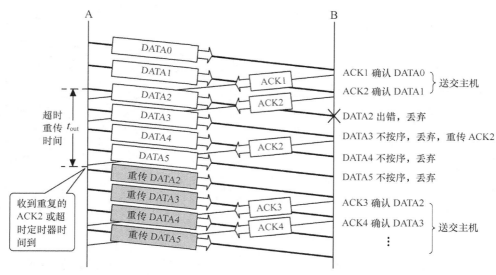

图 2-18　连续 ARQ 协议的工作原理

　　例如，在图 2-18 中，假设 2 号报文段出错，终端 B 将其丢弃（不返回确认）。后面接收到 3 号报文段，顺序不对也要丢弃，但要返回确认 ACK2。再后面又连续接收到两个正确的报文段（4 号、5 号），则将这两个报文段都丢弃，不再返回确认。终端 A 的 2 号报文段的超时定时器设置的时间一到或收到重复的 ACK2，则重发 2 号、3 号、4 号、5 号报文段。可见，在连续 ARQ 协议中，出错重发需连续重发"N"个报文段。

　　连续 ARQ 协议在处理报文段丢失时的方法与处理报文段出错的方法相同，仍是采用超时定时器，从丢失的某个报文段及以后的各报文段都要重发。

　　值得说明的是，在连续 AQR 协议的实际应用中，为减少接收端的开销，不必对每个接收正确的报文段立即应答，而是在连续收到多个正确的报文段后，只对最后的一个发出确认，表示为 ACK（n）。其中序号 n 有两层意思：一是向发送端表明确认发送序号为 $n-1$ 及以前各个报文段；二是向发送端表示期望接收序号为 n 的报文段。例如：发送端收到确认 ACK4，则知道 3 号及以前的各个报文段已正确到达接收端；接收端等待接收 4 号报文段。

　　连续 ARQ 协议采用连续发送方式提高了数据传输效率，但如果出错重传的报文段较多时，又将使效率降低，所以连续 ARQ 协议适用于传输质量较高的通信信道使用。

　　（2）滑动窗口协议

　　滑动窗口协议的作用是限制已发送出去但未被确认的报文段的数目，这样既可以循环重复使用报文段的序号，减少系统的额外开销，又能实现流量控制。

　　滑动窗口协议的具体实现是在发送端设定发送窗口，接收端设接收窗口。

　　① 发送窗口

　　发送窗口 W_T 的作用及意义——发送窗口用来对发送端进行流量控制。发送窗口的尺寸 W_T 代表在还没有收到对方确认的条件下，发送端最多可以发送的报文段个数。发送窗口的意义如图 2-19 所示。

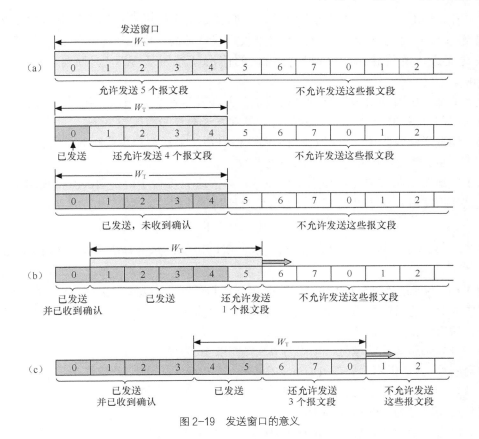

图 2-19 发送窗口的意义

图 2-19 中用 3 个比特编号，发送序号取值为 0～7。当一次发送的报文段超过 8 个时，则报文段的序号按顺序被重复使用。发送窗口以 8 个序号（0～7）的顺序向前"滑动"，只有序号落入窗口内的报文段才能发送。假定发送窗口 $W_T=5$，表示在未收到对方确认信息的情况下，允许发送端最多发出 5 个报文段。

发送窗口另外可表示为图 2-20 所示。

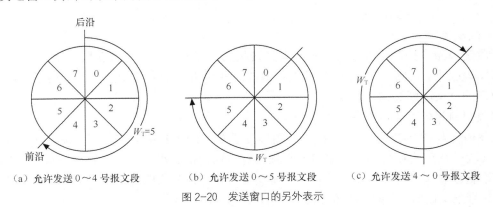

（a）允许发送 0～4 号报文段　　（b）允许发送 0～5 号报文段　　（c）允许发送 4～0 号报文段

图 2-20 发送窗口的另外表示

发送窗口的工作如下。

（a）发送端初始化后，在扇形的发送窗口内（即在窗口前沿和后沿之间）共有 5 个序号 0～4 号。即 0～4 号报文段落入窗口，它们就是发送端现在可以连续发送的报文段。若发送端发完了 0～4 号 5 个报文段，但仍未收到确认信息，则由于发送窗口已填满，就必须停止发送而进入等待状态。此时发送窗口的前沿序号为 L(W)=4，而窗口的后沿序号为 H(W)=0。

（b）假如，0 号报文段正确到达接收端，并在发送端收到确认信息后，发送窗口就沿顺时针方向向前"滑动"1 个窗口，此时可以继续发送第 5 号报文段。

（c）当发送端收到 1～3 号报文段的确认信息后，发送窗口再沿顺时针方向向前"滑动"3 个窗口，可以继续发送 6 号、7 号、0 号报文段。

由于发送窗口是重复循环使用发送序号，为了避免接收端错误判决所接收的是新的报文段还是重复报文段，要求发送窗口尺寸与编号比特数 n 的关系为：

$$W_T \leqslant 2^n - 1 \tag{2-1}$$

若 $W_T = W_R = 1$，相当于是停止等待发送，所以可以说停止等待协议是连续 ARQ 协议的特例。

例 2-6：在使用连续 ARQ 协议时，采用 4 比特编号。设窗口大小为 10，求（1）当后沿序号指向 9 时，前沿序号为多少？（2）当发送 8 个报文段，接收到 8 个报文段应答时，发送窗口前、后沿各指向什么序号？

答：（1）采用 4 比特编号，帧序号 0～15，以 16 为模

前沿序号=（后沿序号+W_T-1）mod2^n

　　　　=（9+10-1）mod16=2

（2）后沿序号为（9+8）mod16=1

　　　前沿序号为（1+10-1）mod16=10

或（2+8）mod16=10

例 2-7：在使用连续 ARQ 协议时，采用 6 比特编号。设初始窗口后沿指向序号 28，前沿指向 6，发送窗口为多大？

答：采用 6 比特编号，帧序号 0～63，以 64 为模

窗口大小 W_T=前沿序号-后沿序号+1（+mod）（当前沿序号<后沿序号时加模）

　　　　=6-28+1+64=43

② 接收窗口

接收窗口用来控制接收报文段。只有当接收到的报文段的序号落在接收窗口内，才允许将该报文段收下；否则，一律丢弃。接收窗口的尺寸用 W_R 表示。在连续 ARQ 协议中，W_R=1。接收窗口的意义如图 2-21 所示。

接收窗口另外可表示为图 2-22 所示。

初始时，如图 2-22（a）所示，接收窗口处于 0 号处，表明接收端准备接收 0 号报文段。0 号报文段一旦正确接收，接收窗口即沿顺时针方向向前"滑动"一个窗口，如图 2-22（b）所示，准备接收 1 号报文段，同时向发送端发出对 0 号报文段的确认信息。当陆续收到 1 号、2 号和 3 号报文段时，接收窗口的位置应如图 2-22（c）所示。

在连续 ARQ 协议中，在接收窗口与发送窗口之间存在着这样的关系：接收窗口向前"滑动"后，发送窗口才可能向前"滑动"；接收窗口保持不动时，发送窗口是不会动的。

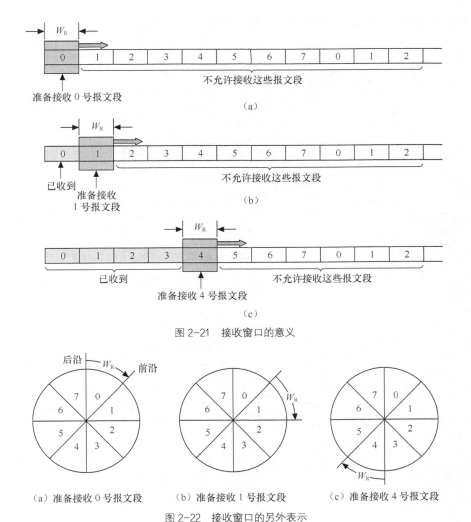

图 2-21 接收窗口的意义

图 2-22 接收窗口的另外表示

3. 选择重传 ARQ 协议

选择重发 ARQ 协议与连续 ARQ 协议不同的是发端只重传有错（或丢失）的报文段，收端只丢弃有错的报文段，其后的报文段先在缓冲存储区中暂时存储，等重新收到刚才有错现在正确的报文段（或丢失的报文段），按序排好后，一并送交主机。

选择重发 ARQ 协议的工作原理如图 2-23 所示。

图 2-23 中，假设 2 号报文段出错，终端 B 将其丢弃（不返回确认）。后面接收到 3 号报文段，顺序不对，但不丢弃而是在接收缓冲存储器暂存下来，并返回确认 ACK2。再后面又连续接收到两个正确的报文段（4 号、5 号），将它们都在接收缓冲存储器暂时存储，但不再返回确认。终端 A 的 2 号报文段的超时定时器设置的时间一到或收到重复的 ACK2，则只重发出错的 2 号报文段。接收端收到 2 号报文段若无错，则与 3 号、4 号、5 号报文段排好序后一并送交主机。

连续 ARQ 协议在处理报文段丢失时的方法与处理报文段出错的方法相同，仍是采用超时定时器，发送端只重发丢失的某个报文段，如图 2-24 所示。

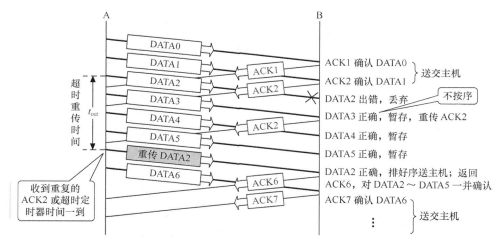

图 2-23 选择重发 ARQ 协议的工作原理（1）

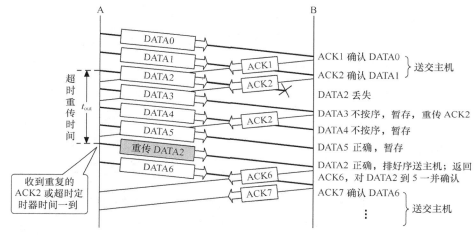

图 2-24 选择重发 ARQ 协议的工作原理（2）

4. 连续 ARQ 协议与选择重发 ARQ 协议的比较

以上介绍了两种 ARQ 协议，下面将它们做个简单的比较，如表 2-3 所示。

表 2-3　　　　　　　　　连续 ARQ 协议与选择重发 ARQ 协议的比较

协议 项目	连续 ARQ 协议	选择重发 ARQ 协议
发送方式	连续发送	连续发送
传输效率	比较高	最高
控制方法	比较简单	比较复杂
缓冲存储器	发送端有	发送和接收端都要求有
成本	比较低	比较高

由此可见，连续 ARQ 协议与选择重发 ARQ 协议各有利弊，实际中根据具体情况决定采用哪种 ARQ 协议。

在 TCP/IP 体系中，为了提高传输效率，一般采用选择重传 ARQ 协议，为了进行流量控制，也要使用滑动窗口协议。对于选择重传 ARQ 协议，接收窗口不应大于发送窗口，若用 n 比特进行编号，接收窗口的值为 $W_R \leq 2^n / 2$。

2.3.2　协议端口

1．协议端口的概念

协议端口简称端口，它是 TCP/IP 模型运输层与应用层之间的逻辑接口，即运输层服务访问点 TSAP。

2．协议端口的作用

当某台主机同时运行几个采用 TCP/IP 的应用进程时，需将到达特定主机上的若干应用进程相互分开。为此，TCP/UDP 提出协议端口的概念，同时对端口进行编址，用于标识应用进程。

就是让应用层的各种应用进程都能将其数据通过端口向下交付给运输层，以及让运输层知道应当将其报文段中的数据向上通过端口交付给应用层相应的进程。TCP 和 UDP 规定，端口用一个 16bit 端口号进行标志。每个端口拥有一个端口号，表 2-4 所示是一些知名端口号。

表 2-4　　　　　　　　　　　　　知名端口号

应用进程	FTP	TELNET	SMTP	DNS	TFTP	HTTP	SNMP	SNMP（trap）
端口号	21	23	25	53	69	80	161	162

由此可见，在 Internet 中从一台主机向另一台主机发送消息，需要三种不同的地址：硬件地址，用以唯一表示网络上的一台主机；IP 地址，用以指定节点所连的网络；端口地址，用以唯一标识产生数据消息的特定应用协议或应用进程。

2.3.3　用户数据报协议

1．UDP 的特点

用户数据报协议（UDP）的特点为：

（1）提供协议端口来保证进程通信（区分进行通信的不同的应用进程）；

（2）提供不可靠、无连接、高效率的数据报传输，UDP 本身没有拥塞控制和差错恢复机制等，其传输的可靠性则由应用进程提供。

基于 UDP 的特点，它特别适于高效率、低延迟的网络环境。在不需要 TCP 全部服务的时候，可以用 UDP 代替 TCP。

Internet 中采用 UDP 的应用协议主要有简单传输协议（TFTP）、网络文件系统（NFS）和简单网络管理协议（SNMP）等。

2．UDP 报文格式

UDP 报文格式如图 2-25 所示。

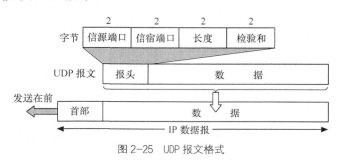

图 2-25　UDP 报文格式

UDP 报文由 UDP 报头和 UDP 数据组成，其中，UDP 报头由 4 个 16bit 字段组成，各部分的作用为：

● 信源端口字段——用于标识信源端应用进程的地址，即对信源端协议端口编址。

● 信宿端口字段——用于标识信宿端应用进程的地址，即对信宿端协议端口编址。

● 长度字段——以字节为单位表示整个 UDP 报文长度，包括报头和数据部分，最小值为 8（报头长）。

● 校验和字段——此为任选字段，其值置"0"时表示不进行校验和计算；全为"1"时表示校验和为"0"。UDP 校验和字段对整个报文即包括报头和数据进行差错校验。

数据字段——该字段包含由应用协议产生的真正的用户数据。

从图 2-25 可见，UDP 报文是封装在 IP 数据报中传输的。

2.3.4　传输控制协议

1．TCP 的特点

传输控制协议（TCP）是 Internet 最重要的协议之一，它具有以下特点。

（1）提供协议端口来保证进程通信。

（2）提供面向连接的全双工数据传输。采用 TCP 时数据通信经历连接建立、数据传送和连接释放 3 个阶段。

（3）高可靠的按序传送数据的服务。为实现高可靠传输，TCP 提供了确认与超时重传机制、流量控制、拥塞控制等服务。

2．TCP 报文段的格式

TCP 报文段的格式如图 2-26 所示。

TCP 报文段包括两个字段：首部字段和数据字段。

首部各字段的作用如下。

（1）源端口字段——占 2 字节，用于标识信源端应用进程的地址。

（2）目的端口字段——占 2 字节，用于标识目的端应用进程地址。

（3）序号字段——占 4 字节。TCP 连接中传送的数据流中的每一个字节都编上一个序号。

序号字段的值则指的是本报文段所发送的数据的第一个字节的序号。

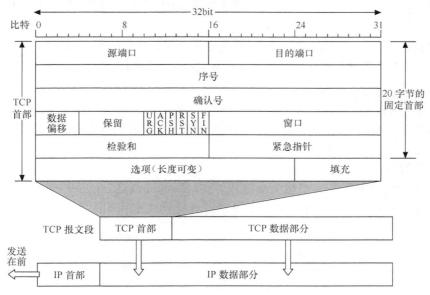

图 2-26　TCP 报文段的格式

（4）确认号字段——占 4 字节，是期望收到对方的下一个报文段的数据部分第一个字节的序号。

（5）数据偏移——占 4bit，它指出 TCP 报文段的数据起始处距离 TCP 报文段的起始处有多少个字节。即指示首部长度，以 4 字节为单位指示。

（6）保留字段——占 6bit，保留为今后使用，但目前应置为 0。

（7）6 个比特集——说明报文段性质的控制比特，具体作用如下。

● 紧急比特 URG——当 URG=1 时，表明紧急指针字段有效。它告诉系统此报文段中有紧急数据，应尽快传送（相当于高优先级的数据）。

● 确认比特 ACK——只有当 ACK=1 时，确认号字段才有效。当 ACK=0 时，确认号无效。

● 推送比特 PSH——接收端 TCP 收到推送比特置 1 的报文段，就尽快地交付给接收应用进程，而不再等到整个缓存都填满了后再向上交付。

● 复位比特 RST——当 RST=1 时，表明 TCP 连接中出现严重差错（如由于主机崩溃或其他原因），必须释放连接，然后再重新建立运输连接。

● 同步比特 SYN——同步比特 SYN 置为 1，就表示这是一个连接请求或连接接收报文段。

● 终止比特 FIN——用来释放一个连接。当 FIN=1 时，表明此报文段的发送端的数据已发送完毕，并要求释放运输连接。

（8）窗口字段——占 2 字节。窗口字段用来控制对方发送的数据量，单位为字节。TCP 连接的一端根据设置的缓存空间大小确定自己的接收窗口大小，然后通知对方以确定对方的发送窗口的上限。

（9）检验和字段——占 2 字节。对整个 TCP 报文段（包括首部和数据部分）进行差错检验。

（10）紧急指针字段——占 2 字节。紧急指针指出在本报文段中的紧急数据的最后一个字节的序号。

（11）选项字段——长度可变。TCP 只规定了一种选项，即最大报文段长度 MSS。MSS 告诉对方 TCP："我的缓存所能接收的报文段的数据字段的最大长度是 MSS 个字节"。

3．TCP 通信过程的 3 个阶段

前面提到过，采用 TCP 时数据通信经历连接建立、数据传送和连接释放 3 个阶段。下面我们来具体分析一下这 3 个阶段。

（1）连接建立

TCP 的连接建立是采用客户服务器方式。主动发起连接建立的应用进程叫作客户，被动等待连接建立的应用进程叫作服务器。TCP 运输连接建立过程如图 2-27 所示。

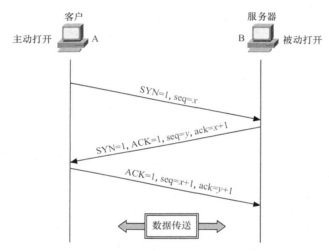

图 2-27　TCP 运输连接建立过程

主机 A 的 TCP 向主机 B 发出连接请求报文段，其首部中的同步比特 SYN=1，而序号 seq=x，向主机 B 表明传送数据时的数据部分第一个字节的序号是 $x+1$（因为 TCP 规定 SYN=1 的报文段消耗一个序号）。

主机 B 的 TCP 收到连接请求报文段后，若同意建立连接，则发回连接接受报文段。在连接接受报文段中 SYN、ACK 均应置为 1，其确认号 ack 应为 $x+1$，同时主机 B 也为自己选择序号 seq=y，向主机 A 表明传送数据时的数据第一个字节的序号是 $y+1$（同样因为 SYN=1 的报文段消耗一个序号）。

主机 A 收到此连接接受报文段后，再向主机 B 返回确认报文段，其 ACK=1，确认号 ack 应为 $y+1$，而自己的序号 seq=$x+1$。同时主机 A 的 TCP 通知上层应用进程，运输连接已经建立。

主机 B 的 TCP 收到主机 A 的确认报文段后，也通知其上层应用进程，运输连接已经建立。

当主机 A 向主机 B 发送第一个数据报文段时，其序号仍为 seq=$x+1$，因为前一个确认报文段并不消耗序号。

从以上过程可见，TCP 运输连接的建立采用三次握手，原因是防止已失效的连接请求报文又传送到接收端而产生错误。

（2）数据传送

假设每次传送的 TCP 报文段中的数据字段为 100 字节。

① 正常数据传送

正常数据传送的示意图如图 2-28 所示。

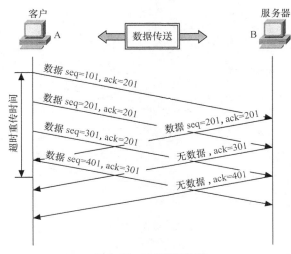

图 2-28　正常数据传送

● 假设主机 A 发送数据部分初始序号为 seq=101 的 TCP 报文段，此报文段确认号 ack=201，是通知主机 B 准备接收它的数据部分初始序号为 seq=201 的 TCP 报文段。

● 主机 B 收到数据部分初始序号为 seq=101 的 TCP 报文段后，经过差错检测是正确的，就上交给应用层。而且主机 B 也有数据要发给主机 A，则向主机 A 发送的数据初始序号为 seq=201 的 TCP 报文段，并捎带着对刚才主机 A 发来的 TCP 报文段进行确认，即发给主机 A 的报文段中确认号 ack=201，是对主机 A 发送的数据初始序号为 seq=101 的 TCP 报文段的确认，也在通知主机 A 准备接收它的数据初始序号为 seq=201 的 TCP 报文段。

● 主机 A 在发送完第 1 个 TCP 报文段后，不用停下来等主机 B 的确认，而是连续发送后续报文段，一边发一边等确认。所以主机 A 发送完数据部分初始序号为 seq=101 的 TCP 报文段，接着发送数据部分初始序号为 seq=201 的 TCP 报文段，依此类推。

这里有个问题需要说明一下。最初 TCP 规定，接收端在收到数据后，并不立即返回确认，而是等待一段时间。在这段时间内，如果有相反方向上的数据需要发送，就以捎带方式在数据报文段中进行确认；如果没有要发送的数据，就在等待时间结束时，发送一个独立的确认报文段，这种方式称为延迟确认。在大多数 TCP 实现中，TCP 的延迟确认的等待时间大约为 200ms，RFC1122 规定等待时间不能超过 500ms。为了表示方便，图 2-28 中并未显示延迟确认的等待时间。

② 数据丢失与重发

数据丢失与重发的示意图如图 2-29 所示。

假设主机 A 向主机 B 发送一个 TCP 报文段（其中数据部分从 501～600 字节），此报文段丢失。

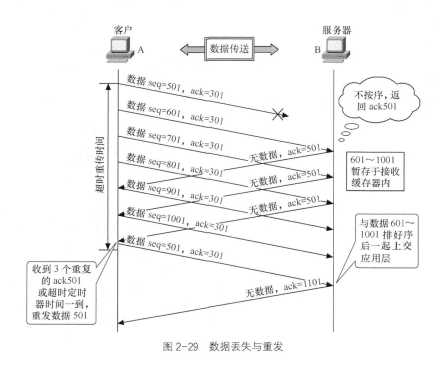

图 2-29　数据丢失与重发

发送端是一个个报文段连续发送，一边发一边等待确认信息，所以发端主机 A 在收到对数据初始序号为 501 的 TCP 报文段的确认前，接着发送了数据初始序号为 601 的 TCP 报文段。

接收端主机 B 收到数据初始序号为 601 的 TCP 报文段（之前收到的是数据初始序号为 401 的 TCP 报文段，返回的确认是 ack501，即对数据初始序号为 401 的 TCP 报文段的确认），发现接收的报文段不按序，将此报文段暂存于接收缓存器内，设主机 B 暂时无数据可传，则立即（最初 TCP 规定，接收端在收到数据后，并不立即返回确认，而是等待一段时间。但为了使发送端尽快重发丢失的报文段，后来 TCP 又规定，不必有延迟确认的等待时间，这一点可参见后面"TCP 的拥塞控制"内容）向主机 A 返回一个报文段进行确认，其确认号为 501（无数据），通知主机 A 准备接受它的数据初始序号为 501 的 TCP 报文段。

主机 A 在收到对数据初始序号为 501 的 TCP 报文段确认前，假设又连续发送数据初始序号为 701、801、901、1001 的几个 TCP 报文段。主机 B 都先将它们暂存于接收缓存器内，并又向主机 A 返回两个报文段进行确认，其确认号为 501（无数据）。即共连续返回 3 个重复的 ack501。

主机 A 收到 3 个重复的 ack501[①]或超时定时器时间一到重发数据初始序号为 501 的 TCP 报文段。

主机 B 收到数据初始序号为 501 的 TCP 报文段与数据初始序号为 601、701、801、901、

---

① 前面在讲可靠传输的原理时，图 2-23 和图 2-24（选择重发 ARQ 协议的工作原理）中，发送终端收到一个重复的 ACKn 或超时定时器设置的时间一到，则重发出错或丢失的 n 号报文段。而在 TCP 实际应用中，规定发送终端收到 3 个重复的 ackn 或超时定时器时间一到重发数据初始序号为 n 的 TCP 报文段。参见后面"TCP 的拥塞控制"内容。

1001 的几个 TCP 报文段排好序后一起上交应用层。同时向主机 A 返回一个报文段进行确认，其确认号为 1101，通知主机 A 准备接收它的数据初始序号为 1101 的 TCP 报文段，即对数据初始序号为 501、601、701、801、901、1001 的几个 TCP 报文段的一并确认。

综上所述，归纳为以下几个要点。

● TCP 连接能提供全双工通信，通信的每一方不必专门发送确认报文，而是在传送数据时顺便捎带传送确认信息；如果没有要发送的数据，才发送一个独立的确认报文段。

● 发送端是一个个报文段连续发送，一边发一边等待确认信息。

● 若某报文段丢失，接收端的处理方法为：先将不按序的后续几个报文段暂存于接收缓存器内，待所缺序号的报文段收齐后再一起上交应用层，并发确认信息对丢失的报文段及以后的报文段一并确认。这期间要向发送端连续发送 3 个对准备接收丢失报文段的确认信息（如图 2-29 所示）。

● 发送端若连续收到 3 个重复的"对准备接收某报文段的确认信息"或超时定时器时间一到则重发此报文段。

● 接收端若收到有差错的报文段，将其丢弃，不发送否认信息（数据出错的处理方法与数据丢失相同）。

● 接收端若收到重复的报文段，将其丢弃，发送确认信息。

（3）连接释放

为保证连接释放时不丢失数据，TCP 连接释放采用文雅释放方式。过程是：一方发出连接释放请求后并不立即撤除连接，而要等待对方确认；对方收到释放请求后，发确认报文，并撤除连接；发起方收到确认后最后撤除连接。

除正常连接释放，还存在着非正常连接释放情况。导致非正常释放的原因很多。例如，应用进程希望中断连接、硬件故障等。通信的任意一方都能够请求非正常连接释放。发起请求的一方通过设置 TCP 报文段首部中的 RST 位发送"重新建立"给对方来完成。

4．TCP 的流量控制

TCP 中，数据的流量控制是由接收端进行的，即由接收端决定接收多少数据，发送端据此调整传输速率。

接收端实现控制流量的方法是采用"滑动窗口"，在 TCP 报文段首部的窗口字段写入的数值就是当前给对方设置的发送窗口数值的上限。

上面介绍滑动窗口原理时，发送窗口的尺寸 W_T 代表在还没有收到对方确认的条件下，发送端最多可以发送的报文段个数。TCP 采用滑动窗口进行流量控制，窗口大小的单位是字节，道理与上面介绍的是一样的。为了便于理解，我们在分析时往往将以字节为单位的窗口值等效成报文段个数。

TCP 采用大小可变的滑动窗口进行流量控制。在通信的过程中，接收端可根据自己的资源情况，随时动态地调整对方的发送窗口上限值（可增大或减小），这样使传输高效且灵活。

滑动窗口的原理如图 2-30 所示。

图 2-30 中还假设每次传输的 TCP 报文段中的数据字段为 100 字节，且初始发送窗口为 500 字节（指数据部分）。这可以理解为：在还没有收到对方确认的条件下，发送端最多可以

发送的 TCP 报文段个数为 5 个。

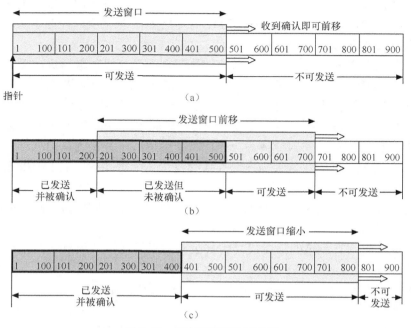

图 2-30　滑动窗口的原理示意图

发送端要发送 900 字节长的数据，划分为 9 个数据部分为 100 字节长的报文段。

当发送完 5 个报文段（500 字节），对应图 2-30（a）中的数据 1～100、101～200、201～300、301～400、401～500，若没有收到对方的确认，则停止发送。

若收到了对方对前两个 TCP 报文段（对应图 2-30（b）中的数据 1～100、101～200）的确认，同时窗口大小不变。发送窗口可前移两个 TCP 报文段（200 字节），即又可以发送两个报文段（对应图 2-30（b）中的数据 501～600、601～700）。

接着又收到了对方对两个 TCP 报文段（对应图 2-30（c）中的数据 201～300、301～400）的确认，但对方通知发送端必须把窗口减小到 400 字节。现在发送端最多可发送 400 字节的数据，即与图 2-30（b）相比发送窗口只能前移 1 个 TCP 报文段（100 字节），又可发送 701～800 数据的 TCP 报文段。

应该说明的是，TCP 的滑动窗口机制是基于字节来实现的：滑动窗口在字节流上滑动，滑动窗口的大小也以字节为单位计算。但是数据字节流是要组装成 TCP 报文段传输的，所以为了说明方便，图 2-30 以 TCP 报文段为单位解释滑动窗口原理。

5. TCP 的拥塞控制

（1）拥塞控制的基本概念

当大量数据进入网络中，就会致使路由器或链路过载，而引起严重延迟的现象即为拥塞。一旦发生拥塞，路由器将丢弃数据报，导致重传。而大量重传又进一步加剧拥塞，这种恶性循环将导致整个 Internet 无法工作，即"拥塞崩溃"。

TCP 提供的有效的拥塞控制措施是采用滑动窗口技术，通过限制发送端向 Internet 输入报文段的速率，以达到控制拥塞的目的。

在具体介绍拥塞控制的原理和方法之前，首先说明拥塞控制与流量控制的区别。

● 流量控制——考虑接收端的接收能力，对发送端发送数据的速率进行控制，以便使接收端来得及接收，是在给定的发送端和接收端之间的点对点的通信量的控制。

● 拥塞控制——既要考虑到接收端的接收能力，又要使网络不要发生拥塞，以控制发送端发送数据的速率，是与整个网络有关的。即拥塞控制是一个全局性的过程，涉及到所有的主机、所有的路由器，以及与降低网络传输性能有关的所有因素。

TCP 是通过控制发送窗口的大小进行拥塞控制。设置发送窗口的大小时，既要考虑到接收端的接收能力，又要使网络不要发生拥塞，所以发送端的发送窗口应按以下方式确定：

发送窗口=Min[通知窗口，拥塞窗口]

通知窗口其实就是接收窗口，接收端根据其接收能力许诺的窗口值，是来自接收端的流量控制。接收端将通知窗口的值放在 TCP 报文段的首部中，传送给发送端。

拥塞窗口 cwnd（congestion window）是发送端根据网络拥塞情况得出的窗口值，是来自发送端的流量控制。拥塞窗口同接收窗口一样，也是动态变化的。发送方控制拥塞窗口的原则是：只要网络没有出现拥塞，拥塞窗口就再增大一些，以便把更多的报文段发送出去。但只要网络出现拥塞，拥塞窗口就减小一些，以减少注入到网络中的报文段数。

下面介绍几种拥塞窗口的变化方法，也就是拥塞控制的方法。

（2）慢开始和拥塞避免算法

① 慢开始算法

首先介绍传输轮次的概念。一个传输轮次就是发送端把拥塞窗口 cwnd 所允许发送的报文段都连续发送出去，并收到了接收端对这几个报文段的确认（重传的不算在内）。一个传输轮次所经历的时间其实就是往返时间 RTT。

慢开始算法的思路如下。

● 在主机刚刚开始发送报文段时可先设置拥塞窗口 cwnd=1，即设置为一个最大报文段 MSS 的数值（TCP 是以字节作为窗口的单位，为方便起见，我们用报文段的个数作为窗口大小的单位）。

● 每经过一个传输轮次，拥塞窗口 cwnd 就加倍。用这样的方法逐步增大发送端的拥塞窗口 cwnd，可以使数据报注入到网络的速率更加合理。慢开始算法的原理示意图如图 2-31 所示。

轮次 1：发送端一开始先设置 cwnd=1，发送第 1 个报文段 M_1，接收端收到后确认 M_1；

轮次 2：发送端将 cwnd 增大到 2，，发送 M_2 和 M_3 两个报文段，接收端收到后发回对 M_2 和 M_3 的确认；

轮次 3：发送端将 cwnd 增大到 4，，发送 M_4～M_7 共 4 个报文段，接收端收到后发回对 M_4～M_7 的确认；

轮次 4：发送端将 cwnd 增大到 8，，发送 M_8～M_{15} 共 8 个报文段，依此类推。

显然，慢开始可以防止在对网络拥塞情况不明时一下子向网络输入大量报文段。

② 拥塞避免算法

为了防止拥塞窗口 cwnd 增长过大引起网络拥塞，TCP 还采取了拥塞避免算法。拥塞避免算法的思路是让拥塞窗口 cwnd 缓慢地增大，即每经过一个往返时间 RTT 不是将拥塞窗口 cwnd 加倍，而是把发送方的拥塞窗口 cwnd 加 1，这样可使拥塞窗口 cwnd 按线性规律缓慢增长。那什么时候开始执行拥塞避免算法呢？为此，TCP 设置了慢开始门限状态变量 ssthresh（刚开始设置一个初始值）。

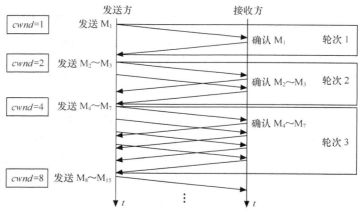

图 2-31　慢开始算法的原理示意图

- 当 cwnd<ssthresh 时，使用慢开始算法。
- 当 cwnd>ssthresh 时，停止使用慢开始算法而改用拥塞避免算法。
- 当 cwnd=ssthresh 时，既可使用慢开始算法，也可使用拥塞避免算法。

只要发送端没有按时收到确认，就判断出网络可能出现拥塞，把慢开始门限 ssthresh 设置为出现拥塞时的发送窗口值的一半（但不能小于 2），然后把拥塞窗口 cwnd 重新设置为 1，执行慢开始算法。

下面举例说明慢开始和拥塞避免算法是如何实现的，如图 2-32 所示。

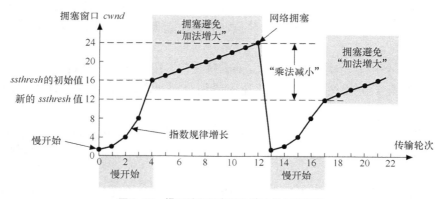

图 2-32　慢开始和拥塞避免算法的实现举例

发送端的发送窗口不能超过拥塞窗口 cwnd 和接收端窗口 rwnd 中的最小值。我们假定接收端窗口足够大，因此现在发送窗口的数值等于拥塞窗口的数值。

刚开始将拥塞窗口 cwnd 置为 1（单位是报文段），设慢开始门限的初始值 ssthresh=16。

在执行慢开始算法时，由于拥塞窗口 *cwnd* 的初始值为 1，发送第一个报文段 M_0。发送端收到一个确认，就把 *cwnd* 加倍。于是发送端可以接着发送 M_1 和 M_2 两个报文段。接收端共发回两个确认。发送端就把 *cwnd* 从 2 增大到 4，并可接着发送后面的 4 个报文段。拥塞窗口 *cwnd* 随着传输轮次按指数规律增长。

当拥塞窗口增长到 *cwnd*=*ssthresh*=16 时，就改为执行拥塞避免算法，拥塞窗口按线性规律增长。

假定拥塞窗口的数值增长到 24 时，网络出现超时，表明网络拥塞了。更新后的 *ssthresh* 值变为 12（即发送窗口数值 24 的一半），拥塞窗口再重新设置为 1，并执行慢开始算法。

当 *cwnd*=12 时改为执行拥塞避免算法，拥塞窗口按按线性规律增长，每经过一个往返时延就增加一个报文段的大小。

③ 快重传和快恢复算法

当网络中有报文段丢失时，为了及早通知发送端，TCP 采取快重传和快恢复算法。

快重传算法规定：

● 接收端每收到一个失序的报文段后就立即发出重复确认（不必有延迟确认的等待时间）。

● 发送端只要一连收到 3 重复确认就应当立即重传对方尚未收到的报文段。

快重传的示意图如图 2-33 所示。

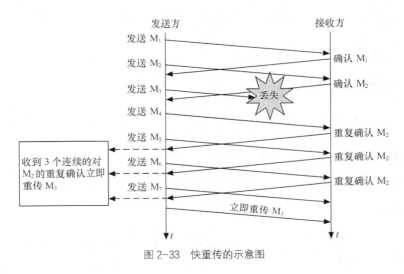

图 2-33　快重传的示意图

快重传并非取消重传计时器，而是在某些情况下可更早地重传丢失的报文段。

快恢复算法具有以下规定。

● 当发送端收到连续 3 重复的确认时，就把慢开始门限 *ssthresh* 减半。但接下去不执行慢开始算法。

● 由于发送方现在认为网络很可能没有发生拥塞，因此现在不执行慢开始算法，即拥塞窗口 *cwnd* 现在不设置为 1，而是设置为慢开始门限 *ssthresh* 减半后的数值，然后开始执行拥塞避免算法，使拥塞窗口缓慢地线性增大。

快恢复算法示意图如图 2-34 所示，读者可结合此图自行理解快恢复算法的原理。

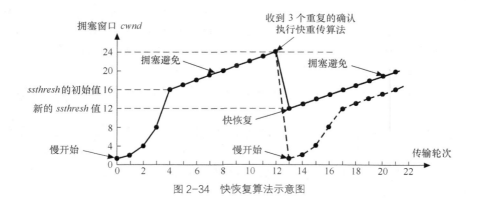

图 2-34　快恢复算法示意图

2.4　应用层协议

TCP/IP 应用层的作用是为用户提供访问 Internet 的各种高层应用服务，如文件传送、远程登录、电子邮件、WWW 服务等。

应用层协议就是一组应用高层协议，即一组应用程序，主要有文件传送协议（FTP）、远程终端协议（TELNET）、简单邮件传送协议（SMTP）、超文本传送协议（TTP）等。

下面首先讨论许多应用协议都要使用的域名系统，然后介绍几种常用的应用层协议。

2.4.1　域名系统

1．域名系统的作用

Internet 中的 IP 地址由 32bit 组成，对于这种数字型地址，用户很难记忆和理解。Internet 允许每个用户为自己的计算机命名，并且允许用户输入计算机的名字来代替机器的地址。

但主机处理 IP 数据报时必须使用 IP 地址，为此 TCP/IP 开发了一种命名协议，即域名系统（Domain Name System，DNS），用于实现主机名与主机 IP 地址之间的转换。

2．命名机制

对主机命名的首要要求是全局唯一性，这样才可在整个网中通用；其次要便于管理，这里包括名字的分配、确认和回收等工作；其三要便于主机名与 IP 地址之间的转换。对这样 3 个问题的特定解决方法，便构成了 Internet 特定的命名机制。

（1）域名结构

TCP/IP 采用的是层次结构的命名机制，任何一个连接在因特网上的主机或路由器，都有一个唯一的层次结构的名字，即域名。

域名的结构由标号序列组成（各标号分别代表不同级别的域名），各标号之间用点隔开：

四级域名 .三级域名 .二级域名 .顶级域名

例如，mail.cctv.com 是中央电视台用于收发电子邮件的计算机（即邮件服务器）的域名，mail.tsinghua.edu.cn 是清华大学某台计算机的域名。

（2）顶级域名

顶级域名（Top Level Domain，TLD）分为 3 大类。

① 国家顶级域名 nTLD

例如，cn 表示中国，us 表示美国，uk 表示英国等。

② 通用顶级域名 gTLD

最早出现的 7 个通用顶级域名是：com（公司和企业），net（网络服务机构），org（非营利性组织），int（国际组织），edu（美国专用的教育机构），gov（美国专用的政府部门），mil（美国专用的军事部门）。

新增加了下列的 11 个通用顶级域名：aero（航空运输企业），biz（公司和企业），cat（加泰隆人的语言和文化团体），coop（合作团体），info（各种情况），jobs（人力资源管理者），mobi（移动产品与服务的用户和提供者），museum（博物馆），name（个人），pro（有证书的专业人员），travel（旅游业）。

③ 基础结构域名（infrastructure domain）

这种顶级域名只有一个，即 arpa，用于反向域名解析，因此又称为反向域名。

（3）二级域名

国家顶级域名下注册的二级域名由各国家自行确定。我国把二级域名划分为"类别域名"和"行政区域名"两大类。

"类别域名"共 7 个，分别为：ac（科研机构），com（工、商、金融等企业），edu（中国的教育机构），gov（中国的政府机构），mil（中国的国防机构），net（提供互联网络服务的机构），org（非营利性组织）。

"行政区域名"共 34 个，适用于我国的各省、自治区、直辖市。例如，bj（北京市），js（江苏省）等。

（4）三级域名

一般在某个二级域名下注册的单位可获得一个三级域名。

（5）四级域名

四级域名一般是一个单位里某台计算机的名字。

因特网的域名空间如图 2-35 所示。

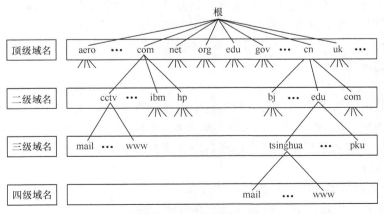

图 2-35　因特网的域名空间

3. 域名服务器

在 Internet 中，IP 数据报传送时必须使用 IP 地址，而用户输入的是主机名字，使用域名服务，可以实现 IP 地址的解析（即地址转换）。一般在网络中心设置域名服务器，即配置 DNS。这是一个软件，可以在任意一台指定的计算机上运行。

（1）DNS 服务器类型

每个 DNS 服务器都只对域名系统中的一部分进行管理。域名服务器有以下 4 种类型：

● 根域名服务器；
● 顶级域名服务器；
● 权限域名服务器；
● 本地域名服务器。

① 根域名服务器

根域名服务器是最高层次的域名服务器，所有的根域名服务器都知道所有的顶级域名服务器的域名和 IP 地址。不管是哪一个本地域名服务器，若要对因特网上任何一个域名进行解析，只要自己无法解析，就首先求助于根域名服务器。

在因特网上共有 13 个不同 IP 地址的根域名服务器，它们的名字是用一个英文字母命名，从 a 一直到 m（前 13 个字母）。

② 顶级域名服务器

顶级域名服务器负责管理在该顶级域名服务器注册的所有二级域名。当收到 DNS 查询请求时，就给出相应的回答（可能是最后的结果，也可能是下一步应当找的域名服务器的 IP 地址）。

③ 权限域名服务器

一个服务器所负责管辖的（或有权限的）范围叫作区（zone），区可能等于域，也可能小于域。每一个区设置相应的权限域名服务器，用来保存该区中的所有主机的域名到 IP 地址的映射。

当一个权限域名服务器还不能给出最后的查询回答时，就会告诉发出查询请求的 DNS 客户，下一步应当找哪一个权限域名服务器。

④ 本地域名服务器

本地域名服务器（有时也称为默认域名服务器）对域名系统非常重要。当一台主机发出 DNS 查询请求时，这个查询请求报文就发送给本地域名服务器。每一个因特网服务提供者（ISP），或一个大学，甚至一个大学里的系，都可以拥有一个本地域名服务器。

（2）域名的解析过程

① 主机向本地域名服务器的查询

主机向本地域名服务器的查询一般都是采用递归查询。如果主机所询问的本地域名服务器不知道被查询域名的 IP 地址，那么本地域名服务器就以 DNS 客户的身份，向其他根域名服务器继续发出查询请求报文。即本地域名服务器替该主机继续查询，而不是让该主机自己进行下一步的查询。

② 本地域名服务器向根域名服务器的查询

本地域名服务器向根域名服务器的查询有两种方法。

● 迭代查询——当根域名服务器收到本地域名服务器的迭代查询请求报文时，如果它知道本地域名服务器所要查询域名的 IP 地址，就给出其 IP 地址；如果根域名服务器不知道被查询域名的 IP 地址，就告诉本地域名服务器："你下一步应当向哪一个域名服务器进行查询"，然后让本地域名服务器进行后续的查询，如图 2-36 所示。

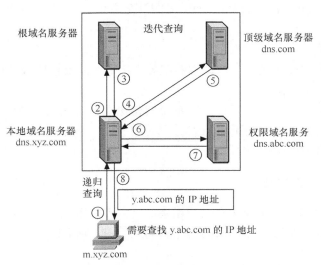

图 2-36　本地域名服务器向根域名服务器的迭代查询

● 递归查询——如果根域名服务器不知道本地域名服务器所查询域名的 IP 地址，替该本地域名服务器继续查询，然后将查询到的 IP 地址告诉该本地域名服务器，如图 2-37 所示。

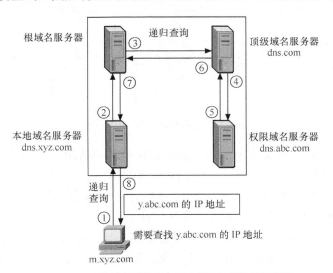

图 2-37　本地域名服务器向根域名服务器的递归查询

本地域名服务器通常是采用迭代查询，很少采用递归查询。

（3）名字的高速缓存

为了提高 DNS 查询效率，并减轻根域名服务器的负荷和减少因特网上的 DNS 查询报文的数量。每个域名服务器都维护一个高速缓存，存放最近用过的名字以及从何处获得名字映射信息的记录。以后再进行地址解析时，并不都要到外部去查找。这样可以减少网络上的流量，节省时间。

2.4.2 文件传送协议

文件传送协议（File Transfer Protocol，FTP）是 Internet 最早、最重要的网络服务之一。

1. FTP 的特点

（1）FTP 只提供文件传送的一些基本的服务，它是面向连接的服务，使用 TCP 作为传输协议，以提供可靠的运输服务。

（2）FTP 的主要作用是在不同计算机系统间传送文件，它与这两台计算机所处的位置、连接的方式以及使用的操作系统无关。

（3）FTP 使用客户/服务器方式。

2. FTP 的基本工作原理

FTP 需要在客户与服务器间建立两个连接：一条连接专用于控制，另一条为数据连接。控制连接用于传送客户与服务器之间的命令和响应。数据连接用于客户与服务器间交换数据。如图 2-38 所示。

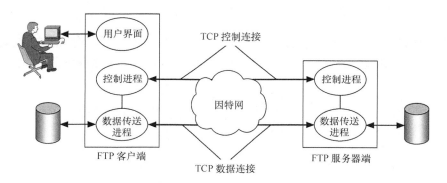

图 2-38　FTP 使用的两个 TCP 连接

FTP 是一个交互式会话的系统，FTP 服务器进程在知名端口 21 上监听来自 FTP 客户机的连接请求。客户每次调用 FTP，便可与 FTP 服务器建立一个会话。

控制连接在整个会话期间一直保持打开，FTP 客户发出的传送请求通过控制连接发送给服务器端的控制进程，但控制连接不用来传送文件。

实际用于传输文件的是"数据连接"。服务器端的控制进程在接收到 FTP 客户发送来的文件传输请求后就创建"数据传送进程"和"数据连接"，用来连接客户端和服务器端的数据传送进程。

数据传送进程实际完成文件的传送，在传送完毕后关闭"数据传送连接"并结束运行。

3. 简单文件传送协议

简单文件传送协议（Trivial File Transfer Protocol，TFTP）是 TCP/IP 协议簇中的一个很小但易于实现的文件传送协议。

　　TFTP 支持客户/服务器方式，使用 UDP，需要有自己的检错措施。TFTP 只支持文件传输，不支持交互，主要有以下特点：

（1）可用于 UDP 环境。

（2）TFTP 代码所占内存较小。

（3）支持 ASCII 码或二进制传送。

（4）可对文件进行读或写。

（5）每次传送的数据单元中有 512 字节的数据，最后一次可以不足 512 字节。

（6）具有发送确认和重发确认。

2.4.3　远程终端协议

　　远程终端协议（TELNET）是 Internet 上强有力的功能，也是最基本的服务之一。利用该功能，用户可以实时地使用远地计算机上对外开放的全部资源，也可以查询数据库、检索资料或利用远程计算机完成大量计算工作。

1．TELNET 的主要功能

（1）在用户终端与远程主机之间建立一种有效的连接；

（2）共享远程主机上的软件及数据资源；

（3）利用远程主机上提供的信息查询服务，进行信息查询。

2．TELNET 的特点

（1）TELNET 是一个简单的远程终端协议，也是因特网的正式标准。

（2）用户用 TELNET 就可在其所在地通过 TCP 连接注册（即登录）到远地的另一个主机上（使用主机名或 IP 地址）。

（3）TELNET 能将用户的击键传到远地主机，同时也能将远地主机的输出通过 TCP 连接返回到用户屏幕。这种服务是透明的，因为用户感觉到好像键盘和显示器是直接连在远地主机上。

（4）TELNET 也使用客户/服务器方式。在本地系统运行 TELNET 客户进程，而在远地主机则运行 TELNET 服务器进程。

3．TELNET 的远程登录方式

　　实现远程登录的工具软件是由两部分程序组成的，一部分是寻求服务的程序，装在本地机上，即为客户程序；另一部分是提供服务的程序，装在远地机上，可称为服务程序。两者之间必须建立一种协议，使双方可以通信。登录名与口令是双方协议的具体体现。当用户通过本地机向远地机发出上网登录请求后，该远端的宿主机将返回一个信号，要求本地用户输入自己的登录名（login）和口令（password）。只有用户返回的登录名与口令正确，登录才能成功。这一方面是出于网络安全的考虑，另一方面也表示双方的通信已经建立。

　　在 Internet 网上，很多主机同时装载有寻求服务的程序和提供服务的程序，即这样的主机既可以作为本地机访问其他主机，也可以作为远地机被其他主机或终端访问，具有客户机与服务器双重身份。

远程登录方式很多，不同的计算机，不同的操作系统，远程登录方式不尽相同。TCP/IP 支持的登录到 Internet 网上的软件工具称为 TELNET。TELNET 可用 DOS 或 UNIX 行命令模式实现，也可利用 WWW 浏览器以图形界面实现。界面友好、方便，功能也趋向于多元化。除可进行远程登录访问外，还可以对检索到的结果进行编辑、剪切等。

现在由于 PC 的功能越来越强，用户已较少使用 TELNET 了。

2.4.4　电子邮件

电子邮件（Electronic Mail，E-mail）是 Internet 上使用频率最高的服务系统之一，也是最基本的 Internet 服务。它具有方便、快捷和廉价等优于传统邮政邮件的特点。任何能够获得 Internet 服务的用户都有 E-mail 功能，只要具有 E-mail 功能，就能和世界各地的 Internet 用户通"电子信件"。

1．电子邮件的功能及特点

使用 E-mail 必须首先拥有一个电子邮箱，它是由 E-mail 服务提供者为其用户建立在 E-mail 服务器上专门用于电子邮件的存储区域，并由 E-mail 服务器进行管理。用户使用 E-mail 客户软件在自己的电子邮箱里收发邮件。

（1）E-mail 的功能

① 信件的起草和编辑；

② 信件的收发；

③ 信件回复与转发；

④ 退信说明、信件管理、转储和归纳；

⑤ 电子邮箱的保密。

（2）E-mail 的特点

① 传送速度快，可靠性高；

② 用户发送 E-mail 时，接收方不必在场，发送方也不需知道对方在网络中的位置；

③ E-mail 实现了人与人非实时通信的要求；

④ E-mail 实现了一对多的传送。

2．电子邮件的主要组成构件

电子邮件的主要组成构件包括用户代理和邮件服务器，如图 2-39 所示。

用户代理（UA）就是用户与电子邮件系统的接口，是电子邮件客户端软件。用户代理的功能主要有：撰写、显示、处理和通信。

邮件服务器的功能是发送和接收邮件，同时还要向发信人报告邮件传送的情况（已交付、被拒绝、丢失等）。邮件服务器按照客户/服务器方式工作。邮件服务器需要使用发送和读取两个不同的协议。

3．简单邮件传送协议

电子邮件的标准主要有：

● 发送邮件的协议：SMTP。

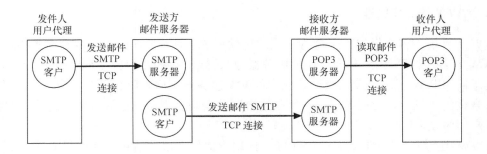

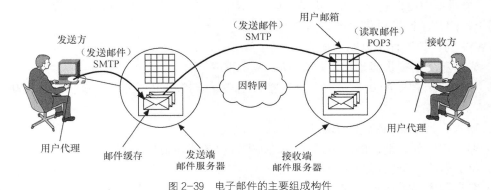

图 2-39　电子邮件的主要组成构件

- 读取邮件的协议：POP3 和 IMAP。

下面重点介绍简单邮件传送协议（SMTP）。

（1）SMTP 的特点

① SMTP 所规定的就是在两个相互通信的 SMTP 进程之间应如何交换信息。

② SMTP 使用客户/服务器方式，因此负责发送邮件的 SMTP 进程就是 SMTP 客户，而负责接收邮件的 SMTP 进程就是 SMTP 服务器。

③ SMTP 规定了 14 条命令和 21 种应答信息。每条命令用 4 个字母组成，而每一种应答信息一般只有一行信息，由一个 3 位数字的代码开始，后面附上（也可不附上）很简单的文字说明。

④ SMTP 采用 TCP 作为传输协议，提供的是面向连接的服务。

（2）SMTP 通信的 3 个阶段

① 连接建立：连接是在发送主机的 SMTP 客户和接收主机的 SMTP 服务器之间建立的。SMTP 不使用中间的邮件服务器。

② 邮件传送。

③ 连接释放：邮件发送完毕后，SMTP 应释放 TCP 连接。

2.4.5　万维网 WWW

万维网（World Wide Web，WWW）简称 Web，它并非是某种特殊的计算机网络，而是 Internet 的一个大规模的、联机式的信息储藏所，是 Internet 上最受欢迎、最流行的一种多媒体信息服务系统。

1．WWW 的工作原理

WWW 采用了客户机/服务器模型。用户所使用的本地计算机或经远程登录的主机，运行有 WWW 的客户程序，而用户所访问的服务器，则运行着 WWW 服务器程序。用户通过 WWW 客户程序向 WWW 服务器发出查询请求，WWW 服务器则检索所有存储在服务器内的信息。如果所查询的信息不在此服务器上，那么这台服务器则负责与其他服务器相连接，并把结果通过客户程序显示给用户。

WWW 通过超文本传输协议（HTTP）向用户提供多媒体信息，其信息的基本单位是网页，每一个网页中可以包含文字、图象、声音、动画等多种信息。网页可以存放在任意 WWW 服务器上，用户上网通过浏览器访问这些信息。

WWW 的工作过程可以归纳如下：

① 先与服务器提供者连通，启动 Web 客户程序。

② 如果客户程序配置了缺省主页连接，则自动连接到主页上。否则它只是启动，等待指示。

③ 输入想查看的 Web 页的地址。

④ 客户程序与该地址的服务器连通，并告诉服务器需要哪一页。

⑤ 服务器将该页发送给客户程序。

⑥ 客户程序显示该页内容。

⑦ 用户便可以阅读该页的信息。

⑧ 每页又包含了指向别的页的指针，或还包含指向本页其他内容的指针，用户只需单击该指针就可到达相应的地方。

⑨ 跟着这些指针，直到完成 Web 上的旅行为止。

2．WWW 协议

（1）统一资源定位器

统一资源定位器（Uniform Resource Locator，URL）是 WWW 上的一种编址机制，用于对 WWW 的资源进行定位，以便于检索和浏览。Web 页面使用 URL 实现与其他页面的链接。

URL 的格式如下：

<方法>：//<主机名：端口>．<路径>．<文件>

其中：

"方法"——表示正在使用的协议，如 HTTP、FTP 等；

"主机名字"——这是文档和服务所在的 Internet 主机名，可以是该机的 IP 地址或是其域名；

"端口"——指服务所用的端口号；

"路径"/"文件"——这是与 URL 相关联的数据，一般是子目录/文件名信息。

例如：http：//www.bupt.edu.cn。

（2）HTTP

超文本传送协议（Hyper Text Transfer Protocol，HTTP）是实现 WWW 浏览器与 WWW 服务器之间数据传输的通信协议，它使用 TCP 连接进行可靠的传送。该协议定义了 WWW 浏览器与 WWW 服务器之间的通信交换机制、请求及响应消息的格式等。采用 HTTP 的万维网的工作过程如图 2-40 所示。

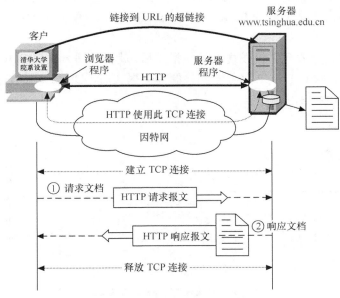

图 2-40 采用 HTTP 的万维网的工作过程

HTTP 的事物处理过程包括：

① 客户与服务器建立连接；

② 客户向服务器发出请求；

③ 服务器接受请求，并根据请求返回相应的文件作为应答；

④ 客户与服务器关闭连接。

（3）HTML

超文本标识语言（Hyper Text Markup Language，HTML）是编写 Web 网页最基本的文档格式语言。由于篇幅有限，在此不再详细介绍。

2.4.6 动态主机配置协议

1．DHCP 的作用

动态主机配置协议（Dynamic Host Configuration Protocol，DHCP）提供了即插即用连网的机制。这种机制允许一台计算机加入新的网络和获取 IP 地址而不用手工参与。

2．DHCP 的工作原理

DHCP 使用客户/服务器方式。

需要 IP 地址的主机在启动时就向 DHCP 服务器广播发送发现报文（DHCPDISCOVER），这时该主机就成为 DHCP 客户。本地网络上所有主机都能收到此广播报文，但只有 DHCP 服务器才回答此广播报文。DHCP 服务器先在其数据库中查找该计算机的配置信息。若找到，则返回找到的信息。若找不到，则从服务器的 IP 地址池（address pool）中取一个地址分配给该计算机。DHCP 服务器的回答报文叫作提供报文（DHCPOFFER）。

并不是每个网络上都有 DHCP 服务器，因为这样会使 DHCP 服务器的数量太多。现在是每一个网络至少有一个 DHCP 中继代理（relay agent），它配置了 DHCP 服务器的 IP 地址信息。

当 DHCP 中继代理收到主机发送的发现报文后，就以单播方式向 DHCP 服务器转发此报文，并等待其回答。收到 DHCP 服务器回答的提供报文后，DHCP 中继代理再将此提供报文发回给主机。如图 2-41 所示。

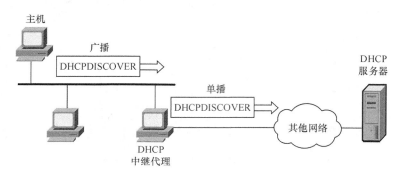

图 2-41　DHCP 中继代理以单播方式转发发现报文

2.5　下一代网际协议 IPv6

随着 IP 网络的飞速发展、用户数量的急剧增多，IPv4 的局限逐渐暴露出来，严重制约了 IP 技术的应用，由此具有强大优势的 IPv6 应运而生，并得到广泛的认可。

2.5.1　IPv6 的引入及其特点

1．IPv6 的引入

IPv6 是 IP 第 6 版本，是为了改进 IPv4 存在的问题而设计的新版本的 IP。

当前 IPv4 主要面临的是地址即将耗尽的危机。IPv4 地址紧缺的主要原因在于 IPv4 地址的两个致命的弱点：地址空间的浪费和过度的路由负担。IPv4 存在的问题具体表现在以下几个方面。

（1）IPv4 的地址空间太小

IPv4 的地址长度为 32bit，理论上最多可以支持 2^{32} 台终端设备的互联（实际要少）。而随着接入 Internet 的用户爆炸式地增长，导致 IPv4 的地址资源不够用。

（2）IPv4 分类的地址利用率低

由于 A、B、C 等地址类型的划分，浪费了上千万的地址。

（3）IPv4 地址分配不均

由于历史的原因，美国一些大学和公司占用了大量的 IP 地址，有大量的 IP 地址被浪费，而在互联网快速发展的国家如欧洲、日本和中国得不到足够的 IP 地址。由此导致互联网地址即将耗尽。到目前为止，A 类和 B 类地址已经用完，只有 C 类地址还有余量。

（4）IPv4 数据报的首部不够灵活

IPv4 所规定的首部选项是固定不变的，限制了它的使用。

为了解决 IPv4 存在的问题，诞生了 IPv6。它从根本上消除了 IPv4 网络潜伏的地址枯竭和路由表急剧膨胀的两大危机。

IPv6 继承了 IPv4 的优点，并根据 IPv4 多年来运行的经验进行了大幅度的修改和功能扩充，比 IPv4 处理性能更加强大、高效。与互联网发展过程中涌现的其他技术相比，IPv6 可以说是引起争议最少的一个。人们已形成共识，认为 IPv6 取代 IPv4 是必然发展趋势，其主要原因归功于 IPv6 几乎无限的地址空间。

2．IPv6 的特点

IPv6 与 IPv4 相比具有以下较为显著的优势。

（1）极大的地址空间

IP 地址由原来的 32bit 扩充到 128bit，使地址空间扩大了 2^{96} 倍，彻底解决 IPv4 地址不足的问题。

（2）分层的地址结构

IPv6 支持分层的地址结构，更易于寻址；而且扩展支持组播和任意播地址，使得数据报可以发送给任何一个或一组节点。

（3）支持即插即用

大容量的地址空间能够真正的实现无状态地址自动配置，使 IPv6 终端能够快速连接到网络上，无需人工配置，实现了真正的自动配置。

（4）灵活的数据报首部格式

IPv6 数据报报首部格式比较 IPv4 作了很大的简化，有效地减少路由器或交换机对首部的处理开销。同时加强了对扩展首部和选项部分的支持，并定义了许多可选的扩展字段，可以提供比 IPv4 更多的功能，既使转发更为有效，并对将来网络加载新的应用提供了充分的支持。

（5）支持资源的预分配

IPv6 支持实时视像等要求保证一定带宽和时延的应用。

（6）认证与私密性

IPv6 保证了网络层端到端通信的完整性和机密性。

（7）方便移动主机的接入

IPv6 在移动网络方面有很多改进，具备强大的自动配置能力，简化了移动主机的系统管理。

2.5.2 IPv6 数据报格式

IPv6 数据报的一般格式如图 2-42 所示。

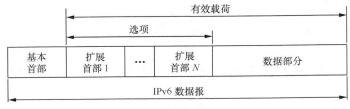

图 2-42 IPv6 数据报的一般格式

由图 2-42 可见，IPv6 数据报也包括首部和数据两部分，而首部又包括基本首部和扩展首部，扩展首部是选项。扩展首部和数据合起来称为有效载荷。

IPv6 基本首部的结构比 IPv4 简单得多，其中删除了 IPv4 首部中许多不常用的字段，或放在了可选项和扩展首部中。IPv6 数据报首部的具体格式如图 2-43 所示。

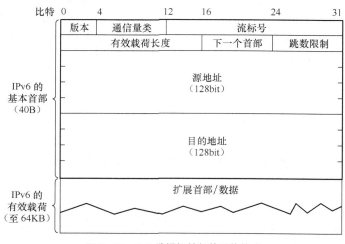

图 2-43　IPv6 数据报首部的具体格式

1．IPv6 基本首部

IPv6 基本首部共 40 字节，各字段的作用如下。

（1）版本：占 4bit，指明协议的版本。对于 IPv6 该字段为 6。

（2）通信量类：占 8bit，用于区分 IPv6 数据报不同的类型或优先级。

（3）流标号：占 20bit，IPv6 支持资源分配的一个新的机制。"流"是互联网络上从特定源点到特定终点的一系列数据报，"流"所经过的路径上的路由器都保证指明的服务质量。所有属于同一个"流"的数据报都具有同样的流标号。

（4）有效负荷长度：占 16bit，指明 IPv6 数据报除基本首部以外的字节数，最大值为 64KB。

（5）下一个首部：占 8bit。无扩展首部时，此字段同 IPv4 的报头中的协议字段；有扩展首部时，此字段指出后面第一个扩展首部的类型。

（6）跳数限制：占 8bit，用来防止数据报在网络中无限期地存在。

（7）源地址：占 128bit，为数据报的发送端的 IP 地址。

（8）目的地址：占 128bit，为数据报的接收端的 IP 地址。

2．IPv6 扩展首部

IPv6 定义了 6 种扩展首部。

（1）逐跳选项

用于携带选项信息，数据报所经过的所有路由器都必须处理这些选项信息。

（2）路由选择

类似于 IPv4 中的源路由选项，是源站用来指明数据报在路由过程中必须经过哪些路由器。

（3）分片

是当源站发送长度超过路径最大传输单元（MTU）的数据报时进行分片用的扩展首部。

IPv6 规定分片必须由源站来完成，路径途中的路由器不允许进行分片。

源站在发送数据前要完成路径最大传送单元发现（Path MTU Discovery），以确定沿着该路径到目的站的最小 MTU。当源站所发的数据报的数据部分大于 MTU 时，源站就要对数据报进行分片，而且要在每一数据报片的基本首部的后面插入一个分片扩展首部。

分片扩展首部的格式如图 2-44 所示。

图 2-44　分片扩展首部的格式

分片扩展首部共 8 字节，各字段的作用如下。

① 下一个首部（8bit）——指明紧接着这个扩展首部的下一个首部。

② 保留（10bit）——占第 8～15 位和第 29～30 位，保留将来使用。

③ 片偏移（13bit）——指出本数据报片在原来数据报数据区中的偏移量，其偏移量以 8 个字节为单位指示（所以分片必须发生在 8 字节的整倍数）。

④ M（1bit）——M=1 表示后面还有数据报片，M=0 则表示本数据报片是最后一个数据报片。

⑤ 标识符（32bit）——用来标识数据报的，在源站发送到同样的目的站的一连串数据报中，每产生一个新的数据报，就把标识符加 1。

下面举例说明 IPv6 数据报是如何分片的。

例如：设 IPv6 数据报只有分片扩展首部，其数据部分长度为 3200 字节，下层的以太网的最大传送单元 MTU 是 1500 字节。

分片方法：片数据≤MTU−片头

其中，片头=基本首部+扩展首部

此例中，片头=基本首部+扩展首部=40 字节+8 字节=48 字节

片数据≤MTU−片头≤1500−48=1452

由于分片必须发生在 8 字节的整倍数，所以片数据取 1448 字节。原来的数据报分成 3 个数据报片，两个 1448 字节长，最后一个是 304 字节长。各片结构如图 2-45 所示。

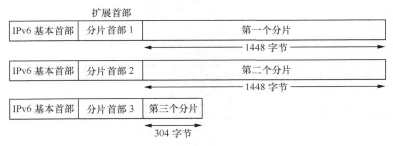

图 2-45　IPv6 数据报分片举例

（4）鉴别

用于对 IPv6 数据报基本首部、扩展首部和数据净荷的某些部分进行加密。

（5）封装安全有效载荷

封装安全有效载荷是指明剩余的数据净荷已加密，并为已获得授权的目的站提供足够的解密信息。

（6）目的站选项

目的站选项用于携带只需要目的站处理的选项信息。

值得说明的是，为了提高了路由器的处理效率，IPv6 规定，数据报途中经过的路由器都不处理这些扩展首部（只有逐跳选项扩展首部例外）。将扩展首部留给路径两端的源站和目的站的主机来处理。

每一个扩展首部都由若干个字段组成，不同的扩展首部的长度不一样。但所有扩展首部的第一个字段都是 8 位的"下一个首部"字段，此字段的值指出了在该扩展首部后面的字段是什么，即是哪个其他扩展首部或 TCP/UDP 等首部。表 2-5 显示了不同扩展首部时，前一个首部中"下一个首部"字段的值。

表 2-5   "下一个首部"字段的值

扩展首部类型	前一个首部中"下一个首部"字段的值
逐跳选项	0
路由选择	43
分片	44
鉴别	51
封装安全有效载荷	50
目的站选项	60

值得说明的是，当使用多个扩展首部时，应该按照以上的先后顺序出现。

当数据报不包含扩展首部时，固定首部中的下一个首部字段就相当于 IPv4 首部中的协议字段，即此字段的值指出后面的有效载荷是什么类型、应该交付给上一层的哪一个进程。如图 2-46（a）所示。例如，当有效载荷是 UDP 用户数据报时，固定首部中的下一个首部字段

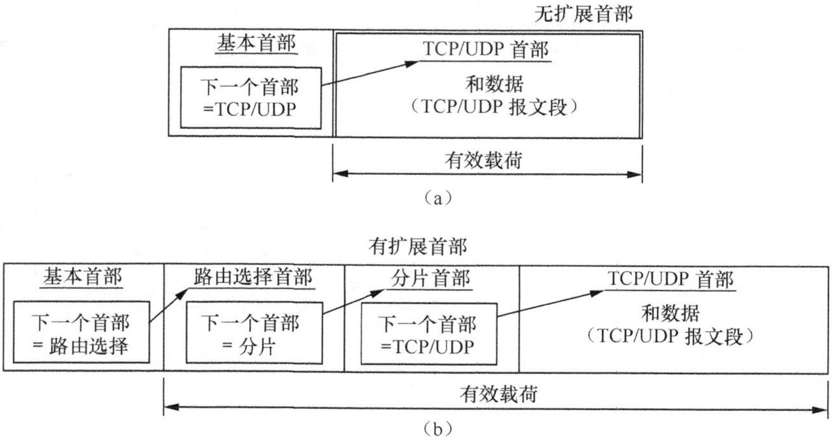

图 2-46   IPv6 的扩展首部举例

的值就是 17（与 IPv4 首部中的协议字段的值一样），当数据报到达接收端时，其有效载荷就被交付给上层的 UDP 进程。

图 2-46（b）表示在基本首部后面有两个扩展首部的情况：第一个扩展首部是路由选择首部，第二个扩展首部是分片首部。则基本首部"下一个首部"字段的值就指出后面的扩展首部是路由选择首部；而路由选择扩展首部的"下一个首部"字段的值则指出后面的扩展首部是分片首部；分片扩展首部的"下一个首部"字段的值指出再后面的首部是 TCP/UDP 首部。

2.5.3　IPv6 地址体系结构

1．IPv6 的地址结构

IPv6 的地址结构如图 2-47 所示。

图 2-47　IPv6 的地址结构

由图 2-47 可见，IPv6 将 128bit 地址空间分为两大部分。

（1）第一部分是可变长度的类型前缀，它定义了地址的目的，如是单播、多播地址，还是保留地址、未指派地址等。

IPv6 数据报的目的地址有 3 种基本类型：

- 单播——是传统的点对点通信。
- 多播——是一点对多点的通信。
- 任播——这是 IPv6 增加的一种类型。任播的目的站是一组计算机，但数据报在交付时只交付给其中的一个，通常是距离最近的一个。

（2）第二部分是地址的其余部分，其长度也是可变的。

2．IPv6 地址的表示方法

（1）冒号十六进制记法

冒号十六进制记法是 IPv6 地址的基本表示方法，每个 16bit 的值用十六进制值表示，各值之间用冒号分隔。

例如，某个 IPv6 地址为：

59F3:AB62:FF66:CF7F:0000:1260:000E:DDDD

（2）其他简单记法

① 零省略

上例中，0000 的前 3 个 0 可省略，缩写为 0；000E 的前 3 个 0 可省略，缩写为 E。

此 IPv6 地址写为：

59F3:AB62:FF66:CF7F:0:1260:E:DDDD

② 零压缩

即一连串连续的零可以被一对冒号所取代。

例如，C806:0:0:0:0:0:0:A25D

可以写成：C806::A25D

IPv6 规定，一个地址中零压缩只能使用一次。

③ 冒号十六进制值结合点分十进制的后缀

例如，0:0:0:0:0:0:136.22.15.8

需要注意的是，冒号所分隔的是 16bit 的值，而点分十进制的值是 8bit 的值。

再使用零压缩即可得出：::136.22.15.8

④ 斜线表示法

IPv6 地址可以仿照 CIDR 的斜线表示法。

例如，68bit 的前缀（不是类型前缀）56DB8235000000009 可记为：

    56DB:8235:0000:0000:9000:0000:0000:0000/68

或 56DB:8235::9000:0:0:0:0/68

或 56DB:8235:0:0:9000::/68

3．IPv6 地址空间的分配

（1）地址空间的分配

2006 年 2 月发表的 RFC 4291 建议 IPv6 的地址分配方案，如表 2-6 所示。

表 2-6   **IPv6 的地址分配方案**

最前面的几位二进制数字	地址的类型	占地址空间的份额
0000 0000	IETF 保留	1/256
0000 0001	IETF 保留	1/256
0000 001	IETF 保留	1/128
0000 01	IETF 保留	1/64
0000 1	IETF 保留	1/32
0001	IETF 保留	1/16
001	全球单播地址	1/8
010	IETF 保留	1/8
011	IETF 保留	1/8
100	IETF 保留	1/8
101	IETF 保留	1/8
110	IETF 保留	1/8
1110	IETF 保留	1/16
1111 0	IETF 保留	1/32
1111 10	IETF 保留	1/64
1111 110	唯一本地单播地址	1/128
1111 1110 0	IETF 保留	1/512
1111 1110 10	本地链路单播地址	1/1024
1111 1110 11	IETF 保留	1/1024
1111 1111	多播地址	1/256

（2）全球单播地址的等级结构

表 2-6 中有灰色背景的这一行是 IPv6 做为全球单播地址用的。RFC 3587 规定的 IPv6 单播地址的等级结构如图 2-48 所示。

图 2-48 IPv6 单播地址的等级结构

IPv6 单播地址划分为 3 个等级。

① 全球路由选择前缀——占 48bit，相当于分类的 IPv4 地址中的网络号字段。分配给各公司和组织，用于 IP 网中路由器的路由选择。

② 子网标识符——占 16bit，相当于分类的 IPv4 地址中的子网络号字段。用于各公司和组织标识内部划分的子网。

③ 接口标识符——占 64bit，相当于分类的 IPv4 地址中的主机号字段。用于指明主机或路由器单个的网络接口。

（3）IPv6 单播地址与硬件地址的转换

IEEE 定义了一个标准的 64bit 全球唯一硬件地址格式 EUI-64。它与前面介绍过的 EUI-48 相似，前 3 字节（24bit）仍为公司标识符，但后面的扩展标识符是 5 字节（40bit）。

① EUI-64 硬件地址转换为 IPv6 地址

当要将 EUI-64 硬件地址转换为 IPv6 地址时，只需将它直接置入 IPv6 地址中的接口标识符字段中就可以了，但要把公司标识符的第 1 字节的最低第 2 位（即 G/L 位）置为 1（因为这时是全球管理的 IP 地址，G/L 位必须是 1）。

② EUI-48 硬件地址转换为 IPv6 地址

EUI-48 硬件地址转换为 IPv6 地址接口标识符字段的方法如图 2-49 所示。

图 2-49（a）的地址是 48bit 的 IEEE 以太网硬件地址（每一个字节的高位在前），其中前 24bit 是公司标识符（用字母 c 表示），而第 1 字节的最低位是 I/G 位（用字母 g 表示），最低第 2 位是 G/L 位（图中假定是 0，当 G/L 比特为 0 时是本地管理）。

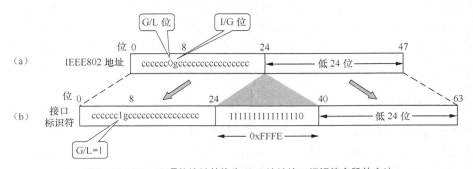

图 2-49 EUI-48 硬件地址转换为 IPv6 地址接口标识符字段的方法

由于 IPv6 地址中的接口标识符字段为 64bit，所以将 48bit 的以太网硬件地址置入到 IPv6 地址中的接口标识符字段时，要增加 16bit，其十六进制值是 0xFFFE。

将 EUI-48 硬件地址转换为 IPv6 地址的接口标识符字段具体安排为：以太网硬件地址前 24bit 的公司标识符放在 IPv6 地址接口标识符字段的前 24bit（第 1 字节的最低第 2 位必须置为 1），后面插入增加的 16bit（0xFFFE），以太网硬件地址后 24bit 的扩展标识符则复制到接口标识符的最后 24bit。

2.5.4　IPv4 向 IPv6 过渡的方法

虽然 IPv6 比 IPv4 有绝对优势，但目前 Internet 上的用户绝大部分仍然在使用 IPv4，如何从 IPv4 过渡到 IPv6 是我们需要研究的一个问题。

从 IPv4 向 IPv6 过渡的方法有 3 种：使用双协议栈、使用隧道技术和网络地址/协议转换技术（NAT-PT）。

1．使用双协议栈

双协议栈是指在完全过渡到 IPv6 之前，使一部分主机（或路由器）装有两个协议栈，一个 IPv4 和一个 IPv6。双协议栈主机（或路由器）既可以与 IPv6 的系统通信，又可以与 IPv4 的系统通信。

使用双协议栈进行从 IPv4 到 IPv6 过渡的示意图如图 2-50 所示。

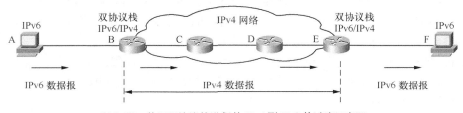

图 2-50　使用双协议栈进行从 IPv4 到 IPv6 的过渡示意图

图 2-50 中的主机 A 和 B 都使用 IPv6，而它们之间要通信所经过的网络使用 IPv4，路由器 B 和 E 是双协议栈路由器。

主机 A 发送的是 IPv6 数据报，双协议栈路由器 B 将其转换为 IPv4 数据报发给 IPv4 网络，此 IPv4 数据报到达双协议栈路由器 E，由它将 IPv4 数据报再转换为 IPv6 数据报送给主机 B。IPv6 数据报与 IPv4 数据报的相互转换是替换数据报的首部，数据部分不变。

双协议栈技术的优点是网络规划相对简单，互通性好，同时在 IPv6 逻辑网络中可以充分发挥 IPv6 的所有优点。但存在的问题是同时占用 IPv4 和 IPv6 地址，不能很好解决地址问题，而且不能实现 IPv4 和 IPv6 应用互通。

2．使用隧道技术

使用隧道技术从 IPv4 到 IPv6 过渡的示意图如图 2-51 所示。

所谓隧道技术是由双协议栈路由器 B 将 IPv6 数据报封装成为 IPv4 数据报，即把 IPv6 数据报作为 IPv4 数据报的数据部分（这是与使用双协议栈过渡的区别）。IPv4 数据报在 IPv4 网络（看作是隧道）中传输，离开 IPv4 网络时，双协议栈路由器 E 再取出 IPv4 数据报的数据部分（解封），即还原为 IPv6 数据报送交给主机 B。

隧道技术的优点在于隧道的透明性，即 IPv6 主机之间的通信可以忽略隧道的存在，隧道只起到物理通道的作用。但存在的问题是要规模部署隧道，其配置和管理的复杂度较高，同样不能实现 IPv4 和 IPv6 应用互通。

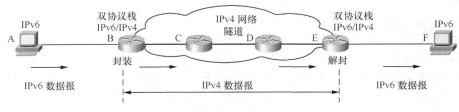

图 2-51 使用隧道技术从 IPv4 到 IPv6 过渡的示意图

3. 网络地址/协议转换技术

网络地址/协议转换技术（Network Address Translation-Protocol Translation，NAT-PT）通过与无状态 IP/ICMP 转换（Stateless IP/ICMP Translation，SIIT）、传统 IPv4 下的动态地址转换（NAT）及适当的应用层网关（Application Layer Gateway，ALG）相结合，实现了 IPv4 和 IPv6 间的协议转换和地址映射。

当 IPv6 主机与 IPv4 主机进行通信时，NAT-PT 会根据 IPv4 地址池动态地为这个 IPv6 主机分配一个 IPv4 地址，记录两者间的映射关系，并将 IPv6 数据包转换成 IPv4 数据包进行数据传输，反之亦然。这样就可以利用 NAT-PT 实现纯 IPv4 和纯 IPv6 主机间的相互通信，其原理图如图 2-52 所示。

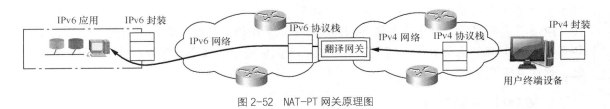

图 2-52 NAT-PT 网关原理图

NAT-PT 技术的优点是允许 IPv6 主机与 IPv4 主机之间的直接通信，解决了 IPv4 与 IPv6 网络应用互访的问题，降低了从 IPv4 向 IPv6 过渡的成本，具有很大的实用性。

NAT-PT 技术的主要缺点如下。

● 网络设备进行协议转换、地址转换的处理开销较大；

● IPv4 节点访问 IPv6 节点时实现方法较为复杂，因此，NAT-PT 技术在性能上无法适应大量转换的要求，限制了业务提供平台的容量和扩展性；

● NAT-PT 设备存在单点故障，可能会成为网络性能的瓶颈。

以上介绍了 3 种从 IPv4 向 IPv6 过渡的方法，各有其优缺点，要根据情况合理选择过渡技术。在 IPv6 发展初期，可以采用隧道技术；当 IPv6 的规模发展到中期时，可以采用双协议栈技术；而当 IPv6 在规模上完全超过 IPv4 时，可以采用 NAT-PT 技术。

2.5.5 IPv6 应用前景展望

随着网络的发展和技术的成熟，基于 IPv6 的下一代互联网不但可以支持现有 IPv4 网络上所提供的所有业务，还能充分支持丰富多样、个性化、无处不在的各种创新业务，如远程应用业务（远程教育、远程医疗、远程监控等）、宽带接入业务、视频点播业务、移动业务、网络游戏业务、VoIPv6 业务等。IPv6 在下一代网络中的应用可以概括为以下几种。

1．在 P2P 业务中的应用

"对等"（Peer to Peer，P2P）技术，是一种网络新技术，依赖网络中参与者的计算能力和带宽，而不是把依赖都聚集在较少的几台服务器上。P2P 业务包括影视下载、媒体广播、即时通信、实时语音、文件共享、对等计算、协同工作、搜索、存储与游戏等各种层面。

IPv6 的海量地址支持及改进的业务解析能力与 P2P 对等互联传送能力相结合，将会对开启未来信息通信网络时代做出新的贡献。

2．在移动 IP 中的应用

经济的飞速发展带动了个人电子设备的发展，其规模相当庞大，有联网能力的集成数据和视频的个人智能终端将会大量出现，可提供移动订票、移动银行、移动金融贸易与移动钱包等业务。

现在 IPv4 地址已基本配完，无法满足这一需求，而 IPv6 可提供充足的 IPv6 地址，因此很容易满足移动设备所需的移动 IP。

3．在超高速家庭网络中的应用

互联网在全球普及之后，"家庭网络"的概念开始出现，一个家庭消费者互联网连接通常依靠一个动态分配的 IP 地址。

IPv6 具备海量地址，允许海量终端接入，可以为网络中的每一台家电分配一个或几个全球唯一的 IP 地址，业务也可以实现永远在线，这就有利于开展家庭网络、网络家电、数字家庭、智能家居等业务。

4．在物联网中的应用

物联网要通过射频识别（RFID）、红外感应器、全球定位系统、激光扫描器等信息传感设备，把任何物品与互联网连接起来，进行信息交换和通信。要实现"一物一地址、万物皆在线"，将需要大量的 IP 地址资源。特别是在智能家电、视频监控、汽车通信等应用的规模普及之后，地址的需求会迅速增长。

作为下一代网络协议，IPv6 能够提供足够的地址资源，满足端到端的通信和管理需求，同时提供地址自动配置功能和移动性管理机制，便于端节点的部署和提供永久在线业务。

小　　结

1．OSI 参考模型是将计算机之间进行数据通信全过程的所有功能逻辑上分成若干层，每一层对应有一些功能，完成每一层功能时应遵照相应的协议。即各层功能和协议的集合构成了 OSI 参考模型。OSI 参考模型共分 7 层：物理层、数据链路层、网络层、运输层、会话层、表示层、应用层。

2．TCP/IP 模型分 4 层，它与 OSI 参考模型的对应关系为：网络接口层对应 OSI 参考模型的物理层和数据链路层；网络层对应 OSI 参考模型的网络层；运输层对应 OSI 参考模型的运输层；应用层对应 OSI 参考模型的 5 层、6 层、7 层。

应用层的协议就是一组应用高层协议，即一组应用程序，主要有文件传送协议（FTP）、远程终端协议（Telnet）、简单邮件传送协议（SMTP）、超文本传送协议（HTTP）等。

运输层的数据传送单位是 TCP 报文段或 UDP 报文。运输层的协议有：传输控制协议（TCP）和用户数据报协议（UDP）。

网络层的数据传送单位是 IP 数据报。网络层的核心协议是 IP，其辅助协议有：地址转换协议（ARP）、逆向地址转换协议（RARP）、Internet 控制报文协议（ICMP）和 Internet 组管理协议（IGMP）。

网络接口层数据传送单位是物理帧。网络接口层没有规定具体的协议。

3．IP（IPv4）的特点是：仅提供不可靠、无连接的数据报传送服务；IP 是点对点的，所以要提供路由选择功能；IP 地址长度为 32bit。

4．分类的 IP 地址包括两部分：网络地址（网络号）和主机地址，IP 地址的表示方法是点分十进制，IP 地址分成为 5 类，即 A、B、C、D、E 类（具体情况如图 2-6 所示）。

为了便于管理，一个单位的网络一般划分为若干子网，要采用子网地址。子网编址技术是指在 IP 地址中，对于主机地址空间采用不同方法进行细分，通常是将主机地址的一部分分配给子网作为子网地址。

子网掩码的作用有两个：一个是表示子网和主机地址位数；二是将 IP 地址和子网掩码相与可确定子网地址。

5．无分类编址（无分类域间路由选择）CIDR 不再划分 A 类、B 类和 C 类地址，也不再划分子网，可以更加有效地分配 IPv4 的地址空间。CIDR 使用各种长度的"网络前缀"来代替分类地址中的网络号和子网号，它是无分类的两级编址。CIDR 可以采用斜线记法。

CIDR 将网络前缀都相同的连续的 IP 地址组成 CIDR 地址块。一个 CIDR 地址块是由起始地址（地址块中的最小地址）和地址块中的地址数来决定的。CIDR 地址块的表示方法有：斜线记法、将点分十进制中低位连续的 0 省略、用二进制表示、网络前缀的后面加一个星号*的表示方法等。

6．IP 数据报由报头（也叫首部）和数据两部分数据组成，其中首部又包括固定长度字段（共 20 字节，是所有 IP 数据报必须具有的）和可选字段（长度可变）。

IP 数据报在传输过程中，路由器对 IP 数据报（可能）要进行以下处理：路由选择、传输延迟控制和分片等。

7．ICMP 是 TCP/IP 提供的用以解决差错报告与控制的主要手段，控制功能包括差错控制、拥塞控制和路由控制等。ICMP 报文包括两种类型：ICMP 差错报告报文和 ICMP 询问报文。

地址转换协议 ARP 的作用是将 IP 地址转换为物理地址；逆向地址转换协议 RARP 的作用是将物理地址转换为 IP 地址。

8．IP 多播就是在 IP 网上进行一对多的通信，即由一个源点发送到许多个终点。IP 多播采用的 IP 地址是 D 类地址。

IP 多播可以分为两种：一种是只在本局域网上进行硬件多播，另一种是在 IP 网的范围进行多播。

IP 多播需要两种协议：Internet 组管理协议（IGMP）和多播路由选择协议。IGMP 的作用是使路由器知道多播组成员的信息。

9. 运输层的作用是提供应用程序间（端到端）的通信服务，确保源主机传送的数据正确到达目的主机。运输层提供了两个协议：传输控制协议（TCP）和用户数据协议（UDP）。

运输层几种保证可靠传输的协议有：停止等待协议、连续 ARQ 协议和选择重发 ARQ 协议。

滑动窗口协议的作用是限制已发送出去但未被确认的报文段的数目，这样既可以循环重复使用报文段的序号，减少系统的额外开销，又能实现流量控制。

协议端口简称端口，它是 TCP/IP 模型运输层与应用层之间的逻辑接口，即运输层服务访问点（TSAP）。

10. 用户数据报协议（UDP）特点为：提供协议端口来保证进程通信；提供不可靠、无连接、高效率的数据报传输，UDP 本身没有拥塞控制和差错恢复机制等，其传输的可靠性则由应用进程提供。

11. 传输控制协议（TCP）具有以下特点：提供协议端口来保证进程通信；提供面向连接的全双工数据传输；提供高可靠的按序传送数据的服务。为实现高可靠传输，TCP 提供了确认与超时重传机制、流量控制、拥塞控制等服务。

采用 TCP 时数据通信经历连接建立、数据传送和连接释放 3 个阶段。

TCP 中，数据的流量控制是由接收端进行的，即由接收端决定接收多少数据，发送端据此调整传输速率，接收端实现控制流量的方法是采用大小可变的"滑动窗口"。

TCP 是通过控制发送窗口的大小进行拥塞控制，发送窗口=Min[通知窗口，拥塞窗口]。拥塞控制的方法有：慢开始和拥塞避免算法、快重传和快恢复算法。

12. TCP/IP 应用层的作用是为用户提供访问 Internet 的高层应用服务。应用层的协议就是一组应用高层协议，即一组应用程序。

13. 域名系统（DNS）用于实现主机名与主机 IP 地址之间的转换。TCP/IP 采用的是层次结构的命名机制，任何一个连接在因特网上的主机或路由器，都有一个唯一的层次结构的名字，即域名。

在 Internet 中，报文传送时必须使用 IP 地址，而用户输入的是主机名字，使用域名服务，可以实现 IP 地址的解析。一般在网络中心设置域名服务器，即配置 DNS。

14. 文件传送协议（FTP）提供文件传送的一些基本的服务，它是面向连接的服务，使用 TCP 作为运送层协议，以提供可靠的运输服务。

15. TELNET 是一个简单的远程终端协议，其主要功能有：在用户终端与远程主机之间建立一种有效的连接，共享远程主机上的软件及数据资源，利用远程主机上提供的信息查询服务进行信息查询。

16. E-mail 是 Internet 上使用频率最高的服务系统之一，它具有方便、快捷和廉价等优于传统邮政邮件的特点。电子邮件的标准主要有：发送邮件的协议（SMTP）、读取邮件的协议（POP3），（IMAP）。

17. WWW 是 Internet 的一个大规模的、联机式的信息储藏所，是 Internet 上最受欢迎、最流行的一种多媒体信息服务系统。HTTP 是实现 WWW 浏览器与 WWW 服务器之间数据传输的通信协议，它使用 TCP 连接进行可靠的传送。

18．动态主机配置协议（DHCP）提供了即插即用连网的机制。这种机制允许一台计算机加入新的网络和获取 IP 地址而不用手工参与。

19．当前 IPv4 主要面临的是地址即将耗尽的危机，为了解决 IPv4 存在的问题，诞生了 IPv6。

IPv6 与 IPv4 相比具有以下较为显著的优势：极大的地址空间，分层的地址结构，支持即插即用，灵活的数据报首部格式，支持资源的预分配，认证与私密性和方便移动主机的接入。

20．IPv6 数据报包括首部和数据两部分，而首部又包括基本首部和扩展首部，扩展首部是选项。扩展首部和数据合起来称为有效载荷。

IPv6 定义了 6 种扩展首部：逐跳选项、路由选择、分片、鉴别、封装安全有效载荷和目的站选项。

21．IPv6 将 128bit 地址空间分为两大部分：第一部分是可变长度的类型前缀，它定义了地址的目的，如是单播、多播地址，还是保留地址、未指派地址等；第二部分是地址的其余部分，其长度也是可变的。

IPv6 地址的表示方法有：冒号十六进制记法及其他简单记法（零省略、零压缩、冒号十六进制值结合点分十进制的后缀、斜线表示法）。

22．从 IPv4 向 IPv6 过渡的方法有 3 种：使用双协议栈、使用隧道技术和网络地址/协议转换技术（NAT-PT）。

IPv6 在下一代网络中的应用可以概括为：在 P2P 业务中的应用、在移动 IP 中的应用、在超高速家庭网络中的应用和在物联网中的应用等。

习　　题

2-1　画图说明 TCP/IP 模型与 OSI 参考模型的对应关系。

2-2　简述 TCP/IP 模型各层的主要功能及协议。

2-3　一 IP 地址为 10001011 01010110 00000110 01000010，将其用点分十进制表示，并说明是哪一类 IP 地址。

2-4　一 IP 地址为 194.12.19.35，将其表示成二进制。

2-5　某网络的 IP 地址为 181.26.0.0，子网掩码为 255.255.240.0，求（1）子网地址、主机地址各多少位。（2）此网络最多能容纳的主机总数（设子网和主机地址的全 0、全 1 均不用）。

2-6　某主机的 IP 地址为 90.28.19.8，子网掩码为 255.248.0.0，求此主机所在的子网地址。

2-7　一个 IP 数据报数据区为 1600 字节，报头长 20 字节，现要在 MTU 为 626 字节的物理网络中传输，如何分片？画出各片结构示意图。

2-8　130.56.85.0/22 表示的 CIDR 地址块共有多少个地址？此地址块最小地址和最大地址分别是什么？

2-9　求 130.56.85.0/22 地址块的掩码，将其表示成点分十进制形式。

2-10　在使用连续 ARQ 协议时，采用 4bit 编号。设初始窗口后沿指向序号 13，前沿指向序号 8，（1）发送窗口为多大？（2）当发送 6 个报文段，接收到 6 个报文段应答时，发送窗口前、后沿各指向什么序号？

2-11　在使用连续 ARQ 协议时，采用 7bit 编号。设发送窗口为 100，初始前沿指向序号 62，求后沿序号。

2-12　用户数据报协议（UDP）和传输控制协议（TCP）分别具有什么特点？

2-13　简述拥塞控制与流量控制的区别。

2-14　简单说明 TCP 是如何进行拥塞控制的。

2-15　域名系统（DNS）的作用是什么？

2-16　动态主机配置协议（DHCP）的作用是什么？

2-17　IPv6 技术的引入及其特点。

2-18　画出 IPv6 数据报格式，并说明各部分的作用。

2-19　简述 EUI-48 硬件地址转换为 IPv6 地址接口标识符字段的方法。

2-20　IPv6 地址的表示方法有哪几种？

2-21　IPv4 向 IPv6 过渡的方法有哪几种？

第 3 章　局域网技术

局域网技术是当前计算机通信网络研究与应用的一个热点问题，也是目前技术发展最快的领域之一。
本章介绍局域网的相关内容，主要包括：

- 局域网概述
- 传统以太网
- 扩展的以太网
- 高速以太网
- 交换式局域网
- 虚拟局域网
- 无线局域网

3.1　局域网概述

本节概括地介绍有关局域网的基本概念，包括局域网的定义和特征、局域网的组成、局域网的分类及局域网标准等。

3.1.1　局域网的定义及特征

1. 局域网的定义

局域网又称局部区域网，一般我们把通过通信线路将较小地理区域范围内的各种数据通信设备连接在一起的通信网络称为局域网。

局域网的定义包含以下 3 个含义。

（1）局域网是一种通信网络，它是将数据从网络中的一个设备传送到另一个设备的一种通信网络。从协议层次的观点看，它包含着低三层（实际只有两层，后述）的功能，局域网本身只有低三层功能，但是连接在局域网上的各种数据通信设备还是具备高层功能的。

（2）网中所连的数据通信设备是广义的，包括计算机、一般数据终端、数字化电话机、数字化电视接收机、传感器及传真机等。

（3）连网范围较小，通常局限于一个单位、一个建筑物内，或者大至几十千米直径的一个区域。

2．局域网的特征

（1）网络范围较小，一般局限在 0.1～10km 范围以内，最大不超过 25km。

（2）传输速率较高，传输时延小。一般局域网速率为 1～50Mbit/s，高速局域网速率可达 100Mbit/s、1000Mbit/s、10Gbit/s，甚至更高。

（3）误码率低，一般为 10^{-8}～10^{-11}，最好的可达 10^{-12}。

（4）结构简单，容易实现。

（5）通常属于一个部门所有。

3.1.2 局域网的组成

局域网包括硬件和软件两部分。

1．硬件

局域网的硬件由如下 3 部分组成。

（1）传输介质。局域网常用的传输介质是双绞线（包括屏蔽双绞线 STP 和非屏蔽双绞线 UTP）、同轴电缆和光纤；另外，也可使用无线电波或红外线传输数据，此类局域网称为无线局域网。

（2）工作站和服务器。工作站指的是计算机或数据终端设备（DTE）；服务器是局域网的核心，它可向各站提供用户通信和资源共享服务。

（3）工作站和服务器与局域网相连的接口（通信接口）。构成通信接口的设备一般有网络适配器、通信接口装置或通信控制器，总称为局域网的接口设备。

2．软件

为了使网络正常工作，除了网络硬件外，还必须有相应的网络协议和各种网络应用软件，构成完整的网络系统。

3.1.3 局域网分类

局域网可以从不同的角度分类。

1．按传输媒介分类

如果根据采用的传输媒介不同，局域网可分为有线局域网和无线局域网。

（1）有线局域网

有线局域网是使用双绞线、同轴电缆和光纤等有线传输媒介传输数据的局域网。

（2）无线局域网

无线局域网是利用无线电波或红外线等传输数据的局域网。

2．按用途、速率分类

如果根据用途和速率的不同，局域网可分为常规局域网和高速局域网。

（1）常规局域网，简称局域网（Local Area Network，LAN），它的传输速率相对较低，一般为 1～20Mbit/s。LAN 除了提供数据通信功能外，还提供数据处理功能和网络服务功能，如文件传输、电子邮件、共享磁盘文件等。

（2）高速局域网（High Speed Local Network，HSLN），其传输速率大于等于100Mbit/s。它采用高速同轴电缆、双绞线或光纤，连接快速且价格昂贵的主机、大容量存储器、高精密度的打印机或绘图设备。HSLN具备提供高速数据通信和文字、图像、声音的处理功能。

3．按是否共享带宽分类

如果根据是否共享带宽，局域网可分为共享式局域网和交换式局域网。

（1）共享式局域网

共享式局域网是指各站点共享传输媒介的带宽，一个时间只允许一个站点发送数据。

（2）交换式局域网

交换式局域网是指各站点独享传输媒介的带宽。各站点以星状结构连到一个局域网交换机上，局域网交换机具有交换功能，同一时间可允许多个站点发送数据。

4．按拓扑结构分类

如果按拓扑结构的不同进行分类，局域网可分为：星型网、总线型网、环型网、树型网等，其中用得比较多的是星型网、总线型网和环型网。下面对这3种拓扑结构做具体介绍。

（1）星型拓扑结构

星型拓扑结构是各站点通过点到点链路连接到中央节点，中央节点通常是集线器或局域网交换机，如图3-1所示。星型拓扑结构一般采用集中式通信控制策略，控制权在中央节点，因此中央节点相当复杂，而各个站点的通信处理负担都很小。

星型拓扑结构多用于网络智能集中于中央节点的场合，10BASE-T、100BASE-T、吉比特以太网等共享式连接的以太网均为星型拓扑结构，交换式局域网也采用星型拓扑结构。

图3-1　星型拓扑结构

（2）总线型拓扑结构

总线型拓扑结构是以一根电缆作为传输介质（称为总线），所有站点都通过相应的硬件接口直接连接到总线上，如图3-2所示。总线两端用终端匹配器做阻抗匹配，以防止信号反射。

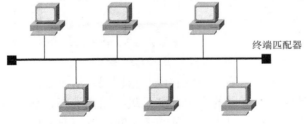

图3-2　总线型拓扑结构

总线信息的传送方向是从发送信息的站点向两端扩散，任何一个站的发送信号都可以沿着介质传播，而且能被所有其他的站点接收。总线型结构所有的站点共享一条公用的传输链路（属于共享式局域网），一次只能由一个站点传输，存在着竞争问题，所以要进行介质访问控制（将传输介质的频段有效地分配给网上各站点的用户的方法称为介质访问控制）。

总线型结构的局域网通常采用分布式控制策略，所谓分布式控制是指没有中心控制节点，控制权分散于各站点，各站点竞争发送，即每个站点都有控制发送和接收数据的权利。

早期发展的传统以太网（如 10 BASE 5 和 10 BASE 2 等）采用总线型拓扑结构。

（3）环型拓扑结构

环型拓扑的网络由一些干线耦合器和连接干线耦合器的点到点链路组成一个闭合环，如图 3-3 所示。每个干线耦合器连通两条链路，干线耦合器是一种较简单的设备，它能接收一条链路上的数据，并以同样的速率串行地将该数据发送到另一条链路上去。各链路都是单向的，因此数据是沿着一个方向围绕环运行的。

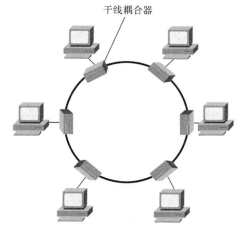

图 3-3　环型拓扑结构

环型拓扑结构是多个站点共享一个环路（它也属于共享式局域网），同总线型拓扑结构一样，环型拓扑结构也是采用分布式控制。

环型拓扑结构比较适合于某些常规局域网（如令牌环局域网）和高速局域网（如 FDDI 局域网）等。

3.1.4　局域网标准

1．局域网参考模型

局域网参考模型如图 3-4 所示，为了比较对照，将 OSI 参考模型画在旁边。

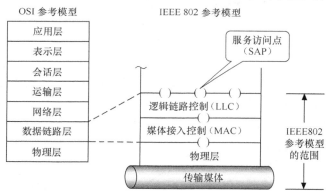

图 3-4　局域网参考模型

由于局域网只是一个通信网络，所以它没有第四层及以上的层次，按理说只具备面向通信的低三层功能，但是由于网络层的主要功能是进行路由选择，而局域网不存在中间交换，不要求路由选择，也就不单独设网络层。所以局域网参考模型中只包括 OSI 参考模型的最低两层，即物理层和数据链路层。

值得指出的是：进行网络互连时，需要涉及到三层甚至更高层功能；另外，就局域网本身的协议来说，只有低二层功能，实际上要完成通信全过程，还要借助于终端设备的第四层及高三层功能。

（1）物理层

第一层物理层是必不可少的，因为物理连接以及按比特在物理媒体上传输都需要物理层。物理层的主要功能是：

- 负责比特流的曼彻斯特编码与译码（局域网一般采用曼彻斯特码传输）；
- 为进行同步用的前同步码（其作用详见本章 3.2.4 小节）的产生与去除；
- 比特流的传输与接收。

曼彻斯特编码（也叫相位编码），波形如图 3-5 所示。其编码规则为：当发送比特流为"1"时，曼彻斯特码的电平在码元中心由 0 跃变为 1（即每位码元的前一半时间为 0 电平，后一半时间为正电平）；当发送比特流为"0"时，曼彻斯特码的电平在码元中心由 1 跃变为 0（即每位码元的前一半时间为正电平，后一半时间为 0 电平）。

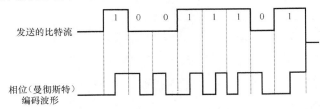

图 3-5 曼彻斯特编码示意图

（2）数据链路层

由于局域网的种类很多，不同拓扑结构的局域网，其介质（媒体）访问控制的方法也各不相同。为了使局域网的数据链路层不致过于复杂，通常将局域网的数据链路层划分为两个子层，即介质访问控制或媒体接入控制（Medium Access Control，MAC）子层和逻辑链路控制（Logical Link Control，LLC）子层。

① 媒体接入控制子层

数据链路层中与媒体接入有关的部分都集中在 MAC 子层，MAC 子层主要负责介质访问控制，其具体功能为：将上层交下来的数据封装成帧进行发送（接收时进行相反的过程，即帧拆卸），比特差错检测和寻址等。

② 逻辑链路控制子层

数据链路层中与媒体接入无关的部分都集中在 LLC 子层，LLC 子层的主要功能有：建立和释放逻辑链路层的逻辑连接，提供与高层的接口，差错控制及给帧加上序号等。

不同类型的局域网，其 LLC 子层协议都是相同的，所以说局域网对 LLC 子层是透明的。而只有下到 MAC 子层才看见了所连接的是采用什么标准的局域网，即不同类型的局域网 MAC 子层的标准不同。

（3）服务访问点

第 2 章介绍过，在参考模型中上下层之间的逻辑接口或逻辑界面称为服务访问点（SAP）。

局域网参考模型中，为了提供对多个高层实体的支持，在 LLC 子层的顶部有多个服务访问点 LSAP。而 MAC 子层和物理层的顶部分别只有一个服务访问点 MSAP 和 PSAP，这意味着它们只能向一个上层实体提供支持（即 MAC 实体向单个 LLC 实体提供服务，物理层实体向单个 MAC 实体提供服务）。

（4）协议数据单元

数据链路层的协议数据单元（PDU）也叫帧，由于局域网的数据链路层分成了 LLC 和 MAC 两个子层，所以链路层应当有两种不同的帧：LLC 帧和 MAC 帧。图 3-6 显示了高层、LLC 子层和 MAC 子层 PDU 之间的关系。由图可见，高层的协议数据单元传到 LLC 子层，加上适当的首部就构成了逻辑链路控制子层的协议数据单元（LLC PDU，即 LLC 帧）。LLC PDU 再向下传到 MAC 子层时，加上适当的首部和尾部，就构成了媒体接入控制 MAC 子层的协议数据单元 PDU，即（MAC 帧）。不同的局域网 MAC 帧的格式会有所不同，有关 MAC 帧首部和尾部的具体内容后面将做介绍。

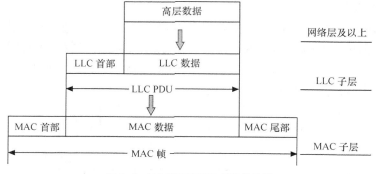

图 3-6 LLC PDU 和 MAC PDU 的关系

2．IEEE 802 标准

局域网所采用的标准是 IEEE 802 标准。IEEE 指的是美国电气和电子工程师学会，它于 1980 年 2 月成立了 IEEE 计算机学会，即 IEEE 802 委员会，专门研究和制订有关局域网的各种标准。IEEE 802 标准主要如下。

- IEEE 802.1——有关局域网体系结构、网络互连、网络管理和性能测量等标准。
- IEEE 802.2——LLC 子层协议。
- IEEE 802.3——总线型局域网 MAC 子层和物理层技术规范。
- IEEE 802.4——令牌总线型局域网 MAC 子层和物理层技术规范。
- IEEE 802.5——令牌环局域网 MAC 子层和物理层技术规范。
- IEEE 802.6——城域网（MAN）MAC 子层和物理层技术规范。
- IEEE 802.7——宽带局域网访问控制方法与物理层规范。
- IEEE 802.8——光纤局域网访问控制方法与物理层规范。
- IEEE 802.9——话音数据综合局域网标准。
- IEEE 802.10——局域网的安全与保密规范。
- IEEE 802.11——无线局域网标准。
- IEEE 802.1Q——虚拟局域网（VLAN）标准。

3.2 传统以太网

3.2.1 传统以太网的概念

以太网（Ethernet）是总线型局域网的一种典型应用，它是美国施乐（Xerox）公司于 1975 年研制成功的。它以无源的电缆作为总线来传送数据信息，并以曾经在历史上表示传播电磁波的以太（Ether）来命名。1980 年，施乐公司与数字设备公司（DEC）以及英特尔（Intel）公司合作，提出了以太网的规范[ETHE 80，即 DIX Ethernet V1 标准]，成为世界上第一个局域网产品的规范。1982 年修改为第二版，即 DIX Ethernet V2 标准。IEEE 802.3 标准是以 DIX Ethernet V2 标准为基础的。

严格地说，以太网应当是指符 DIX Ethernet V2 标准的域网，但是 DIX Ethernet V2 标准与 IEEE 802.3 标准只有很小的差别（DIX Ethernet V2 标准在链路层不划分 LLC 子层，只有 MAC 子层），因此可以将 DIX Ethernet V2 局域网简称为以太网。

传统以太网具有以下典型的特征：
- 采用灵活的无连接的工作方式；
- 采用曼彻斯特编码作为线路传输码型；
- 传统以太网属于共享式局域网，即传输介质作为各站点共享的资源；
- 共享式局域网要进行介质访问控制，以太网的介质访问控制方式为载波监听和冲突检测（CSMA/CD）技术。

3.2.2 CSMA/CD 技术

CSMA/CD 是一种争用型协议，是以竞争方式来获得总线访问权的。

1. CSMA/CD 控制方法

CSMA（Carrier Sense Multiple Access）代表载波监听多路访问。它是"先听后发"，也就是各站在发送前先检测总线是否空闲，当测得总线空闲后，再考虑发送本站信号。各站均按此规律检测、发送，形成多站共同访问总线的通信形式，故把这种方法称为载波监听多路访问（实际上采用基带传输的总线局域网，总线上根本不存在什么"载波"，各站可检测到的是其他站所发送的二进制代码。但大家习惯上称这种检测为"载波监听"）。

CD（Collision Detecsion）表示冲突检测，即"边发边听"，各站点在发送信息帧的同时，继续监听总线，当监听到有冲突发生时（即有其他站也监听到总线空闲，也在发送数据），便立即停止发送信息。

归纳起来 CSMA/CD 的控制方法如下。
- 一个站要发送信息，首先对总线进行监听，看介质上是否有其他站发送的信息存在。如果介质是空闲的，则可以发送信息。
- 在发送信息帧的同时，继续监听总线，即"边发边听"。当检测到有冲突发生时，便立即停止发送，并发出报警信号，告知其他各工作站已发生冲突，防止它们再发送新的信息介入冲突。若发送完成后，尚未检测到冲突，则发送成功。
- 检测到冲突的站发出报警信号后，退让一段随机时间，然后再试。

CSMA/CD 的流程图如图 3-7 所示。

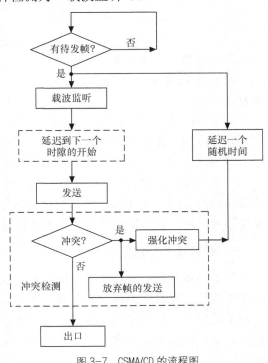

图 3-7 CSMA/CD 的流程图

根据前面介绍的 CSMA/CD 技术的要点，不难理解这个流程图，在此只解释一下强化冲突是怎么回事。在实际网络中，为了使每个站都能清楚地断定是否发生了冲突，往往采取一种叫作强化冲突的措施。这就是当发送帧的站一旦检测出有冲突发生，除了立即停止发送数据外，还要继续发送若干比特的人为干扰信号，以便让所有用户都知道现在已经发生了冲突。

2. 争用期

电磁波在信道中传输时是要经历一段时间的，设总线上单程端到端传播时延为 τ。以太网的端到端往返时延 2τ 称为争用期，或碰撞窗口。为了说明这个问题，请参见图 3-8。

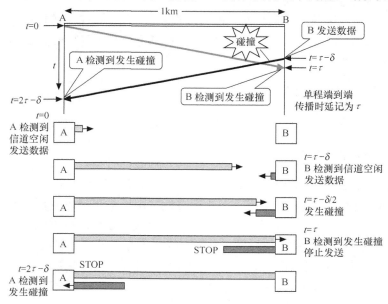

图 3-8 以太网碰撞检测指示意图

在 $t=0$ 时，A 发送数据。

在 $t=\tau-\delta$ 时，A 发送的数据还没有到达 B 时，此时 B 也检测到信道是空闲的，因此 B 也发送数据。

经过时间 $\delta/2$ 后，即在 $t=\tau-\delta/2$ 时，A 发送的数据和 B 发送的数据发生了碰撞。

在 $t=\tau$ 时，B 检测到发生了碰撞，于是停止发送数据。

在 $t=2\tau-\delta$ 时，A 也检测到了碰撞，也停止发送数据。

由以上分析可见，最先发送数据帧的站，在发送数据帧后至多经过时间 2τ 就可知道发送的数据帧是否遭受了碰撞。经过争用期这段时间还没有检测到碰撞，才能肯定这次发送不会发生碰撞。所以我们把以太网的端到端往返时延 2τ 称为碰撞窗口。

3. 数据帧的最短帧长

某个站正在发送时产生冲突而中断发送的帧称为冲突的帧，它们都是很短的帧。冲突的帧是无效帧，在接收端应该被丢弃。为了能辨认哪些是发生冲突而应丢弃的短帧和哪些是真正有用的短帧，且尽量简化处理，所以规定了合法数据帧的最短帧长。因为发送数据的站最长经过争用期这段时间即可检测到碰撞，所以合法数据帧的最短帧长则应是争用期时间 2τ 内所发送的比特（或字节）数。

例 3-1： 假定 1km 长的 CSMA/CD 网络的数据传信速率为10Mbit/s ，信号在网络上的传播速率为 2×10^5 km/s ，求能够使用此协议的最短帧长。

答： 信号在网络上的传播时间为：

$$\tau = \frac{1}{2 \times 10^5} = 5 \times 10^{-6} \text{s}$$

争用期时间为：

$$2\tau = 10^{-5} \text{s}$$

在争用期内可发送的比特数即是最短帧长，为：

$$10^7 \times 10^{-5} = 100 \text{bit} = 12.5 \text{字节}$$

4．CSMA/CD 总线网的特点

我们习惯上把采用 CSMA/CD 规程的总线型局域网称之为 CSMA/CD 总线网。它具有以下几个特点。

（1）竞争总线

在 CSMA/CD 总线网中，采用的是分布式控制方式，各站点自主平等，无主次站之分，任何一个站点在任何时候都可通过竞争来发送信息。另外，在 CSMA/CD 总线网中也没有设置有关介质访问的优先权机构。

（2）冲突显著减少

由于采取了"先听后发"和"边发边听"等措施，大大减少了传输中发生冲突的概率，从而有效地提高了信息发送的成功率。

（3）轻负荷有效

由于在重负荷时会增加传输冲突，相应地，传输延迟时间也急剧增大，从而使网络吞吐量明显下降。显而易见，CSMA/CD 技术不适合于重负荷的情况，而在轻负荷（小于总容量的30%）时是相当有效的，可获得较小的传输时延和较高的吞吐量。

（4）广播式通信

总线网上任何一站发出的信息，都可通过公用总线传输到网上的所有工作站，因而可以方便地实现点对点式、成组及广播通信。

（5）发送的不确定性

对于总线型局域网，想要发送数据的站何时检测到总线有空闲，检测到总线空闲发送数据时又是否会产生碰撞都是不确定的，所以发送一帧的时间是不确定的。正因如此，这种 CSMA/CD 总线网不适用于对实时性要求较高的场合。

（6）总线结构和 MAC 规程简单

网上的每一工作站都只有一条连接边，结构简单，而且 CSMA/CD 规程本身也比较简单，所以这种 CSMA/CD 总线网易于实现，价格低廉。

3.2.3 以太网的 MAC 子层协议

1．以太网的 MAC 子层功能

以太网的 MAC 子层功能（即 CSMA/CD 的介质访问控制功能）如图 3-9 所示。

MAC 子层有以下两个主要功能。

（1）数据封装和解封

发送端进行数据封装，包括将 LLC 子层送下来的 LLC 帧加上首部和尾部构成 MAC 帧，编址和校验码的生成等。

接收端进行数据解封，包括地址识别、帧校验码的检验和帧拆卸，即去掉 MAC 帧的首部和尾部，而将 LLC 帧传送给 LLC 子层。

（2）介质访问管理

发送介质访问管理包括：

①载波监听；

②冲突的检测和强化；

③冲突退避和重发。

接收介质访问管理负责检测到达的帧是否有

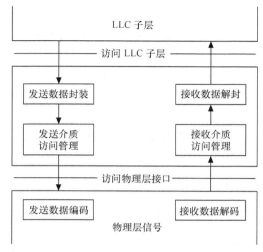

图 3-9　CSMA/CD 的介质访问控制功能

错（这里可能出现两种错误：一个是帧的长度大于规定的帧最大长度；二是帧的长度不是 8bit 的整倍数），过滤冲突的信号（凡是其长度小于允许的最小帧长度的帧，都认为是冲突的信号而予以过滤）。

2．硬件地址

IEEE 802 标准为局域网规定了一种 48bit 的全球地址，即 MAC 地址（MAC 帧的地址），它是指局域网上的每一台计算机所插入的网卡上固化在（ROM）中的地址，所以也叫硬件地址或物理地址。

MAC 地址的前 3 字节由 IEEE 的注册管理委员会（RAC），负责分配，凡是生产局域网网卡的厂家都必须向 IEEE 的 RAC 购买由这 3 字节构成的一号（即地址块），这个号的正式名称是机构唯一标识符（OUI）。地址字段的后 3 个字节由厂家自行指派，称为扩展标识符。一个地址块可生成 2^{24} 个不同的地址，用这种方式得到的 48bit 地址称为 MAC-48 或 EUI-48。

IEEE 802.3 的 MAC 地址字段的示意图如图 3-10 所示。

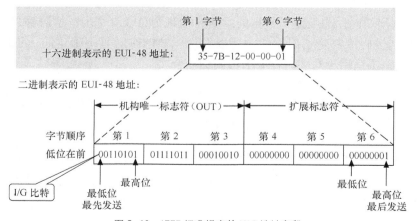

图 3-10　IEEE 标准规定的 MAC 地址字段

IEEE 规定地址字段的第 1 字节的最低位为 I/G 比特（表示 Individual/Group），当 I/G 比特为 0 时，地址字段表示一个单个地址；当 I/G 比特为 1 时，地址字段表示组地址，用来进行多播。考虑到也许有人不愿意向 IEEE 的 RAC 购买机构唯一标识符（OUI），IEEE 将地址字段的第 1 字节的最低第 2 位规定为 G/L 比特（表示 Global/Local），当 G/L 比特为 1 时是全球管理（厂商向 IEEE 购买的 OUI 属于全球管理）；当 G/L 比特为 0 时是本地管理，用户可任意分配网络上的地址。采用本地管理时，MAC 地址一般为 2 字节。需要说明的是，目前一般不使用 G/L 比特。

3．MAC 帧格式

以太网 MAC 帧格式有两种标准：

- IEEE 802.3 标准。
- DIX Ethernet V2——没有 LLC 子层（TCP/IP 体系经常使用）。

（1）IEEE 802.3 标准规定的 MAC 子层帧结构

IEEE 802.3 标准规定的 MAC 子层帧结构如图 3-11 所示。

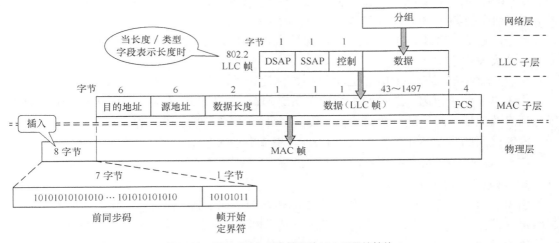

图 3-11　IEEE 802.3 标准规定的 MAC 子层帧结构

① 地址字段

地址字段包括目的 MAC 地址字段和源 MAC 地址字段，都是 6 字节。

② 数据长度字段

数据长度字段是 2 字节。它以字节为单位指出后面的数据字段长度。

③ 数据字段与填充字段（PAD）

数据字段就是 LLC 子层交下来的 LLC 帧，其长度是可变的，但最短为 46 字节，最长为 1500 字节。

决定帧最大长度的因素可归纳为 3 点：

- 减少重发概率。随着帧长度的增加，出错的概率也随之增多，使重发的概率和每次重发的信息量显著增加。
- 具有合理的缓冲区大小。无论是收方还是发方，都要为所发送或即将接收的帧准备缓冲区，而为使缓冲区有合理的大小，应该限制帧的长度。

● 避免独占传输线。当一个工作站所发送的帧太长时，会造成一个站长时间独占总线的情况，这必然使其他站等待的时间增加。

考虑上述 3 个因素，所以数据字段的长度最大为 1500 字节。MAC 帧的首部和尾部共 18 字节，所以此时整个 MAC 帧的长度为 1518 字节。

那为什么数据字段最短为 46 字节呢？常规总线型局域网的速率是 10Mbit/s，争用期时间一般取 51.2μs，在争用期内可发送 512bit，即 64 字节。因此 MAC 合法帧的最小帧长为 64 字节，减去 18 字节的首部和尾部，所以数据字段最短为 46 字节。如果 LLC 帧（即 MAC 帧的数据字段）的长度小于此值，则应填充一些信息（内容不限）。

这里还有一个问题需要说明：常规总线形局域网的争用期时间取 51.2μs，不仅是考虑了总线上端到端传播时延，还考虑了其他一些因素，如强化冲突的干扰信号的持续时间、可能存在的中继器所增加的时延等。

④ 帧检验字段

由于帧检验（FCS）与介质访问方法有关，所以把帧检验序列的产生放在介质访问控制（MAC）子层，而不在 LLC 子层。我们知道 HDLC 规程中的 FCS 序列为 2 字节，而 CSMA/CD 的 MAC 帧中的 FCS 序列为 4 字节。原因有两个：

● 干扰大。CSMA/CD 所处的环境必然有较大的干扰，因为每当发生冲突后，就会伴随而来一次突发性干扰。

● 信息帧长。因为 CSMA/CD 的 MAC 帧比较长，所以相应的 FCS 也应较长。

由于以上两个原因，IEE802.3 标准中规定 MAC 帧的 FCS 为 4 字节。FCS 负责校验的字段包括目的地址、源地址、数据长度、数据字段、填充字段及 FCS 本身。

FCS 采用的是循环冗余校验（CRC），其生成多项式为：

$$G(x) = x^{32} + x^{26} + x^{23} + x^{22} + x^{16} + x^{12} + x^{11} + x^{10} + x^8 + x^7 + x^5 + x^4 + x^2 + x + 1$$

⑤ 前导码与帧起始定界符

由图 3-11 可以看出，在传输媒体上实际传送的要比 MAC 帧还多 8 字节，即前导码与帧起始定界符。它们的作用是这样的：当一个站在刚开始接收 MAC 帧时，可能尚未与到达的比特流达成同步，由此导致 MAC 帧的最前面的若干比特无法接收，而使得整个 MAC 帧成为无用的帧。为了解决这个问题，MAC 帧向下传到物理层时还要在帧的前面插入 8 字节，它包括两个字段。第 1 个字段是前导码（PA），共有 7 字节，编码为 1010…，即 1 和 0 交替出现，其作用是使接收端实现比特同步前接收本字段，避免破坏完整的 MAC 帧。第 2 字段是帧起始定界符（SFD）字段，它为 1 字节，编码是 10101011，表示一个帧的开始。

（2）DIX Ethernet V2 标准的 MAC 帧格式

TCP/IP 体系（IP 网环境下）经常使用 DIX Ethernet V2 标准的 MAC 帧格式，此时局域网参考模型中的链路层不再划分 LLC 子层，即链路层只有 MAC 子层。DIX Ethernet V2 标准的 MAC 帧格式如图 3-12 所示。

DIX Ethernet V2 标准的 MAC 帧格式由 5 个字段组成，它与 IEEE 802.3 标准的 MAC 帧格式除了类型字段以外，其他各字段的作用相同。

类型字段用来标志上一层使用的是什么协议，以便把收到的 MAC 帧的数据上交给上一层的这个协议。

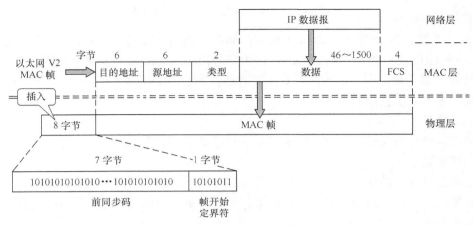

图 3-12　DIX Ethernet V2 标准的 MAC 帧格式

另外，当采用 DIX Ethernet V2 标准的 MAC 帧格式时，其数据部分装入的不再是 LLC 帧（此时链路层不再分 LLC 子层），而是网络层的分组或 IP 数据报。

以上介绍了以太网的两种 MAC 帧格式，目前 DIX Ethernet V2 标准的 MAC 帧格式用得比较多。由此可见，IP 网环境下，传统以太网对发送的数据帧不进行编号，也不要求对方确认——提供的服务是不可靠的交付（即尽最大努力的交付）。

3.2.4　几种传统以太网

最早的以太网是粗缆以太网，这种以粗同轴电缆作为总线的总线型 LAN，后来被命名为 10 BASE 5 以太网。20 世纪 80 年代初又发展了细缆以太网，即 10 BA5E 2 以太网。为了改善细缆以太网的缺点，接着又研制了 UTP（非屏蔽双绞线）以太网，即 10 BASE-T 以太网及光缆以太网 10 BASE-F 等。下面分别加以介绍。

1．10 BASE 5（粗缆以太网）

10 BASE 5 的名字的含义为：信号传输速率 10Mbit/s（即 10），基带传输（即 BASE），一个网段上的最大长度为 500m（即 5）。粗缆以太网的示意图如图 3-13 所示。它由粗同轴电缆、工作站、服务器、网卡、收发器、收发器电缆及中继器构成。

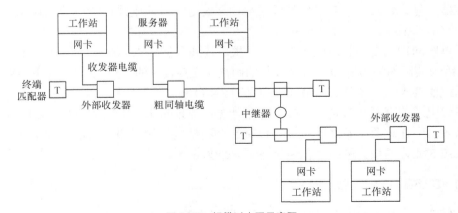

图 3-13　粗缆以太网示意图

（1）粗同轴电缆

粗缆以太网一般采用直径为 10mm 的 50Ω 同轴电缆作为传输介质，其传输速率为 10Mbit/s。单段电缆长度是受到限制的，因为信号沿总线传输时会有衰减，若总线太长，则有的信号将会衰减得很弱，以致影响载波监听和冲突检测的正常工作。所以粗缆以太网单段同轴电缆的最大长度被限制为 500m。

（2）工作站

在粗缆以太网中允许每个同轴电缆段最多只能安装 100 个站。

（3）服务器

服务器是 LAN 的核心，它是为各工作站用户提供网络共享功能及通信功能的。网上的服务器有低档、中档与高档之分，用户可根据自己的实际应用需要对它们进行选择使用。

（4）收发器

收发器具有以下功能。

● 从工作站经收发器电缆得到数据向同轴电缆发送，或反过来，从同轴电缆接收数据经收发器电缆送给工作站。

● 检测在同轴电缆上发生的数据帧的冲突。

● 在同轴电缆和电缆接口的电子设备之间进行电气隔离。

● 当收发器或工作站出故障时，保护同轴电缆不受其影响，此项功能即为超长控制。当收发器或工作站出故障时，就有可能向同轴电缆不间断地发送无规律的数据，后果会使总线上所有的站都不能工作。为防止这种现象发生，必须对各站发送的数据帧的长度设一上限，当检测到某个数据帧的长度超过上限值，就认为是该站出了故障，自动禁止该站向总线发送数据。

（5）网卡

网卡是以太网的一个关键性部件，在网卡上有微处理器和许多大规模集成电路芯片。网卡的主要功能如下。

● 数据的封装与解封——发送时将 LLC 子层发下来的 LLC 帧装上 MAC 子层的首部和尾部，成为 MAC 帧。接收时将 MAC 帧剥去首部和尾部，然后送发 LLC 子层。

● 链路管理——主要是 CSMA/CD 协议的实现。

● 编码与译码——即曼彻斯特编码与译码。

（6）中继器

中继器又称为转发器，它可以消除信号由于经过一长段电缆而造成的失真和衰减，从而使信号的波形和强度达到所要求的指标。

由于单段同轴电缆的长度受到限制，一根电缆线只能接入 100 个工作站，为了扩大 LAN 的范围（因为实际网络可能需要跨越较长的距离、连接较多的工作站），可利用中继器将几段独立的电缆连接成一个多分支网络（可参见图 3-13）。

考虑到电缆的衰减和时延等因素，也不能无限制地扩大以太网的距离。IEEE 802.3 标准规定：以太网中任意两个站之间最多可以有 5 个同轴电缆段，即可以最多有 4 个中继器。可见 10 BASE 5 允许的最大网络直径为 $5 \times 500 = 2500m$。

2．10 BASE 2（细缆以太网）

10 BASE 2 与 10 BASE 5 相似，主要是为降低安装 10 BASE 5 的成本和复杂性而设计的。

10 BASE 2 示意图如图 3-14 所示。

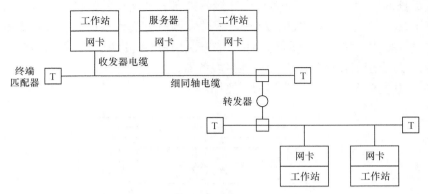

图 3-14　细缆以太网示意图

10 BASE 2 与 10 BASE 5 的区别如下：

（1）10 BASE 2 使用廉价的 R9——58 50n 细同轴电缆，由此而得名廉价网，或简称 Thinnet。

（2）不用外接的收发器，网卡本身有收发器功能。

（3）10 BASE 2 只允许每个网段 30 个站。

（4）10 BASE 2 单网段的最大长度降到 185m（约 200m）。

（5）10 BASE 2 仍保持 10 BASE 5 的 4 中继器/5 网段的设计能力，但允许的最大网络直径降为 $5 \times 185 = 925m$。如果不使用中继器，则单个网段的最大长度可扩展到 300m。

与粗缆以太网相比，细缆以太网更容易安装，更容易增加新站，能够大幅度地降低费用。因此细缆更流行，能有效地取代粗缆以太网而成为工作组布线的最佳方案。但是细缆以太网存在一些缺点，如同轴电缆因偶然性事故或用户的某种粗心而断裂，就会使整个网络瘫痪。另外，要求在网络两端进行正确的端接，而且网络重构是一个问题——如果用户进行实体方面的移动，则网络电缆必须相应地重新布线，这往往是既不方便，而又容易出事。正因如此，又研究开发了双绞线以太网。

3．10 BASE-T（双绞线以太网）

1990 年，IEEE 通过 10 BASE-T 的标准 IEEE 802.3i，它是一个崭新的以太网标准。

（1）10 BASE-T 以太网的拓扑结构

10 BASE-T 以太网采用非屏蔽双绞线将站点以星型拓扑结构连到一个集线器上，如图 3-15 所示。

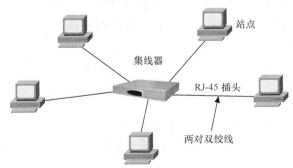

图 3-15　10BASE-T 拓扑结构示意图

图中的集线器为一般集线器（简称集线器），它就像一个多端口转发器，每个端口都具有发送和接收数据的能力。但一个时间只允许接收来自一个端口的数据，可以向所有其他端口转发。当每个端口收到终端发来的数据时，就转发到所有其他端口，在转发数据之前，每个端口都对它进行再生、整形，并重新定时。集线器往往含有中继器的功能，它工作在物理层。另外，图 3-15 为连接工作站的位置也可连接服务器。

图 3-16 是具有 3 个接口的集线器的示意图。

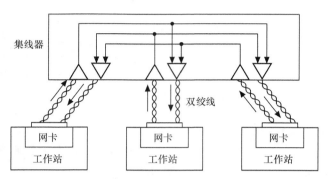

图 3-16 具有 3 个接口的集线器

集线器是使用电子器件来模拟实际电缆线的工作，因此整个系统仍然像一个传统的以太网那样运行。即采用一般集线器连接的以太网物理上是星型拓扑结构，但从逻辑上看是一个总线型网（一般集线器可看作是一个总线），各工作站仍然竞争使用总线。所以这种局域网仍然是共享式网络，它也采用 CSMA/CD 规则竞争发送。

另外，对 10 BASE-T 以太网有几点说明：

① 10 BASE-T 使用两对无屏蔽双绞线，一对线发送数据，另一对线接收数据。

② 集线器与站点之间的最大距离为 100m。

③ 一个集线器所连的站点最多可以有 30 个（实际目前只能达 24 个）。

④ 和其他以太网物理层标准一样，10 BASE-T 也使用曼彻斯特编码。

⑤ 集线器的可靠性很高，堆叠式集线器（包括 4～8 个集线器）一般都有少量的容错能力和网管功能。

⑥ 可以把多个集线器连成多级星型结构的网络，这样就可以使更多的工作站连接成一个较大的局域网（集线器与集线器之间的最大距离为 100m），如图 3-17 所示。10 BASE-T 一般最多允许有 4 个中继器（中继器的功能往往含在集线器里）级联。

⑦ 若图 3-16 中的集线器改为交换集线器，此以太网则为交换式以太网。

（2）10 BASE-T 以太网的组成

10 BASE-T 以太网的组成有：集线器、工作站、服务器、网卡、中继器和双绞线等。

4．10 BASE-F（光缆以太网）

光缆以太网采用单模或多模光缆作为传输介质，也是星型拓扑结构，最大网段长度根据不同的情况可以是 500m，1000m 或 2000m。每个集线器所连的站点理论上最多也为 30 个，且最多允许使用 4 个中继器。

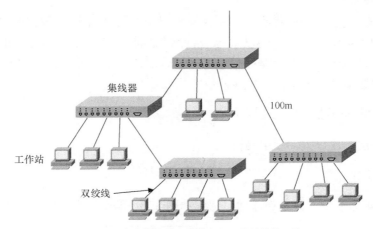

图 3-17　多个集线器连成的多级星状结构的网络

3.3　扩展的以太网

为了避免以太网的衰减和时延太大，致使 CSMA/CD 协议无法正常工作，以太网的覆盖范围是有限的。扩大以太网覆盖范围的方法一般采用集线器或网桥。

3.3.1　在物理层扩展以太网

在物理层扩展以太网，可以使用转发器和集线器。

1．使用转发器扩展以太网

转发器（即中继器）工作在物理层，利用转发器连接网段是在物理层扩展以太网。前述的 10 BASE 5 单网段的覆盖范围为 500m，10 BASE 2 单网段的覆盖范围只有 185m，它们使用转发器扩展其覆盖范围，如图 3-13 和图 3-14 所示。

2．使用集线器扩展以太网

集线器也工作在物理层，使用集线器扩展以太网的示意图如图 3-18 所示。

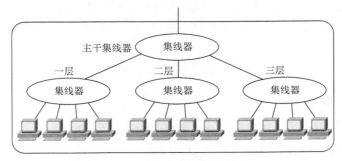

图 3-18　使用集线器扩展以太网

图 3-18 中一层、二层、三层楼集线器分别连接的是单个网段，主干集线器是起扩展以太网的作用的，它把各层楼的以太网连接起来，成为一个更大的以太网。

使用集线器扩展以太网的优点：一是使原来属于不同碰撞域（碰撞域也叫冲突域，包括一组竞争访问同一信道的站点）的以太网上的计算机能够进行跨碰撞域的通信；二是扩大了以太网覆盖的地理范围。但缺点是碰撞域增大了，总的吞吐量并未提高；而且如果不同的碰撞域使用不同的数据率，就不能用集线器将它们互连起来。

3.3.2　在数据链路层扩展以太网

在数据链路层扩展以太网使用网桥。

1．网桥的工作原理

网桥有 2～4 个端口，其工作原理示意图如图 3-19 所示（图中的网桥假设有两个端口）。

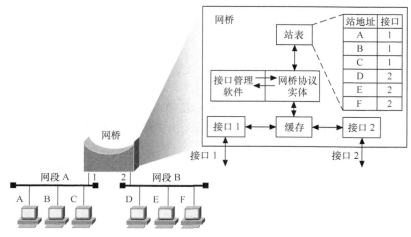

图 3-19　网桥的工作原理示意图

网桥工作在数据链路层，它根据 MAC 帧的目的地址对收到的帧进行转发。网桥具有过滤帧的功能。当网桥收到一个帧时，并不是向所有的端口转发此帧，而是先检查此帧的目的 MAC 地址，然后再确定将该帧转发到哪一个端口。

例如，图 3-19 中，假设网桥从端口 1 收到站点 A 发给站点 F 的 MAC 帧，通过查找内部的 MAC 地址与端口映射表，可知目的站点挂在端口 2，便将此 MAC 帧由端口 1 转发到端口 2。而当网桥从端口 1 收到站点 A 发给站点 C 的 MAC 帧，通过查找内部的 MAC 地址与端口映射表，可知目的站点 C 与站点 A 挂在同一端口上（即处于同一个网段），就丢弃这个帧，不转发。

网桥是通过端口管理软件和网桥协议实体完成上述操作的。

2．使用网桥扩展以太网的优缺点

（1）优点
使用网桥扩展以太网具有以下优点。
①过滤通信量，隔离碰撞域
网桥工作在链路层的 MAC 子层，可以使以太网各网段成为隔离开的碰撞域，如图 3-20 所示。

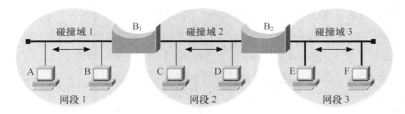

图 3-20　网桥使各网段成为隔离开的碰撞域

图 3-20 显示了用两个网桥连接的 3 个网段,当网段 1 内站点 A 和 B 通信时,网段 2 内站点 C 和 D、网段 3 内站点 E 和 F 也可以同时通信,互不冲突。但是假如网段 1 内站点 A 要和网段 3 内站点 E 通信,那这两个网段中的其他站点就不能再相互通信,所以每个网段是一个碰撞域。

② 扩大了网络的覆盖范围

③ 提高了可靠性

当某一个网段出现故障时,只影响本网段,不会影响全网,所以可以提高了网络的可靠性。

④ 网桥可连接不同物理层、不同 MAC 子层和不同速率的网段

因为网桥工作在链路层的 MAC 子层,可以进行物理层和 MAC 子层的协议转换,所以使用网桥不光可以连接几个以太网(IEEE 802.3 网)的网段,还可以连接 IEEE 802.3 网、IEEE 802.4 网和 IEEE 802.5 网(物理层、MAC 子层协议不同)的网段。

另外,由于网桥具有存储功能,可以连接不同速率的网段(如 10bit/s 和 100bit/s 以太网)。

(2)缺点

使用网桥扩展以太网的缺点如下。

① 存储转发增加了时延。

② 在 MAC 子层并没有流量控制功能。

③ 具有不同 MAC 子层的网段桥接在一起时时延更大。

④ 网桥只适合于用户数不太多(不超过几百个)和通信量不太大的局域网,否则有时还会因传播过多的广播信息而产生网络拥塞。这就是所谓的广播风暴。

3.网桥的类型

网桥有两种类型:透明网桥和源站选路网桥,它们分别遵循 IEEE 802.1 和 IEEE 802.5 标准。

(1)透明网桥

透明网桥是指局域网上的各站点并不知道所发送的帧将经过哪几个网桥,网桥对各站来说是看不见的。

透明网桥在收到一个帧时,必须决定是丢弃此帧还是转发此帧,如果是转发此帧,则应能确定是转发到哪一个网段。以图 3-21 为例,站 A 发给站 B 的帧应在网桥 1 被丢弃,站 A 发给站 C、H、G 等的帧应由网桥 1 转发,而站 A 发给站 I 等的帧则由网桥 1 和网桥 2 转发。

网桥做出的决定(是丢弃还是转发某一帧)是根据网桥中的 MAC 地址表,这个 MAC 地址表指明了每一个站(作为目的站)应属于哪一个网段(即对应网桥的哪一个端口)。MAC

地址表不是现成的，而是网桥在转发的过程中逐渐建立的。透明网桥 MAC 地址表的建立采用的方法是后向学习的扩散式算法。什么叫后向学习扩散式算法呢？

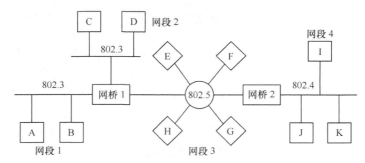

图 3-21　透明网桥原理说明

先解释后向学习算法：网桥观察和记录每次到达帧的源地址和标识，以及从哪一个网段（哪一个端口）输入到网桥。例如，图 3-21 中，网桥 1 观察到来自 K 站的帧都通过网段 3 输入到网桥 1，网桥 1 就知道凡是来自 K 站的帧（当然是输入到网桥 1）必须经过网段 3，于是在网桥 1 的 MAC 地址表中就记载下来。这样，凡是来自网段 1 或网段 2 且目的地址为 K 站的帧，网桥 1 必须转发。但是来自网段 3、目的地址为 K 站的帧，网桥 1 必须将它丢弃。

扩散法是这样的：当一个网桥刚刚连接到网段上时，其 MAC 地址表是空的。此时，网桥暂时还无法决定丢弃还是转发哪个帧，只得采用扩散法（也叫洪泛法）。这就是网桥在收到一个帧时，就向所有的端口（此帧进来的端口除外）转发此帧，如果此帧又到了一个网桥，则该网桥也按同样的方法进行转发。所以这样进行下去，就一定可以使该帧到达目的站。与此同时，网桥在这样的转发过程也就可以逐渐将其 MAC 地址表建立起来。

综上所述，透明网桥转发帧的方法可归纳为以下 3 条。当网桥收到一个帧时：

① 如果查 MAC 地址表发现目的网段和源网段是在同一个网段内，则丢弃此帧。

② 如果查 MAC 地址表发现目的网段和源网段是在不同的网段内，则转发此帧。

③ 如果查 MAC 地址表找不到要发往的目的网段，则使用扩散法转发此帧。

对于透明网桥还有几点需要说明。

● 当网桥和站点配置改变，或系统掉电后重新加电起动，又要重新建立 MAC 地址表，所以 MAC 地址表可以动态地建立，周期更新。

● 为了避免由于等待查表判断路径而发生的拥挤，要求查表判断很快执行。

● 为了避免采用扩散法转发时出现死循环，连接的网段拓扑结构限制为带分支的树。

透明网桥是一种即插即用设备，其最大优点是容易安装，一接上就能工作。但是，网络资源的利用还不充分，只能用于分支拓扑结构网段的扩展。因此，支持 802.5 令牌环网的分委员会就制订了另一个标准的网桥，这就是源站选路网桥。

（2）源站选路网桥

源站选路网桥是由发送帧的源站负责路由选择，源站在发送帧之前已确定了该帧发往目的站所经过的最佳路由。那么，源站是如何选择最佳路由的呢?具体方法如下。

源站在发送帧之前，为了确定最佳路由，以广播方式向欲通信的目的站发送一个"发现帧"，这个发现帧将在整个扩展后的局域网中沿着所有可能的路由传送。在传送的过程中，每个发现帧都记录下它所经过的路由，当发现帧到达目的站后，就沿着各自的路由再返回源站。源站根据每个发现帧所记录的路由进行分析判断，从所有可能的路由中选择出一个最佳路由。以后凡从这个源站向该目的站发送的帧都走这一最佳路由，为此，这些帧的首部都必须携带源站所确定的最佳路由信息。

采用源站选路网桥进行扩展以太网时，由于路由是由源站确定的，所以网桥的功能比较简单。网桥在接收到一个帧时，就扫描此帧的首部，以便找出路由信息，即应当从哪个网段的哪个网桥继续转发下去。当网络拓扑发生变化时，源站的主机要负责找出新的路由和删除旧的路由。

（3）透明网桥和源站选路网桥的比较

以上介绍了透明网桥和源站选路网桥，现将它们的特性做一比较，如表 3-1 所示。

表 3-1 透明网桥和源站选路网桥比较

比 较 项 目	透 明 网 桥	源站选路网桥
连接类型	无连接	面向连接
对主机的透明性	全透明	不透明
配置和管理	全自动配置，管理简单	手动配置，管理复杂
路由选择	次优化	优化
定向方法	后向学习算法	发送广播帧询问
故障处理	由网桥处理故障	由站点处理故障
复杂性	桥复杂，站点负担轻	桥简单，站点负担重

由表 3-1 可见，透明网桥和源站选路网桥各有优缺点，综合考虑，目前用得比较多的是透明网桥。

3.4 高速以太网

3.4.1 100 BASE-T 快速以太网

1993 年出现了由 Intel 和 3COM 公司大力支持的 100 BASE-T 快速以太网。1995 年 IEEE 正式通过快速以太网/100 BASE-T 标准，即 IEEE 802.3u 标准。

1. 100 BASE-T 的特点

（1）传输速率高

100 BASE-T 的传输速率可达 100Mbit/s。

（2）沿用了 10 BASE-T 的 MAC 协议

100 BASE-T 采用了与 10 BASE-T 相同的 MAC 协议，其好处是能够方便地付出很小的代价便可将现有的 10 BASE-T 以太网升级为 100 BASE-T 以太网。

（3）可以采用共享式或交换式连接方式

10 BASE-T 和 100 BASE-T 两种以太网均可采用以下两种连接方式。

① 共享式连接方式

将所有的站点连接到一个集线器上，使这些站点共享 10Mbit/s 或 100Mbit/s 的带宽。这种连接方式的优点是费用较低，但每个站点所分得的频段较窄。

② 交换式连接方式

交换式连接方式是将所有的站点都连接到一个交换集线器上。这种连接方式的优点是每个站点都能独享 10Mbit/s 或 100Mbit/s 的带宽，但连接费用较高（此种连接方式相当于交换式以太网）。采用交换式连接方式时可支持全双工操作模式（全双工局域网的概念见后）而无访问冲突。

（4）适应性强

10 BASE-T 以太网装置只能工作于 10Mbit/s 这个单一速率上，而 100 BASE-T 以太网的设备可同时工作于 10Mbit/s 和 100 Mbit/s 速率上。所以 100 BASE-T 网卡能自动识别网络设备的传输速率是 10Mbit/s 还是 100 Mbit/s，并能与之适应。也就是说此网卡既可作为 100 BASE-T 网卡，又可降格为 10 BASE-T 网卡使用。

（5）经济性好

快速以太网的传输速率是一般以太网的 10 倍，但其价格目前只是一般以太网的 2 倍（将来还会更低），即性价比高。

（6）网络范围变小

由于传输速率升高，导致信号衰减增大，所以 100 BASE-T 比 10 BASE-T 的网络范围小。

2．100 BASE-T 的标准

100 BASE-T 快速以太网的标准为 IEEE 802.3u，是现有以太网 IEEE 802.3 标准的扩展。

（1）MAC 子层

100 BASE-T 快速以太网的 MAC 子层标准与 IEEE 802.3 的 MAC 子层标准相同。所以，100 BASE-T 的帧格式、帧携带的数据量、介质访问控制机制、差错控制方式及信息管理等，均与 10 BASE-T 的相同。

（2）物理层标准

IEEE 802.3u 规定了 100 BASE-T 的 4 种物理层标准。

① 100 BASE-TX

100 BASE-TX 是使用 2 对 5 类非屏蔽双绞线（UTP）或屏蔽双绞线（STP），传输速率为 100 Mbit/s 的快速以太网。100 BASE-TX 有以下几个要点。

● 使用 2 对 5 类非屏蔽双绞线（UTP）或屏蔽双绞线（STP），其中一对用于发送数据信号，另一对用于接收数据信号。

● 最大网段长度 100m。

● 100 BASE-TX 采用 4B/5B 编码方法，以 125MHz 的串行数据流来传送数据。实际上，100 BASE-TX 使用"多电平传输 3（MLT-3）"编码方法来降低信号频率。MLT-3 编码方法是把 125MHz 的信号除以 3 而后建立起 41.6MHz 的数据传输频率，这就有可能使用 5 类线。100 BASE-TX 由于频率较高而要求使用较高质量的电缆。

● 100 BASE-TX 提供了独立的发送和接收信号通道，所以能够支持可选的全双工操作模式（有关全双工操作模式后面将会介绍）。

② 100 BASE-FX

100 BASE-FX 是使用光缆作为传输介质的快速以太网，它和 100 BASE-TX 一样沿用

ANSIX3T9.5 FDDI 物理媒体相关标准，100 BASE-FX 有以下几个要点。

- 100 BASE-FX 可以使用 2 对多模（MM）或单模（SM）光缆，一对用于发送数据信号，一对用于接收数据信号。
- 支持可选的全双工操作方式。
- 光缆连接的最大网段长度因不同情况而异，对使用多模光缆的两个网络开关或开关与适配器连接的情况允许 412m 长的链路，如果此链路是全双工型，则此数字可增加到 2000m。对质量高的单模光缆允许 10km 或更长的全双工式连接。100 BASE-FX 中继器网段长度一般为 150m，但实际上与所用中继器的类型和数量有关。
- 100 BASE-FX 使用与 100 BASE-TX 相同的 4B/5B 编码方法。

③ 100 BASE-T4

100 BASE-T4 是使用 4 对 3 类、4 类或 5 类 UTP 的快速以太网，100 BASE-T4 的要点如下。

- 100 BASE-T4 可使用 4 对音频级或数据级 3 类、4 类或 5 类 UTP，信号频率为 25MHz。3 对线用来同时传送数据，而第 4 对线用作冲突检测时的接收信道。
- 100 BASE-T4 的最大网段长度为 100m。
- 采用 8B/6T 编码方法，就是将 8 位一组的数据（8B）变成 6 个三进制模式（6T）的信号在双绞线上发送。
- 100 BASE-T4 没有单独专用的发送和接收线，所以不可能进行全双工操作。

④ 100 BASE-T2

100 BASE-T4 有两个缺点：一个是要求使用 4 对 3 类、4 类或 5 类 UTP，而某些设施只有 2 对线可以使用；另一个是它不能实现全双工。IEEE 于 1997 年 3 月公布了 802.3Y 标准，即 100 BASE-T2 标准。100 BASE-T2 快速以太网有以下几个要点。

- 采用 2 对声音或数据级 3 类、4 类或 5 类 UTP，其中一对用于发送数据信号，一对用于接收数据信号。
- 100 BASE-T2 的最大网段长度是 100m。
- 100 BASE-T2 采用一种比较复杂的五电平编码方案，称为 PAM5X5，即将 MII 接口接收的 4 位半字节数据翻译成五个电平的脉冲幅度调制系统。
- 支持全双工操作。

3. 100 BASE-T 快速以太网的组成

快速以太网和一般以太网的组成是相同的，即由工作站、网卡、集线器、中继器、传输介质及服务器等组成。

（1）工作站

接入 100 BASE-T 快速以太网的工作站必须是较高档的微机，因为接入快速以太网的微机必须具有 PCI 或 EISA 总线。而低档的微机所用的老式的 ISA 总线不能支持 100Mbit/s 的传输速率。

（2）网卡

快速以太网的网卡有两种：一种是既可支持 100Mbit/s 也可支持 10Mbit/s 的传输速率；另一种是只能支持 100Mbit/s 的传输速率。

（3）集线器

100Mbit/s 的集线器是 100 BASE-T 以太网中的关键部件，分一般的集线器和交换式集线器，一般的集线器可带有中继器的功能。

（4）中继器

100 BASE-T 以太网中继器的功能与 10 BASE-T 中的相同，即对某一端口接收到的弱信号再生放大后，发往另一端口。由于在 100 BASE-T 中，网络信号速度已加快 10 倍，最多只能由 2 个快速以太网中继器级联在一起。

（5）传输介质

100 BASE-T 快速以太网的传输介质可以采用 3 类、4 类、5 类 UTP、STP 及光纤。

4．100 BASE-T 快速以太网的拓扑结构

100 BASE-T 快速以太网基本保持了 10 BASE-T 以太网的网络拓扑结构，即所有的站点都连到集线器上，在一个网络中最多允许有两个中继器。

3.4.2 吉比特以太网

1．吉比特以太网的要点

吉比特以太网是一种能在站点间以 1000Mbit/s（1Gbit/s）的速率传送数据的系统。IEEE 于 1996 年开始研究制定吉比特以太网的标准，即 IEEE 802.3z 标准，此后不断加以修改完善，1998 年 IEEE 802.3z 标准正式成为吉比特以太网标准。吉比特以太网的要点如下。

（1）吉比特以太网的运行速度比 100Mbit/s 快速以太网快 10 倍，可提供 1Gbit/s 的基本带宽。

（2）吉比特以太网采用星型拓扑结构。

（3）吉比特以太网使用和 10Mbit/s、100Mbit/s 以太网同样的以太网帧，与 10 BASE-T 和 100 BASE-T 技术向后兼容。

（4）当工作在半双工（共享介质）模式下，它使用和其他半双工以太网相同的 CSMA/CD 介质访问控制机制（其中做了一些修改以优化 1Gbit/s 速度的半双工操作）。

（5）支持全双工操作模式。大部分吉比特以太网交换器端口将以全双工模式工作，以获得交换器间的最佳性能。

（6）吉比特以太网允许使用单个中继器。吉比特以太网中继器像其他以太网中继器那样能够恢复信号计时和振幅，并且具有隔离发生冲突过多的端口以及检测并中断不正常的超时发送的功能。

（7）吉比特以太网采用 8B/10B 编码方案，即把每 8 位数据净荷编码成 10 位线路编码，其中多余的位用于错误检查。8B/10B 编码方案产生 20%的信号编码开销，这表示吉比特以太网系统实际上必须以 1.25GBaud 的速率在电缆上发送信号，以达到 1000Mbit/s 的数据率。

2．吉比特以太网的物理层标准

吉比特以太网的物理层标准有 4 种。

（1）1000 BASE-LX（IEEE 802．3z 标准）

"LX" 中的 "L 代表 "长（Long）"，因此它也被称为长波激光（LWL）光纤网段。1000 BASE-LX 网段基于的是波长为 1270～1355nm（一般为 1310nm）的光纤激光传输器，它可

以被耦合到单模或多模光纤中。当使用纤芯直径为 62.5μm 和 50μm 的多模光纤时，传输距离为 550m。使用纤芯直径为 10μm 的单模光纤时，可提供传输距离长达 5km 的光纤链路。

1000 BASE-LX 的线路信号码型为 8B/10B 编码。

（2）1000 BASE-SX（IEEE 802.3z 标准）

"SX"中的"S"代表"短（Short）"，因此它也被称为短波激光（SWL）光纤网段。1000 BASE-SX 网段基于波长为 770～860nm（一般为 850nm）的光纤激光传输器，它可以被耦合到多模光纤中。使用纤芯直径为 62.5μm 和 50μm 的多模光纤时，传输距离分别为 275m 和 550m。

1000 BASE-SX 的线路信号码型是 8B/10B 编码。

（3）1000 BASE-CX（IEEE 802.3z 标准）

1000 BASE-CX 网段由一根基于高质量 STP 的短跳接电缆组成，电缆段最长为 25m。1000BASE-CX 的线路信号码型也是 8B/10B 编码。

以上介绍的 1000 BASE-LX、1000 BASE-SX 和 1000BASE-CX 可通称为 1000BASE-X。

（4）1000 BASE-T（IEEE 802.3ab 标准）

1000 BASE-T 使用 4 对 5 类 UTP，电缆最长为 100m。线路信号码型是 PAM5X5 编码。

值得说明的是，吉比特以太网为了满足对速率和可靠性的要求，其物理介质优先使用光纤。

3.4.3　10Gbit/s 以太网

IEEE 于 1999 年 3 月年开始从事 10Gbit/s 以太网的研究，其正式标准是 802.3ae 标准，它在 2002 年 6 月完成。

1．10Gbit/s 以太网的特点

- 数据传输速率是 10Gbit/s。
- 传输介质为多模或单模光纤。
- 10Gbit/s 以太网使用与 10Mbit/s，100Mbit/s 和 1Gbit/s 以太网完全相同的帧格式。
- 线路信号码型采用 8B/10B 和 MB810 两种类型编码。
- 10Gbit/s 以太网只工作在全双工方式，显然没有争用问题，也就不必使用 CSMA/CD 协议。

2．10Gbit/s 以太网的物理层标准

10Gbit/s 以太网的物理层标准包括局域网物理层标准和广域网物理层标准。

（1）局域网物理层标准

局域网物理层标准（LAN PHY）规定的数据传输速率是 10Gbit/s，具体包括以下几种。

①10000 BASE-ER

10000 BASE-ER 的传输介质是波长为 1550nm 的单模光纤，最大网段长度为 10km，采用 64B/66B 线路码型。

②10000 BASE-LR

10000 BASE-LR 的传输介质是波长为 1310nm 的单模光纤，最大网段长度为 10km，也采用 64B/66B 线路码型。

③ 10000 BASE-SR

10000 BASE-SR 的传输介质是波长为 850nm 的多模光纤串行接口，最大网段长度采用 62.5μm 多模光纤时为 28m/160 MHz·km、35m/200 MHz·km；采用 50μm 多模光纤时为 69、86、300m/0.4 GHz·km。10000 BASE-SR 仍采用 64B/66B 线路码型。

（2）广域网物理层

为了使 10Gbit/s 以太网的帧能够插入到 SDH 的 STM-64 帧的有效载荷中，就要使用可选的广域网物理层（WAN PHY），其数据速率为 9.95328Gbit/s（约 10Gbit/s），具体包括以下几种。

① 10000 BASE-EW

10000 BASE-EW 的传输介质是波长为 1550nm 的单模光纤，最大网段长度为 10km，采用 64B/66B 线路码型。

② 10000 BASE-L4

10000 BASE-L4 的传输介质为 1310nm 多模/单模光纤 4 信道宽波分复用（WWDM）串行接口，最大网段长度采用 62.5μm 多模光纤时为 300m/500 MHz·km；采用 50μm 多模光纤时为 240m/400 MHz·km、300m/500 MHz·km；采用单模光纤时为 10km。10000 BASE-L4 选用 8B/10B 线路码型。

③ 10000 BASE-SW

10000 BASE-SW 的传输介质是波长为 850nm 的多模光纤串行接口/WAN 接口，最大网段长度采用 62.5μm 多模光纤时为 28m/160MHz·km、35m/200MHz·km；采用 50μm 多模光纤时为 69、86、300m/0.4GHz·km。10000 BASE-SW 采用 64B/66B 线路码型。

3.5 交换式局域网

3.5.1 交换式局域网的基本概念

对于共享式局域网，其介质的容量（数据传输能力）被网上的各个站点共享。这带来了许多问题，如果网络负荷重时，由于冲突和重发的大量发生，网络效率急剧下降；同时由于站点何时能抢占到信道带有一定的随机性，CSMA/CD 以太网不适于传送时间性要求强的业务。交换式局域网的出现解决了这个问题。

1. 交换式局域网的概念

交换式局域网所有站点都连接到一个交换式集线器或局域网交换机上，如图 3-22 示。

交换式集线器或局域网交换机具有交换功能，它们的特点是：所有端口平时都不连通，当工作站需要通信时，交换式集线器或局域网交换机能同时连通许多对端口，使每一对端口都能像独占通信媒体那样无冲突地传输数据，通信完成后断开连接。由于消除了公共的通信媒体，每个站点独自使用一条链路，不存在冲突问题，可以提高用户的平均数据传输速率，即容量得以扩大。

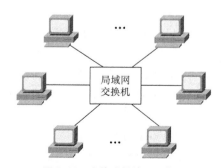

图 3-22 交换式局域网示意图

交换式局域网采用星型拓扑结构，其优点是十分容易扩展，而且每个用户的带宽并不因为互连的设备增多而降低。

交换式局域网无论是从物理上，还是逻辑上都是星型拓扑结构，多台交换式集线器（或局域网交换机）可以串接，连成多级星型结构。

这里有几点需要说明：

● 交换式集线器的规模一般比较小，支持的端口数少，功能也简单。

● 局域网交换机（机箱式）的规模比较大，支持的端口数多，功能也多。在机箱内可插入各种模块，如中继器模块、网桥模块、路由器模块、ATM 模块、FDDI 模块等，以实现各种网络的互连，当然它的结构和管理也更为复杂。交换式局域网目前一般采用局域网交换机连接站点。

● 因为交换式局域网是在 10 BASE-T 等以太网基础上发展而来的，所以一般也将交换式局域网称为交换式以太网。

2．交换式局域网的功能

交换式局域网可向用户提供共享式局域网不能实现的一些功能，主要包括以下几个方面。

（1）隔离冲突域

在共享式以太网中，使用 CSMA/CD 算法来进行介质访问控制，如果两个或更多站点同时检测到信道空闲而有帧准备发送，它们将发生冲突。一组竞争信道访问的站点称为冲突域，如图 3-23 所示。显然同一个冲突域中的站点竞争信道，便会导致冲突和退避，而不同冲突域的站点不会竞争公共信道，它们则不会产生冲突。

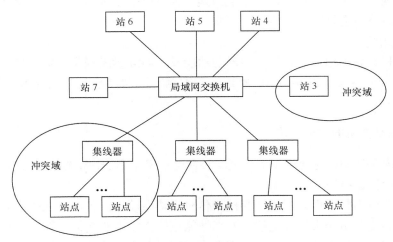

图 3-23 冲突域示意图

在交换式局域网中，每个交换机端口就对应一个冲突域，端口就是冲突域终点。由于交换机具有交换功能，不同端口的站点之间不会产生冲突。如果每个端口只连接一台计算机站点，那么在任何一对站点间都不会有冲突；若一个端口连接一个共享式局域网，那么在该端口的所有站点之间会产生冲突，但该端口的站点和交换机其他端口的站点之间将不会产生冲突。因此，交换机隔离了每个端口的冲突域。

（2）扩展距离

每个交换机端口可以连接不同的 LAN，因此每个端口都可以达到不同 LAN 技术所要求的最大距离，而与连到其他交换机端口 LAN 的长度无关。

（3）增加总容量

在共享式 LAN 中，其容量（无论是 10Mbit/s、100Mbit/s，还是 1000Mit/s）是由所有接入设备分享。而在交换式局域网中，由于交换机的每个端口具有专用容量，交换式局域网总容量随着交换机的端口数量而增加，所以交换机提供的数据传输容量比共享式 LAN 大得多。例如，设局域网交换机和用户连接的带宽（或速率）为 M，用户数为 N，则网络总的可用带宽（或速率）为 $N×M$。

（4）数据率灵活性

对于共享式 LAN，不同 LAN 可采用不同数据率，但连接到同一共享式 LAN 的所有设备必须使用同样的数据率。而对于交换式局域网，交换机的每个端口可以使用不同的数据率，所以可以以不同数据率部署站点，非常灵活。

3.5.2 局域网交换机的基本原理

1. 局域网交换机的分类

按所执行的功能不同，局域网交换机（实际指的是以太网交换机）可以分成两种。

（1）二层交换

如果交换机按网桥构造，执行桥接功能，由于网桥的功能属于 OSI 参考模型的第二层，所以此时的交换机属于二层交换。二层交换是根据 MAC 地址转发数据，交换速度快，但控制功能弱，没有路由选择功能。

（2）三层交换

如果交换机具备路由能力，而路由器的功能属于 OSI 参考模型的第三层，此时的交换机属于三层交换。三层交换是根据 IP 地址转发数据，三层交换是二层交换与路由功能的有机组合。

2. 局域网交换机的内部结构

交换机的内部结构决定交换机的性能，目前交换机采用的内部结构主要有 4 种。

（1）共享存储器结构

共享存储器结构是数据帧直接从存储器传送到输出端口，各模块之间不需要用背板总线连接，依赖中心交换引擎来提供全端口的高性能连接，由中心交换引擎检查每个输入包以决定路由。这种方式容易实现，但需要很大的内存容量，很高的管理费用。且由于访问存储器需要时间，不可能在较大端口数之间实现线速交换，因此比较适合于小系统交换机。

（2）交叉总线结构

交叉总线式结构在端口间建立直接的点对点连接，每一模块都直接和任何其他模块相连。每一模块自己处理连接问题，不需要中心交换阵列模块进行集中控制。

这种结构适合单点传输。对于点对多点传输存在一些问题，例如，当端口 A 向端口 D 传输数据时，端口 B 和 C 就只能等待。而当端口 A 向所有的端口广播消息时，可能会引起目标端口的排队等候。这样会消耗掉大量的带宽，从而影响了交换机的性能。另外，如果要连接 n 个端口，就需要 $n×（n+1）$ 条交叉总线，所以成本较高。

（3）混合交叉总线结构

混合交叉总线结构是在交叉总线结构基础上改进得来的。它是将一体的交叉总线矩阵划分成小的交叉矩阵，中间通过一条高性能的总线连接。优点是减少了交叉总线数，降低了成本，还减少了总线争用。但连接交叉矩阵的总线可能成为新的性能瓶颈。

（4）环型总线结构

这种结构在 1 个环内最多支持 4 个交换引擎并且允许不同速度的交换矩阵互联，环与环间通过交换引擎连接。与前几种结构不同的是此种结构有独立的一条控制总线，用于搜集总线状态、处理路由、流量控制和清理数据总线。

环型总线结构的最大优点是扩展能力强，实现成本低，因为采用环形结构，很容易聚集带宽，当端口数增加的时候，带宽就相应增加了。另外，它还有效地避免了系统扩展时造成的总线瓶颈。

3．局域网交换机的交换方式

一般地，交换机主要通过以下 4 种方式实现交换。

（1）直通式

直通式（Cut Through）模式下，交换机只需要知道数据帧的目的地址 DMAC 就可以成功地将数据帧转发到目的地。在交换机读取到帧中足够的信息并能够识别出 DMAC 后，它将立即把数据帧发送到目的端口。

直通式方式的优点是由于不需要存储，延迟非常小、交换非常快。但缺点是由于没有缓存，数据包内容并没有被以太网交换机保存下来，所以无法检查所传送的数据包是否有误，不能提供错误检测能力，而且容易丢包。

（2）存储转发

存储转发（Store Forward）方式是将输入端口的数据帧先存储起来，然后进行 CRC（循环冗余码校验）检查，在对错误包处理后才取出数据帧的目的地址，通过查找 MAC 地址表转换成输出端口送出数据帧。

由于这种方式可以对进入交换机的数据帧进行错误检测，使网络中的无效帧大大减少，所以可有效地改善网络性能。但缺点是由于需要存储再转发导致数据处理时延大，然而随着 ASIC 的降价以及处理器速度的增加，许多新的交换机都可以在很短的时间内完成整个帧的检查，所以这种交换方式应用比较广泛。

（3）碎片隔离

碎片隔离（Fragment Free）是上述两种技术的综合。它检查数据帧的长度是否够 64 字节，如果小于 64 字节，说明是假数据帧，则丢弃该数据帧；如果大于 64 字节，则发送该数据帧。这种方式也不提供数据校验。它的数据处理速度比存储转发方式快，但比直通式慢。

（4）智能交换模式

智能交换模式（Intelligent Switching Mode）集中了直通式和存储转发二者的优点。只要可能，交换机总是采用直通式模式，但一旦网络出错率超过了事先设定的阈值，交换机将采用存储转发模式，当网络出错率下降后，又重新开始直通式模式。

在学习了上述局域网交换机的相关内容后，下面我们来探讨二层交换技术和三层交换技术的具体问题。

4．二层交换技术

（1）二层交换的原理

我们已经知道二层交换机是根据 MAC 地址转发数据的，二层交换机内部应有一个反映各站的 MAC 地址与交换机端口对应关系的 MAC 地址表。当交换机的控制电路收到数据包以后，处理端口会查找内存中的 MAC 地址对照表以确定目的 MAC 的站点挂接在哪个端口上，通过内部交换矩阵迅速将数据包传送到目的端口。MAC 地址表中若无目的 MAC 地址，则将数据包广播到所有的端口，接收端口回应后交换机会"学习"新的地址，并把它添加入内部地址表中。

交换机 MAC 地址表的建立与数据交换的具体过程如下。

① 交换机刚刚加电启动时，其 MAC 地址表是空的。此时交换机并不知道与其相连的不同的 MAC 地址的终端站点位于哪一个端口。它根据缺省规则，将不知道目的 MAC 地址对应哪一个端口的呼入帧发送到除源端口之外的其他所有端口上。

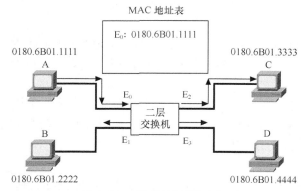

图 3-24　MAC 地址表项的建立

例如，在图 3-24 中，站点 A 向站点 C 发送一个帧，站点 C 的 MAC 地址对应的端口是未知的，这个帧将被发送到交换机的所有端口上。

② 交换机是基于数据帧的源 MAC 地址来建立 MAC 地址表的。具体是当交换机从某个端口接收到数据帧时，首先检查其发送站点的 MAC 地址与交换机端口之间的对应关系是否已记录在 MAC 地址表中，若无，则在 MAC 地址表中加入该表项。

图 3-24 中，交换机收到站点 A 发来的数据帧，在读取其 MAC 地址的过程中，它会将站点 A 的 MAC 地址连同 E_0 端口的位置一起加入到 MAC 表中。这样，交换机很快就会建立起一张包括大多数局域网上活跃站点的 MAC 地址同端口之间映射关系的表。

③ 交换机是基于目的 MAC 地址来转发数据帧的。对收到的每一个数据帧，交换机查看 MAC 地址表，看其是否已经记录了目的 MAC 地址与交换机端口间的对应关系，若查找到该表项，则可将数据帧有目的地转发到指定的端口，从而实现数据帧的过滤转发，如图 3-25 所示。

在图 3-25 中，假设站点 A 向站点 B 发送一个帧，此时站点 B 的 MAC 地址是已知的，因此该数据帧将直接转发到 E_1 端口，而不会发送到 E_2 和 E_3 端口。

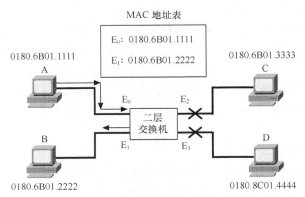

图 3-25　MAC 地址表项的使用

交换机应该能够适应网络构成的变化，为了做到这一点，每个新学习到的地址在加入到交换机 MAC 表中之前，先赋予其一个年龄值（一般为 300s）。如果该 MAC 地址在年龄值规定的时间内没有任何流量，该地址将从 MAC 表中删除。而且在每次重新出现该 MAC 地址时，MAC 表中相应的表项将被刷新，使得 MAC 地址表始终保持精确。

（2）二层交换机的功能

根据上述二层交换的原理，可以归纳出二层交换机具有以下功能。

① 地址学习功能

从上述可以看出，交换机在转发数据帧时基于数据帧的源 MAC 地址可建立 MAC 地址表，即将 MAC 地址与交换机端口之间的对应关系记录在 MAC 地址表中。

② 数据帧的转发与过滤功能

交换机必须监视其端口所连的网段上发送的每个帧的目的地址，避免不必要的数据帧的转发，以减轻网络中的拥塞。所以，交换机需要将每个端口上接收到的所有帧都读取到存储器中，并处理数据帧头中的相关字段，查看到某个站点的目的 MAC 地址（DMAC）。交换机对所收到的数据帧的处理有 3 种情况：

● 丢弃该帧。如果交换机识别出某个帧中的 DMAC 标识的站点与源站点处于同一个端上，它就不处理此帧，因为目的站点（源、目的站点处于同一网段）已经接收到此帧，这种情况下，该帧将被丢弃。

● 将该帧转发到某个特定端口上。如果检查 MAC 表发现 DMAC 的站点处于另一个网上，交换机将把此帧转发到相应的端口上。

● 将帧发送到所有端口上。当交换机不知道 DMAC 的位置时，它将数据帧发送到所有端口上，以确保目的站点能够接收到该信息，此举即为广播。

③ 广播或组播数据帧

交换机支持广播或组播数据帧。

广播数据帧就是从一个站点发送到其他所有的站点。许多情况下需要广播，如当交换机不知道 DMAC 的位置时，若向所有设备发送单播的效率显然是很低的，广播是最好的办法。发送广播帧后，每个接收到的站点将完整地处理该帧。

广播数据帧可以通过所有位都为 1 的目的 MAC 地址进行标识。MAC 地址通常采用十六进制的格式表示，因此，所有位都为 1 的目的 MAC 地址用十六进制表示为全 F。如以太网广播地址为：FF-FF-FF-FF-FF-FF。

交换机收到所有目的地址为全 1 的数据包，它将把数据包发送到所有的端口上，如图 3-26 所示。主机 D 发送一个广播帧，该数据帧被发送到除发送端口 E_3 之外的所有端口。冲突域中的所有站点竞争同一个介质，广播域中的所有站点都将接收到同一个广播帧。

组播非常类似于广播，但它的目的地址不是所有的站点，而是一组站点。

值得一提的是，交换机不能隔离广播和组播，交换网络中的所有网段都是在同一个广播域中。

④ 交换机的消除回路功能

在交换网络中，通常设计为有冗余链路和设备，如图 3-27 所示。这样设计的主要目的是为了避免因单点故障而导致的整个交换网络的瘫痪。

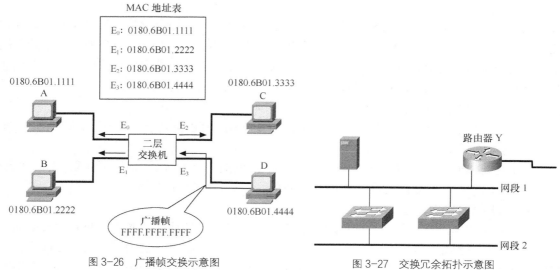

图 3-26　广播帧交换示意图　　　　　　图 3-27　交换冗余拓扑示意图

虽然使用交换冗余拓扑结构可以避免因单点失效而导致的整个网络的瘫痪，但同时也带来了广播风暴、多个数据帧拷贝、地址表不稳定等诸多问题。因此在交换网络中，必须有一个机制来阻止交换回路，并解决上述问题，为此出现了生成树协议（Span Tree Protocol, STP）。生成树协议的主要职责是定期检测网络中的所有链路，通过关闭冗余链路的方法来避免网络环的发生。

5．三层交换技术

（1）三层交换的概念

传统的交换技术（二层交换）是在 OSI 参考模型中的第二层即数据链路层进行操作的，而三层交换技术是在 OSI 参考模型中的第三层实现了数据包的高速路由转发。简单地说，三层交换技术就是二层交换技术+三层路由转发技术，它将第二层交换机和第三层路由器的优势有机地结合在一起。

（2）实现结构

三层交换机分为 LAN 接口层、二层交换矩阵层和三层交换矩阵（路由控制）层三部分，如图 3-28 所示。

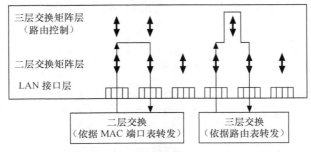

图 3-28　三层交换机组成结构示意图

接口层包含了所有重要的局域网接口：10/100 Mbit/s 以太网、吉比特以太网等。

二层交换层集成了多种局域网接口并辅以策略管理，同时还提供链路汇聚、VLAN 和 Tagging 机制。

三层路由层提供主要的 LAN 路由协议——IP、IPX 等，并通过策略管理，提供传统路由或直通的第三层转发技术。

（3）三层交换的工作原理

三层交换机是一个带有第三层路由功能的二层交换机，但它是二者的有机结合，并不是简单地把路由器设备的硬件及软件叠加在局域网二层交换机上。

三层交换的原理是，假设两个使用 IP 的站点要通过第三层交换机进行通信。站点 A 在开始发送时，已知目的 IP 地址，但不知道在局域网上发送所需要的目的 MAC 地址。要采用地址解析协议（ARP）来确定目的 MAC 地址。具体有以下两种情况。

① 通信的两个站点位于同一个子网内

站点 A 要和站点 B 通信：A 在开始发送时，把自己的 IP 地址与 B 站的 IP 地址比较，从其软件中配置的子网掩码得出子网地址来确定目的站点是否与自己在同一子网内。若是，则根据 MAC 地址进行二层的转发。

站点 A 如何得到站点 B 的 MAC 地址呢？A 广播一个 ARP 请求，B 返回其 MAC 地址，具体过程如图 3-29 所示。A 得到目的站点 B 的 MAC 地址后将这一地址缓存起来，并用此 MAC 地址封包转发数据，第二层交换模块查找 MAC 地址表确定将数据包发向目的端口。

② 通信的两个站点不在同一个子网内

A 要和 C 通信：若两个站点不在同一子网内，A 要向三层交换模块广播出一个 ARP 请求。

如果三层交换模块在以前的通信过程中已经知道 C 站的 MAC 地址，则向发送站 A 回复 C 的 MAC 地址。A 通过二层交换模块向 C 转发数据。如图 3-30（a）所示。

若三层交换模块不知道 C 站的 MAC 地址，则根据路由信息广播一个 ARP 请求，C 站收到此 ARP 请求后向三层交换模块回复其 MAC 地址，三层交换模块保存此地址并回复给发送站 A，同时将 C 站的 MAC 地址发送到二层交换引擎的 MAC 地址表中。此后，A 向 C 发送的数据包便全部交给二层交换处理，信息得以高速交换。如图 3-30（b）所示。

（4）三层交换的优势

从三层交换的工作原理可以看到，三层交换是仅仅在路由过程中才需要三层处理，绝大部分数据都通过二层交换转发，因此，三层交换机的速度很快，接近二层交换机的速度，解决了传统路由器低速、复杂所造成的网络瓶颈问题，同时比相同路由器的价格低很多。

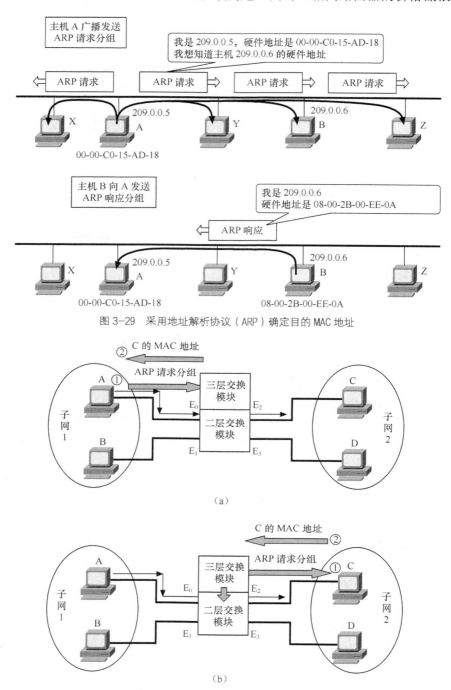

图 3-29　采用地址解析协议（ARP）确定目的 MAC 地址

图 3-30　通信的两个站点不在同一个子网内

另外，与传统的二层交换技术相比，三层交换在划分子网和广播限制等方面提供较好的控制。传统的通用路由器与二层交换机一起使用也能达到此目的，但是与这种解决方案相比，第三层交换机需要更少的配置、更小的空间、更少的布线，价格更便宜，并能提供更高更可靠的性能。

归纳起来，三层交换机具有高性能、安全性、易用性、可管理性、可堆叠性、服务质量及容错性的技术特点。

3.5.3 全双工局域网

1. 全双工局域网的概念

所有共享式局域网都是半双工方式的，即信道在任何时候只能在一个方向上传输数据，要么是发送数据，要么是接收数据，不能二者兼而有之。因为共享式局域网，所有的用户都依赖单条共享介质，所以在技术上不可能同时发送和接收数据。

全双工局域网每个站点可以同时发送和接收数据，一对线用于发送数据，另一对线用于接收数据。交换技术是实现全双工局域网的必要前提，因为全双工要求只有两个站的点对点的连接。但有一点要注意，交换式局域网并不自动就是全双工操作，只有在交换机中设置了全双工端口以及做一些相应的改进，交换式局域网才是全双工局域网。

2. 全双工局域网的优点

全双工局域网的优点包括以下几点。

（1）由于同时发送和接收，这在理论上可以使传输速度翻一番。例如，工作于全双工模式的 10BASE-T 双绞线链路速率可达 20Mbit/s。

（2）网段长度不再受共享介质半双工局域网计时要求的限制，它只受介质系统本身传输信号能力的限制。

3. 全双工局域网标准

IEEE 于 1997 年 3 月正式制定了 802.3x 全双工局域网标准。该标准规定了全双工操作的使用方法及全双工流量控制机制。

IEEE 802.3x 标准规定全双工操作必须满足以下几个要求。

● 物理介质必须不受干扰地支持同步发送和接收信号。

● 全双工点对点链路必须连接两个站点。因为没有对共享介质的竞争问题，所以不需要 CSMA/CD 技术。

● 局域网上的两个站点都可以而且已配置成使用全双工模式。这意味着两个局域网接口必须可以同时发送和接收帧。

3.5.4 交换式局域网的组网技术

1. 交换机扩展技术

（1）级联

级联是由线缆把交换机与交换机通过级联口相连接，以增加同一网络端口数目。由于级联会导致延迟和衰减，所以级联的数目受到限制。

（2）堆叠

堆叠是通过厂家的堆叠电缆，把性能相同的交换机按照矩阵和菊花链等堆叠方式堆叠起来，可以把性能相同的交换机逻辑上当作一个交换机使用。堆叠也可以增加同一网络的端口数目，但是不同厂家堆叠的个数会受到技术的限制。

（3）集群

交换机集群技术是允许通过标准的 Web 浏览器和一个 IP 地址管理多个相互连接的交换机或端口，而不管这些交换机在什么位置或是否在一起。

交换机集群技术带来的好处是：

① 可使网络管理变得简单而有效。

② 使网络的扩展变得更加简单，因为可以非常方便地将交换机添加到局域网。

③ 交换机的软件升级、功能增强和更新连接非常方便。在交换机网管软件的操作界面上，只需通过简单地点击即可实现。

2. 交换式局域网组网技术

（1）群组级交换网络

典型的群组可以使用基本的 l0Mbit/s 以太交换机，附带一些 100Mbit/s 端口，可以和一个或多个本地文件服务器相连接，如图 3-31 所示。

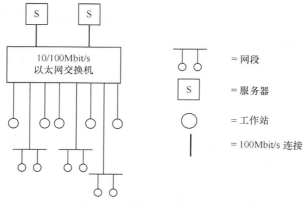

图 3-31　群组交换系统网段

图 3-31 表示了在群组内，使用一台 10/100Mbit/s 以太交换机的情况。图中交换机的下行连接有以下几种情况：

● 端口连接由一些地理位置接近的工作站组成的网段（即把几台工作站连接到传统集线器上，集线器再上连交换机）。

● 直接连接工作站。

● 连接服务器。

（2）部门级交换网络

几个群组级交换网络结合到一起就形成了部门级交换网络，它一般是两级交换式网络，如图 3-32 所示。

第一级或低级的交换机专门支持特定的群组，包括本地服务器。上一级的一个或几个交换机（称为主干交换机），用来连接群组交换机和部门服务器。群组用户对部门服务器的访问需跨越群组的界限，即通过主干交换机。

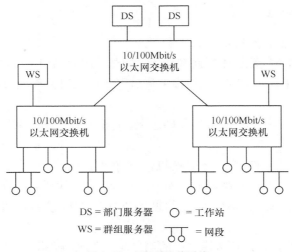

图 3-32　部门级交换系统

　　由于群组交换机之间的互连和对部门服务器的访问都要通过主干交换机，可见主干交换机的故障对通信会比群组交换机故障影响大得多，所以对其可靠性要求较高。

　　另外，主干交换机直接影响群组之间的吞吐率以及与部门服务器的信息交换传输，可使用专门的 100Mbit/s 以太网交换机作为主干交换机。但如果从经济角度出发，也可以选用配有足够多的 100Mbit/s 端口的 10Mbit/s/100Mbit/s 的交换机。

　　（3）企业级交换网络

　　如果在部门级交换网络之上，需要利用路由器连接地理上分散的部门（它可能分布在同一城市、不同城市、一个或几个省、一个国家或者全球的不同位置），便构成了一个企业级交换网络，如图 3-33 所示。

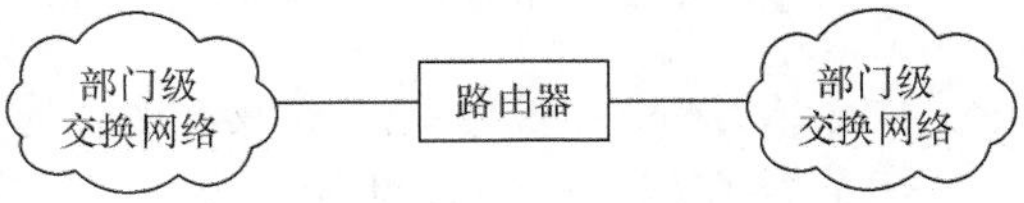

图 3-33　企业级交换系统

　　图 3-33 是利用一台路由器把主干交换机和广域网相连，究竟用一个还是用几个路由器根据特定的组网要求确定。

3.6　虚拟局域网

3.6.1　VLAN 的概念

　　虚拟局域网（VLAN）并没有严格的定义，它的大致概念为：

　　VLAN 大致等效于一个广播域，即 VLAN 模拟了一组终端设备，虽然它们位于不同的物理网段上，但是并不受物理位置的束缚，相互间通信就好像它们在同一个局域网中一样。VLAN 从传统 LAN 的概念上引申出来，在功能和操作上与传统 LAN 基本相同，提供一定范围内终端系统的互连和数据传输。它与传统 LAN 的主要区别在于"虚拟"二字。即网络的构成与传统 LAN 不同，由此也导致了性能上的差异。

　　交换式局域网的发展是 VLAN 产生的基础，VLAN 是一种比较新的技术。

3.6.2 划分 VLAN 的好处

1．VLAN 的技术特点

虚拟局域网（VLAN）的技术特点如下。

（1）虚拟局域网的覆盖范围不受距离限制。例如，100 BASE-T 以太网交换机与站点之间的传输距离为 100m（采用 UTP 时），而虚拟局域网的站点可位于城市的不同区域，或不同省市，甚至不同国家。

（2）虚拟局域网建立在交换网络的基础之上，交换设备包括以太网交换机、ATM 交换机、宽带路由器等。

（3）一个 VLAN 能够跨越多个交换机，一个 VLAN 是一个逻辑的子网。它与一个物理的子网是有区别的。一个物理的子网由一个物理缆线段上的设备所构成。一个逻辑的子网，是由被配置为该 VLAN 成员的设备组成。这些设备可以位于交换区块中的任何地方。

（4）虚拟局域网属于 OSI 参考模型中的第二层（数据链路层）技术，能充分发挥网络的优势，体现交换网络高速、灵活、易管理等特性，VALN 是交换网络的灵魂。

（5）虚拟局域网较普通局域网有更好的网络安全性。在普通共享式局域网中，安全性很难保证，因为用户只要插入到一个活动端口就能访问网段，容易产生广播风暴。而虚拟局域网能有效地防止网络的广播风暴，因为一个 VALN 的广播信息不会送到其他 VLAN，一个 VLAN 中的所有设备都是同一广播域的成员。如果一个站点发送一个广播，该 VLAN 的所有成员都将接收到这个广播。这个广播将被不是同一 VLAN 成员的所有端口或设备过滤掉。

2．划分 VLAN 的好处

由于 VLAN 可以分离广播域，所以它为网络提供大量的好处，主要包括以下几点。

（1）提高网络的整体性能

网络上大量的广播流量对该广播域中的站点的性能会产生消极影响，可见广播域的分段有利于提高网络的整体性能。

（2）成本效率高

如果网络需要的话，VLAN 技术可以完成分离广播域的工作，而无需添置昂贵的硬件。

（3）网络安全性好

VLAN 技术可使得物理上属于同一个拓扑而逻辑拓扑并不一致的两组设备的流量完全分离，保证了网络的安全性。

（4）可简化网络的管理

● VLAN 允许管理员在中央节点来配置和管理网络，虚拟局域网络的建立、修改和删除都十分简便。

● 虚拟工作组也可方便地重新配置，而无需对实体进行再配置。

● 虚拟局域网为网络设备的变更和扩充提供了一种有效的手段。当需要增加、移动或变更网络设备时，只要在管理工作站上用鼠标拖动相应的目标即可实现。

3.6.3　划分 VLAN 的方法

划分 VLAN 的方法主要有以下几种。

1. 根据端口划分 VLAN

按端口划分 VLAN 是按照局域网交换机端口定义 VLAN 成员。VLAN 从逻辑上把局域网交换机的端口划分开来，也就是把终端系统划分为不同的部分，各部分相对独立，在功能上模拟了传统的局域网。按端口划分 VLAN 又分为单交换机端口定义 VLAN 和多交换机端口定义 VLAN 两种。

（1）单交换机端口定义 VLAN。图 3-34 所示的是单交换机端口定义 VLAN，交换机端口 1、2、6、7 和 8 组成 VLAN1，端口 3、4 和 5 组成了 VLAN2。这种 VLAN 只支持一个交换机。

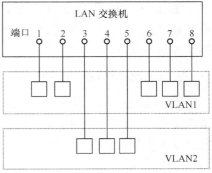

（2）多交换机端口定义 VLAN。图 3-35 所示的是多交换机端口定义 VLAN，交换机 1 的 1、2、3 端口和交换机 2 的 4、5、6 端口组成 VLAN1，交换机 1 的 4、5、6、7、8 端口和交换机 2 的 1、2、3、7、8 端口组成 VLAN2。多交换机端口定义的 VLAN 的特点

图 3-34　单交换机端口定义 VLAN

是：一个 VLAN 可以跨多个交换机，而且同一个交换机上的端口可能属于不同的 VLAN。

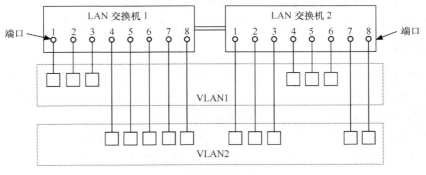

图 3-35　多交换机端口定义 VLAN

用端口定义 VLAN 成员的方法的优点是其配置直截了当，但不允许不同的 VLAN 包含相同的物理网段或交换机端口（如交换机 1 和 2 端口属于 VLAN1 后，就不能再属于 VLAN2），另外更主要的是当用户从一个端口移动到另一个端口时，网络管理者必须对 VLAN 成员进行重新配置。

2. 根据 MAC 地址划分 VLAN

按 MAC 地址划分 VLAN 是用终端系统的 MAC 地址来定义 VLAN。我们已经知道 MAC 地址对应于网络接口卡，它固定于工作站的网络接口卡内，所以说 MAC 地址是与硬件密切相关的地址。正因为此，MAC 地址定义的 VLAN 允许工作站移动到网络其他物理网段，而自动保持原来的 VLAN 成员资格（因为它的 MAC 地址没变），所以说基于 MAC 定义的 VLAN 可视为基于用户的 VLAN。这种 VLAN 要求所有的用户在初始阶段必须配置到至少一个

VLAN 中，初始配置由人工完成，随后就可以自动跟踪用户。

3．根据 IP 地址划分 VLAN

按 IP 地址划分 VLAN 也叫三层 VLAN，它是用协议类型（如果支持多协议）或网络层地址（如 TCP/IP 的子网地址）来定义 VLAN 成员资格。

3.6.4　VLAN 标准

1．IEEE 802.1Q

IEEE 802.1Q 是 IEEE 802 委员会制定的 VLAN 标准。是否支持 IEEE 802.1Q 标准，是衡量 LAN 交换机的重要指标之一。目前，新一代的 LAN 交换机都支持 IEEE 802.1Q，而较早的设备则不支持。

2．Cisco 公司的 ISL 协议

ISL（Inter Switch Link）协议是由 Cisco 开发的，它支持实现跨多个交换机的 VLAN。该协议使用 10bit 寻址技术，数据包只传送到那些具有相同 10bit 地址的交换机和链路上，由此来进行逻辑分组，控制交换机和路由器之间广播和传输的流量。

3.6.5　VLAN 之间的通信

尽管大约有 80% 的通信流量发生在 VLAN 内，但仍然有大约 20% 的通信流量要跨越不同的 VLAN。目前，解决 VLAN 之间的通信主要采用路由器技术。

VLAN 之间通信一般采用两种路由策略，即集中式路由和分布式路由。

1．集中式路由

集中式路由策略是指所有 VLAN 都通过一个中心路由器实现互联。对于同一交换机（一般指二层交换机）上的两个端口，如果它们属于两个不同的 VLAN，尽管它们在同一交换机上，则在数据交换时也要通过中心路由器来选择路由。

这种方式的优点是简单明了，逻辑清晰。缺点是由于路由器的转发速度受限，会加大网络时延，容易发生拥塞现象。因此，这就要求中心路由器提供很高的处理能力和容错特性。

2．分布式路由

分布式路由策略是将路由选择功能适当地分布在带有路由功能的交换机上（指三层交换机），同一交换机上的不同 VLAN 可以直接实现互通，这种路由方式的优点是具有极高的路由速度和良好的可伸缩性。

3.7　无线局域网

3.7.1　无线局域网基本概念

1．无线局域网的概念

一般地，无线网络是指采用无线链路进行数据传输的网络。根据网络的覆盖范围无线网络分

为无线局域网（Wireless LAN，WLAN）和无线广域网（Wireless WAN，WWAN）两大类。

无线局域网（WLAN）可定义为，使用无线电波或红外线在一个有限地域范围内的工作站之间进行数据传输的通信系统。一个无线局域网可当作有线局域网的扩展来使用，也可以独立作为有线局域网的替代设施。

无线局域网标准有最早制定的 IEEE 802.11 标准，后来扩展的 IEEE 802.11a 标准，以及 IEEE 802.11b 标准、IEEE 802.11g 和 IEEE 802.11n 标准等。

2．无线局域网与有线局域网的比较

（1）有线局域网的局限性

有线局域网具有传输速度快、产品种类全和价格低等显著的优点，但它在以下几种情况下存在着一些局限性。

① 特殊地理环境的限制

当遇到山地、港口和开阔地等特殊的地理位置和环境时，有线局域网存在着布线困难、施工周期长和后期维护不便等问题。

② 原有端口不够用

有线局域网若需增加新用户，而原有布线所预留的端口又不够用，就必须为新用户重新布置数条电缆，此时就会碰到施工烦琐和可能会破坏原有线路等众多问题。

③ 工作地点不确定

有些比较特殊的情况下，如建筑、公路、煤矿和油田等工作单位，工作人员可能不会固定在某一点工作，这时如采用有线局域网会带来诸多不便。

无线局域网将很好地解决以上这些问题。

（2）无线局域网的优点

相对于有线局域网，无线局域网有如下的优点。

① 具有移动性

无线网络设置允许用户在任何时间、任何地点访问网络，不需要指定明确的访问地点，因此用户可以在网络中漫游。

无线网络的移动性为便携式计算机访问网络提供了便利的条件，可把强大的网络功能带到任何——个地方，能够大幅提高用户信息访问的及时性和有效性。

② 成本低

建立无线局域网时无需进行网络布线，既节省了布线的开销、租用线路的月租费用以及当设备需要移动而增加的相关费用，又避免因布线可能造成对工作环境的损坏。

③ 可靠性高

无线局域网由于没有线缆，避免了由于线缆故障造成的网络瘫痪问题。另外，无线局域网采用直接序列扩展频谱（DSSS）传输和补偿编码键控调制编码技术进行无线通信，具有抗射频干扰强的特点，所以无线局域网的可靠性较高。

3．无线局域网需解决的主要技术问题

（1）网络性能问题

其基本要求是：工作稳定，传输速率高，抗干扰能力强，误码率低，频道利用率高，保

密性能好，能有效地进行数据提取等。

（2）网络兼容问题

能够兼容现有的网络软件，支持现有的网络操作系统。

（3）小型化、低价格

这是无线局域网能够实用并普及的关键所在。开始由于无线网络产品的销量远不及有线网络产品，故产品价格偏高。但随着大规模集成电路，尤其是高性能、高集成度砷化镓技术的发展，使无线局域网得以小型化、低价格。

（4）电磁环境、无线电频段的使用范围

在室内使用的无线局域网，应考虑电磁波对人体健康的损害及其他电磁环境的影响。无线电管理部门应规定无线局域网的使用频段、发射功率及带外辐射等各项技术指标。

4．无线局域网分类

根据无线局域网采用的传输媒体来分类，主要有两种：采用无线电波的无线局域网和采用红外线的无线局域网。

（1）采用无线电波（微波）的无线局域网

在采用无线电波为传输媒体的无线局域网按照调制方式不同，又可分为窄带调制方式与扩展频谱方式。

① 基于窄带调制的无线局域网

窄带调制方式是数据基带信号的频谱被直接搬移到射频上发射出去。其优点是在一个窄的频段内集中全部功率，无线电频谱的利用率高。

窄带调制方式的无线局域网采用的频段一般是专用的，需要经过国家无线电管理部门的许可方可使用。也可选用不用向无线电管理委员会申请的 ISM（Industrial，Scientific，Medical，工业、科研、医疗）频段，但带来的问题是，当邻近的仪器设备或通信设备也使用这一频段时，会产生相互干扰，严重影响通信质量，即通信的可靠性无法得到保障。

② 基于扩展频谱方式的无线局域网

采用无线电波的无线局域网一般都要扩展频谱（简称扩频）。所谓扩频是基带数据信号的频谱被扩展至几倍到几十倍后再被搬移至射频发射出去。这一做法虽然牺牲了频段带宽，却提高了通信系统的抗干扰能力和安全性。由于单位频段内的功率降低，对其他电子设备的干扰也减少了。

采用扩展频谱方式的无线局域网一般选择 ISM 频段。如果发射功率及带外辐射满足无线电管理委员会的要求，则无须向相应的无线电管理委员会提出专门的申请即可使用这些 ISM 频段。

扩频技术主要分为"跳频技术"及"直接序列扩频"两种方式。

（2）基于红外线的无线局域网

基于红外线（Infrared，IR）的无线局域网技术的软件和硬件技术都已经比较成熟，具有传输速率较高、移动通信设备所必需的体积小和功率低、无需专门申请特定频率的使用执照等主要技术优势。

可 IR 是一种视距传输技术，这在两个设备之间是容易实现的，但多个电子设备间就必须调整彼此位置和角度等。另外，红外线对非透明物体的透过性极差，这导致传输距离受限。

目前，一般用得比较多的是采用无线电波的基于扩展频谱方式的无线局域网。

5．无线局域网的拓扑结构（网络配置）

一个无线局域网可以当作一个有线局域网的扩展使用，也可以独立构成完整的网络。它的拓扑结构可以归结为两类：一类是自组网拓扑，另一类是基础结构拓扑。不同的拓扑结构，形成了不同的服务集（Service Set）。

服务集用来描述一个可操作的完全无线局域网的基本组成，在服务集中需要采用服务集标识（Service Set Identification，SSID）作为无线局域网一个网络名，它由区分大小写的232个字符长度组成，包括文字和数字的值。

（1）自组网拓扑网络

自组网拓扑（或者叫作无中心拓扑）网络由无线客户端设备组成，它覆盖的服务区称独立基本服务集（Independent Basic Service Set，IBSS）。

IBSS 是一个独立的 BSS，它没有接入点作为连接的中心。这种网络又叫作对等网或者非结构组网，网络结构如图 3-36 所示。

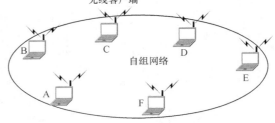

这种方式连接的设备互相之间都直接通信，但无法接入有线局域网（特殊的情况下，可以将其中一个无线客户端配置成为服务器，实现接入有线局域网的功能）。在 IBSS 网络中，只有一个公用广播信道，各站点都可竞争公用信道，采用 CSMA/CA 协议（后述）。

图 3-36　自组网拓扑网络

这种结构的优点是建网容易、费用较低，且网络抗毁性好。但为了能使网络中任意两个站点可直接通信，则站点布局受环境限制较大。另外当网络中用户数（站点数）过多时，信道竞争将成为限制网络性能的要害。基于 IBSS 网络的特点，它适用于不需要访问有线网络中的资源，而只需要实现无线设备之间互相通信的且用户相对少的工作群网络。

（2）基础结构拓扑网络

基础结构拓扑（有中心拓扑）网络由无线基站、无线客户端组成，覆盖的区域分基本服务集（BSS）和扩展服务集（ESS）。

这种拓扑结构要求一个无线基站充当中心站，网络中所有站点对网络的访问和通信均由它控制。由于每个站点在中心站覆盖范围之内就可与其他站点通信，所以在无线局域网构建过程中站点布局受环境限制相对较小。

位于中心的无线基站称为无线接入点（Access Point，AP），它是实现无线局域网接入有线局域网一个逻辑接入点，其主要作用是将无线局域网的数据帧转化为有线局域网的数据帧，如以太网帧。

这种基础结构拓扑网络的无线局域网的弱点是抗毁性差，中心点的故障容易导致整个网络瘫痪，并且中心站点的引入增加了网络成本。

①基本服务集

当一个无线基站被连接到一个有线局域网或一些无线客户端的时候，这个网络称为基本服务集（Basic Service Set，BSS）。一个基本服务集仅仅包含 1 个无线基站（只有 1 个）和 1

个或多个无线客户端，如图 3-37 所示。

BSS 网络中每一个无线客户端必须通过无线基站与网络上的其他无线客户端或有线网络的主机进行通信，不允许无线客户端对无线客户端的传输。

② 展服务集

扩展服务集（Extented Service Set，ESS）被定义为通过一个普通分布式系统连接的两个或多个基本服务集，这个分布系统可能是有线的、无线的、局域网、广域网或任何其他网络连接方式，所以 ESS 网络允许创建任意规模和复杂的无线局域网。图 3-38 展示了一个 ESS 的结构。

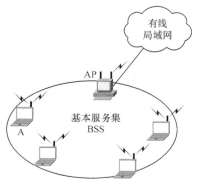

图 3-37　基本服务集（BSS）

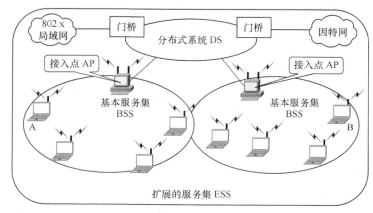

图 3-38　扩展服务集（ESS）结构

这里还有几个问题需要说明：一是在一个扩展服务集 ESS 内的几个基本服务集也可能有相交的部分；二是扩展服务集 ESS 还可为无线用户提供到有线局域网或 Internet 的接入。这种接入是通过叫作门桥的设备来实现的，门桥的作用类似于网桥。

另外，还有一种无线方式的 ESS 网络，如图 3-39 所示。这种方式与 ESS 网络相似，也是由多个 BSS 网络组成，所不同的是网络中不是所有的 AP 都连接在有线网络上，而是存在 AP 没有连接在有线网络上。该 AP 和距离最近的连接在有线网络上的 AP 通信，进而连接在有线网络上。

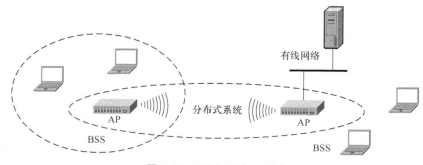

图 3-39　无线方式的 ESS 结构

3.7.2 无线局域网的频段分配

无线局域网采用微波和红外线作为其传输媒介,它们都属于电磁波的范畴,图 3-40 示出了频率由低到高的电磁波的种类和名称。

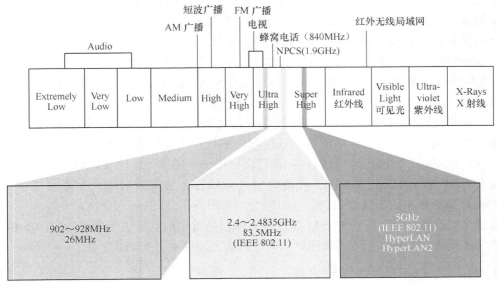

图 3-40 无线局域网频段

由图 3-40 可见,红外线的频谱位于可见光和微波之间,频率极高,波长范围在 0.75μm～1000μm 之间,在空间传播时,传输质量受距离的影响非常大。作为无线局域网的一种传输媒介,国家无线电委员会不对它加以限制,其主要优点是不受微波电磁干扰的影响,但由于它对非透明物体的穿透性极差,从而导致其应用受到限制。

微波频段范围很宽,图 3-40 中从 High 到 SuperHigh 都属于微波频段,这一波段又划分为若干频段对应不同的应用,有的用于广播,有的用于电视,或用于移动电话,无线局域网则选用其中的 ISM(工业、科学、医学)频段。其中,对广播、电视或移动电话等频段的使用需要经过各个国家的无线电管理委员会批准,而 ISM 频段由美国联邦通信委员会(FCC)规定该频段不需要许可证即可使用,但功率不能超过 1W。

ISM 频段由 3 个频段组成:工业用频段(900MHz)、科学研究用频段(2.4GHz)、医疗用频段(5GHz)。许多工业、科研和医疗设备使用的频率都集中在该频段。无线局域网使用的频段在科学研究和医疗频段范围内,这些频段在各个国家的无线管理机构中,如美国的FCC、欧洲的 ETSI 都无需注册即可使用。

900MHz ISM 频段主要用于工业,其频率范围为 902～928 MHz,记为 915±13MHz,带宽为 26MHz。当前,家用无绳电话和无线监控系统使用此频段,无线局域网曾使用过此频段,但由于该频段过于狭窄,其应用也大为减少。

2.4GHz ISM 频段主要用于科学研究,其频率范围为 2.4～2.5 GHz,记为 2.4500 GHz±50MHz,带宽为 100MHz。由于 FCC 限定了 2.4GHz ISM 频段的输出功率,因此实际上,无线局域网使用的带宽只有 83.5MHz,频率范围从 2.4000～2.4835 GHz。这一频段最为常用,目前流行的 IEEE 802.11b、IEEE 802.11g 等标准都在此频段内。

5GHz ISM 频段主要用于医疗事业，其频率范围为 5.15～5.825GHz，带宽为 675MHz。无线局域网只使用其中一部分频段。

除了 ISM 频段，FCC 还在 5GHz 频段处划定了 UNII（Unlicensed National Information Infrastructure）频段，主要用于 IEEE 802.11a 的相关产品。UNII 频段由 3 个带宽均为 100MHz 的频段组成，分别称为低、中、高频段。低频段的频率范围在 5.15～5.25GHz，主要应用于室内无线设备；中频段的频率范围在 5.25～5.35GHz，即可以用于室内也可以用于室外无线设备；高频段的频率范围在 5.725～5.825GHz，只适用于室外无线设备。3 个频段中均包含 4 个非重叠的间隔为 5MHz 的频道，对基于 IEEE 802.11a 的室内 AP 来说，允许存在 8 个非重叠频道。

尽管在组建无线局域网时，其 ISM 频段无需批准即可使用，但其中的无线网络设备的发射功率需要遵循一定的规范，以便对无线射频功率对人体辐射的影响以及对其他电子设备的电磁干扰加以限制。2002 年，我国的频率管理机构——国家无线电管理局（SRRC）颁布了相关文件，其中明确规定 2.4GHz 频段的室外无线设备的等效射频功率不得高于 27dBm（500mW），该频段室内无线设备的等效射频功率不得高于 20dBm（100mW）。

需要注意的是，免许可证的 ISM 频段在提供组网方便的同时也带来了一定的不利，如当两个邻近区域同时安装了无线局域网时，两个系统之间就会存在相互干扰。

3.7.3 无线局域网的调制方式

1. 数字调制的基本概念

（1）数字调制的概念

基带数字信号是低通型信号，其功率谱集中在零频附近，它可以直接在低通型信道中传输。然而，实际信道很多是带通型的，基带数字信号无法直接通过带通型信道。因此，在发送端需要把数字基带信号的频谱搬移到带通信道的通带范围内，这个频谱的搬移过程称为数字调制。相应地在接收端需要将已调信号的频谱搬移回来，还原为基带数字信号，这个频谱的反搬移过程称为数字解调。

（2）数字调制的分类

数字调制的具体实现是利用基带数字信号控制载波（正弦波或余弦波）的幅度、相位、频率变化，因此，有 3 种基本数字调制方法：数字调幅（ASK，也称幅移键控）、数字调相（PSK，也称相移键控）、数字调频（FSK，也称频移键控）。

① 数字调幅

数字调幅（ASK）是利用基带数字信号控制载波幅度变化。

ASK 具体又分为：双边带调制、单边带调制、残余边带调制及正交双边带调制。其中，正交双边带调制在实际中应用较为广泛，常见的有 4QAM、16QAM、64QAM 和 256QAM。

② 数字调相

数字调相（PSK）是指载波的相位受数字信号的控制作不连续的、有限取值的变化的一种调制方式。

根据载波相位变化的参考相位不同，数字调相可以分为绝对调相（PSK）和相对调相

（DPSK），绝对调相的参考相位是未调载波相位，相对调相的参考相位是前一码元的已调载波相位；根据载波相位变化个数（即在几个值之间变化）不同，数字调相又可以分为二相数字调相、四相数字调相（QPSK）、八相数字调相、十六相数字调相等。

③ 数字调频

数字调频（FSK）是用基带数字信号控制载波频率，最常见的是二元频移键控（2FSK）、最小频移键控（MSK）及高斯最小频移键控（GMSK）等。

2．无线局域网的调制方式

无线局域网常采用的调制方式有：差分二相相移键控（DBPSK）、四相相对调相（DQPSK）、正交幅度调制（16QAM，64QAM）及高斯最小频移键控（GFSK）。

由于篇幅所限，各种调制方式的细节在此不再做介绍，读者可参阅其他相关书籍。

3.7.4　扩频通信基本原理

扩频技术是一种信号带宽远大于传送信息带宽的传输方法。发送端扩频时，信号带宽是受某一独立于传送信息的伪随机序列控制的，在接收端采用同步的伪随机序列来进行解扩及信息恢复。

扩频通信的技术有两种：直接序列扩频技术（Direct Sequence Spread Spectrum，DSSS）和跳频（Frequency Hopping Spread Spectrum，FHSS）。

1．直接序列扩频技术

直接序列扩频技术（DSSS）一般简称为直扩技术，是指直接用伪随机序列，对已调制或未调制信息的载频进行调制，达到扩展信号频谱目的的扩频技术。用于直扩技术的伪随机序列码片速率和扩频的调制方式决定了直扩系统的信号带宽。

图 3-41 给出了一种典型的直扩通信系统原理方框图。

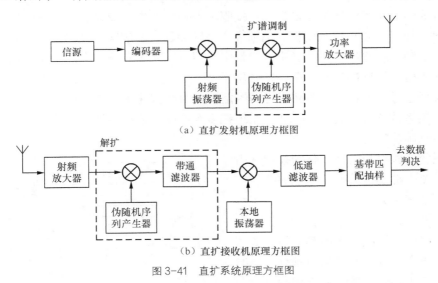

图 3-41　直扩系统原理方框图

图 3-41 所示的虚线框中的部分分别完成扩频调制与解扩的作用。信源发送的基带数据序

列经过编码器后，首先进行射频调制，然后用产生的伪随机序列对已调信号进行直扩调制（扩频），扩展频谱后的宽带信号经功放后由天线发射出去。

接收端接收到的信号经过前端射频放大后，用本地伪随机序列对直扩信号完成解扩，然后信号通过窄带带通滤波器去除噪声干扰，再与本地载波相乘进行解调，经过低通滤波、积分抽样，送至数据判决器，恢复出基带数据序列。

在该模型中，射频调制和扩频调制同样采用了 BPSK 调制方式，扩频的调制是通过直接对载波的调制来实现的。

2. 跳频扩频技术

跳频是（FHSS）发送信号时，载波在一个很宽的频段上从一个窄的频率跳变到另一个频率。

一个普通的窄带通信系统，如果其中心频率在不断变化，就是一种跳频通信系统。实际的跳频通信系统的频率变化是由跳频伪随机序列来控制的，因而其频率的变化也遵循着一定的规律。虽然在每一个瞬间系统的信号为窄带的，但是在一段时间来看，信号表现为宽带的，因此也称为跳频扩频系统（FHSS），但通常简称为跳频通信系统。

跳频通信系统的组成方框图如图 3-42 所示。

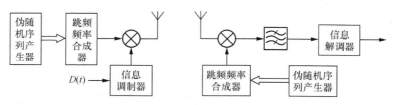

图 3-42　跳频通信系统的组成方框图

发送端用伪随机序列控制频率合成器的输出频率，经过混频后，信号的中心频率就按照跳频频率合成器的频率变化规律来变化。接收端的跳频频率合成器与发送端按照同样的规律跳变，因此在任何一个时刻，接收端跳频频率合成器输出的频率与接收信号正好相差一个中频。这样，混频后就输出了一个稳定的窄带中频信号。此中频信号经过窄带解调后就可以恢复出发送的数据。与直扩系统一样，跳频系统同样需要同步。

跳频系统在每一个频率上的驻留时间的倒数称为跳频速率。当系统跳频速率大于信息符号速率时，该系统称为快跳系统。此时系统在多个频率上依次传送相同的信息，信号的瞬时带宽往往由跳频速率决定。

跳频系统的频率随时间变化的规律称为跳频图案，图 3-43 给出了一种跳频图案。

该跳频图案中共有 8 个频率点，频率跳变的次序为 f_3, f_1, f_5, f_7, f_4, f_8, f_2 及 f_6。

实际应用中，跳频图案中频率的点数从几十个到数千个不等。一般认为跳频系统的处理增益就等于跳频点数，如当跳频频率点

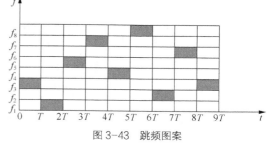

图 3-43　跳频图案

为 200 个时，其处理增益即为 23dB。而跳频系统完成一次完整跳频过程的时间也很长，在每

个跳变周期中，一个频率有可能出现多次。跳频图案中两个相邻频率的最小频率差称为最小频率间隔。跳频系统的当前工作频率和下一时刻工作频率之间的频差的最小值称为最小跳频间隔。实际的最小跳频间隔都大于最小频率间隔，以避免连续几个跳频时刻都受到干扰。

为了尽量避免噪声干扰，FHSS 所采用的频率需要精心设计或采用非重复的频道，并且这些跳频信号必须遵守 FCC 的要求。根据 FCC 的规定，工作在 2.4GHz 的无线局域网使用 75 个以上的跳频信道，且跳变至下一个频率的最大时间间隔为 400ms。

采用跳频技术可以减少其他无线电系统的干扰。因为信号在一个预定的频率上只停留很短的一段时间，这就限制了其他信号源产生的辐射功率在一个特定的跳频上干扰通信的可能性。如果跳频信号在一个频率上遇到干扰，就会跳变到另一个频率上重新发送信号。

如果两组跳频编码是正交的（即在同一时间两组跳频设备工作的频率不同），那么就可以在同一个频段中同时使用这两组设备。

3. FHSS 与 DSSS 的对比

采用哪一种扩频技术和调制方式，决定了无线局域网的性能。在介绍了无线局域网的扩频技术和调制方式后，下面将 DSSS 与 FHSS 在几个主要方面加以比较。

（1）调制方式

FHSS 并不强求必须采用某种特定的调制方式，然而大部分既有的 FHSS 都是使用某些不同形式的 GFSK（原因是因为 FHSS 和 FSK 内在架构的简单性）。DSSS 则使用可变相位调制（如 PSK、QPSK、DQPSK），可以得到最高的可靠性及高数据速率性能。

（2）抗噪声能力

在抗噪声能力方面，采用 QPSK 调制方式的 DSSS 与采用 FSK 调制方式的 FHSS 相比，可以发现这两种不同技术的无线局域网各自拥有自己的优势。采用 GFSK 调制方式的 FHSS 系统，可以使用价格较便宜的非线性功率放大器，但作用范围和抗噪声能力下降。而 DSSS 系统需要稍为贵一些的线性放大器，抗噪声能力却较高。

（3）可靠性和成本

DSSS 技术可靠性较高，但成本也高。而 FHSS 技术可靠性较低，可成本也低。大多数网络较多注重传输的稳定性，所以未来无线局域网产品发展应会以 DSSS 技术为主流。

3.7.5 无线局域网标准

IEEE 制定的第 1 个无线局域网标准是 802.11 标准，第 2 个标准被命名为 IEEE 802.11 标准的扩展，称为 IEEE 802.11b 标准，第 3 个无线局域网标准也是 IEEE 802.11 标准的扩展，称为 IEEE 802.11a，后来 IEEE 又制定了 IEEE 802.11g 标准等，最新又推出了 IEEE 802.11n。下面详细介绍 IEEE 802.11 标准系列。

1. IEEE 802．11 标准系列的分层模型

无线局域网不能使用 CSMA/CD 协议，原因是 CSMA/CD 协议要求一个站点在发送本站数据的同时还必须要进行"碰撞检测"，但在无线局域网中要实现此功能就花费过大。而且即使在无线局域网中能够实现"碰撞检测"的功能，而当某一个站在发送数据时检测到信道是空闲的，在接收端仍有可能会发生碰撞。为什么会有这种情况发生呢？

这是由于无线信道本身特点导致这种情况发生的，即无线电波能够向所有的方向传播，且其传输距离受限。为了说明这个问题，请参见图 3-44。

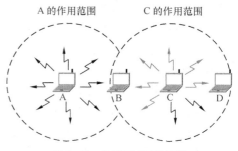

A 的作用范围　　C 的作用范围

图中有 4 个移动站 A、B、C、D，设无线电信号的传播范围是以发送站为中心的一个圆形面积。图 3-44 表示站 A 和 C 都想和 B 通信。由于 A 和 C 之间的距离较远，所以彼此都接收不到对方发送的信号。正因为 A 和 C 都没检测到无线信号，均以为 B 是空闲的，就都向 B 发送数据。于是 B 同时收到 A 和 C 发来的数据，则发生了碰撞。这种未能检测出媒体上已存在的信号的问题叫作隐

图 3-44　无线局域网的问题

蔽站问题。显然，由于无线局域网存在隐蔽站问题，"碰撞检测"对无线局域网没有什么用处。

所以无线局域网不使用 CSMA/CD 协议，而只能使用改进的 CSMA 协议。

改进的办法是将 CSMA 增加一个碰撞避免（Collision Avoidance）功能，于是 IEEE 802.11 使用 CSMA/CA 协议。

IEEE 802．11 标准系列的分层模型如图 3-45 所示。

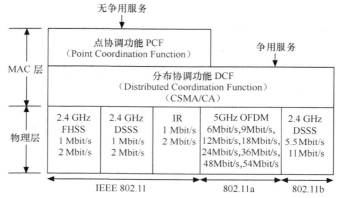

图 3-45　IEEE 802.11 标准系列的分层模型

MAC 层通过协调功能来确定在基本服务集 BSS 中的移动站在什么时间能发送数据或接收数据。由图 3-45 可见，IEEE 802.11 的 MAC 层包括两个子层。

● 分布协调功能（Distributed Coordination Function，DCF）子层——DCF 向上提供争用服务。其功能是在每一个站点使用 CSMA 机制的分布式接入算法，让各个站通过争用信道来获取发送权。

● 点协调功能 Point Coordination Function（PCF）子层——它的功能是使用集中控制（通常由接入节点完成集中控制）的接入算法将发送数据权轮流交给各个站，从而避免了碰撞的产生。PCF 是选项，自组网络就没有 PCF 子层。

下面分别介绍 IEEE 802.11 标准系列的 MAC 层和物理层协议。

2．IEEE 802．11 标准系列中的 MAC 层

（1）CSMA/CA 技术

CSMA/CA 技术归纳如下：

① 先听后发。若某个站点要发送信息，首先要对传输介质进行"监听"，即先听后发。

如果"监听"到介质忙，该站点就延迟发送。如果"监听"到介质空闲[即在某特定时间是可用的，这称之为分布的帧间隔（Distributed Inter Frame Space，DIFS）]，则该站点就可发送信息。

② 避免冲突的影响

因为有可能几个站点都监听到介质空闲，会几乎同时发送信息。为了避免冲突影响到接收站点不能正确接收信息，IEEE 802.11 标准规定：

● 接收站点——必须检验接收的信号以判断是否有冲突，若发现没有发生冲突，发送一个确认消息（ACK）通知发送站点。

● 发送站点——若没收到确认信息，将进行重发，直到它收到一个确认信息或是重发次数达到规定的值。对于后一种情况，如果发送站点在尝试了一个固定重复次数后仍未收到确认，将放弃发送。将由较高的层次负责处理这种数据无法传送的情况。

可见 CSMA/CA 协议避免了冲突，但不像 IEEE 802.3（Ethernet）标准中使用的 CSMA/CD 协议那样进行冲突检测。

（2）冲突最小化

其实，冲突是不可避免的，发生冲突的原因主要有两点：一是可能会出现两个站点同时侦听，并发现介质空闲随后发送信息（即隐蔽站问题）；二是两个站点没有互相侦听，就发送信息的情况。为降低发生冲突的概率，IEEE 802.11 标准还采用了一种称为虚拟载波侦听（Virtual Carrier Sense，VCS）的机制。

VCS 就是让源站将它要占用信道的时间（包括目的站发回确认帧所需的时间）通知给所有其他站，以便使其他所有站在这一段时间都停止发送数据。这样做便可减少碰撞的机会。之所以称为"虚拟载波监听"是因为其他站并没有真正监听信道，只是因为收到了"源站的通知"才不发送数据，起到的效果就好像是其他站都监听了信道。

需要指出的是，采用 VCS 技术，减少了发生碰撞的可能性，但碰撞还是存在的。

3．IEEE 802.11 标准系列中的物理层

（1）IEEE 802.11 标准的物理层

IEEE 802.11 标准是 IEEE 在 1997 年 6 月 16 日制定的，它定义了使用红外线技术、跳频扩频和直接序列扩频技术，是一个工作在 2.4GHz（2.4～2.4835GHz）ISM 频段内，数据传输速率为 1Mbit/s 和 2Mbit/s 的无线局域网的全球统一标准。在研究改进了一系列草案之后，这个标准于 1997 年中期定稿。具体来说，IEEE 802.11 标准的物理层有以下 3 种实现方法：

① 采用直接序列扩频

采用直接序列扩频时，调制方式若用差分二相相移键控（DBPSK），数据传输速率为 1Mbit/s；若用差分四相相移键控（DQPSK），数据传输速率为 2Mbit/s。

② 采用跳频扩频

采用跳频扩频时，调制方式为 GFSK 调制。当采用 2 元高斯频移键控 GFSK 时，数据传输速率为 1Mbit/s；当采用 4 元高斯频移键控 GFSK 时，数据传输速率为 2Mbit/s。

③ 使用红外线技术

使用红外线技术时，红外线的波长为 850～950nm，用于室内传输数据，速率为 1～2Mbit/s。

（2）IEEE 802.11b 标准的物理层

IEEE 802.11b 标准制定于 1999 年 9 月，IEEE 802 委员会扩展了原先的 IEEE 802.11 规范，

称为 IEEE 802.11b 扩展版本。IEEE 802.11b 标准也工作在 2.4GHz（2. 4～2.4835 GHz）的 ISM 频段。

工作于 2.4GHz 的 WLAN 信道分配如图 3-46 所示。

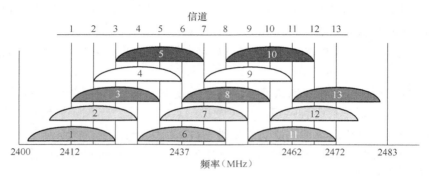

图 3-46　工作于 2. 4GHz 的 WLAN 信道分配

由图可见，在 2.4～2.4835GHz 频段配置了 13 个频道，其中互不重叠的频道有 3 个，即 1、6、11 频道，每个频道的带宽为 20MHz。

IEEE 802.11b 标准规定调制方式采用基于补偿编码键控（CCK）的 DQPSK、基于分组二进制卷积码（PBCC）的 DBPSK 和 DQPSK 等。

补偿编码键控（Complementary Code Keying，CCK）技术，它的核心编码中有一个 64 个 8bit 编码组成的集合。5.5Mbit/s 使用一个 CCK 串来携带 4bit 的数字信息，而 11Mbit/s 的速率使用一个 CCK 串来携带 8bit 的数字信息。两个速率的传送都利用 DQPSK 作为调制的手段。

在分组二进制卷积码（Packet Binary Convolutional Code，PBCC）调制中，数据首先进行 BCC 编码（由于篇幅所限不再介绍 BCC 编码，读者可参阅相关书籍），然后映射到 DBPSK 或 DQPSK 调制的点群图上，即再进行 DBPSK 或 DQPSK 调制。

IEEE 802.11b 的物理层具有支持多种数据传输速率能力和动态速率调节技术。IEEE 802.11b 支持的速率有 1Mbit/s，2Mbit/s，5.5Mbit/s 和 11Mbit/s4 个等级。

IEEE 802.11b 的动态速率调节技术，允许用户在不同的环境下自动使用不同的连接速度，以补偿环境的不利影响。

IEEE 802.11b 标准在无线局域网协议中最大的贡献就在于它通过使用新的调制方法（即 CCK 技术）将数据速率增为 5.5Mbit/s 和 11Mbit/s。为此，DSSS 被选作该标准的唯一的物理层传输技术，这是由于 FHSS 在不违反 FCC 原则的基础上无法再提高速度了。所以，IEEE 802.11b 可以和 1Mbit/s 和 2Mbit/s 的 IEEE 802.11DSSS 系统互操作，但是无法和 1Mbit/s 和 2Mbit/s 的 FHSS 系统一起工作。

（3）IEEE 802.11a 标准的物理层

IEEE 802.11a 标准是 IEEE 802.11 标准的第 2 次扩展。与 IEEE 802.11 和 IEEE 802.11b 标准不同的是，IEEE 802.11a 标准工作在最近分配的不需经许可的国家信息基础设施（Unlicensed National Information Infrastructure，UNII）5GHz 频段，比起 2.4GHz 频段，使用 UNII 5GHz 频段有明显的优点。除了提供大容量传输带宽之外，5GHz 频段的潜在干扰较少（因为许多技术，如蓝牙短距离无线技术、家用 RF 技术甚至微波炉都工作在 2. 4GHz 频段）。

FCC 已经为无执照运行的 5GHz 频段内分配了 300MHz 的频段，分别为 5. 15～5. 25GHz、

5.25~5.35GHz 和 5.725~5.825GHz。这个频段被切分为 3 个工作"域"。第 1 个 100MHz(5.15~5.25GHz)位于低端,限制最大输出功率为 50mW;第 2 个 100MHz(5.25~5.35GHz)允许输出功率 250mW;第 3 个 100MHz(5.725~5.825GHz)分配给室外应用,允许最大输出功率 1W。

工作于 5GHz 的 WLAN 信道分配如图 3-47 所示。

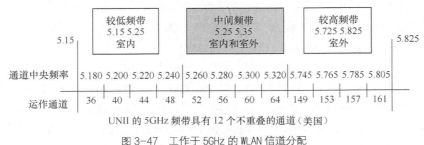

图 3-47　工作于 5GHz 的 WLAN 信道分配

在 5GHz(5.15~5.35,5.725~5.825GHz)频段互不重叠的频道有 12 个,一般配置 13 或 19 个频道,每个频道的带宽为 20MHz。

IEEE 802.11a 标准使用正交频分复用(OFDM)技术。IEEE 802.11a 标准定义了 OFDM 物理层的应用,数据传输率为 6Mbit/s、9Mbit/s、12Mbit/s、18Mbit/s、24Mbit/s、36Mbit/s、48Mbit/s 和 54Mbit/s。6Mbit/s 和 9Mbit/s 使用 DBPSK 调制,12Mbit/s 和 18Mbit/s 使用 DQPSK 调制,24Mbit/s 和 36Mbit/s 使用 16QAM 调制,48Mbit/s 和 54Mbit/s 使用 64QAM 调制。

虽然 IEEE 802.11a 标准将无线局域网的传输速率扩展到 54Mbit/s,可是 IEEE 802.11a 标准规定的运行频段为 5GHz 频段。由此带来了两个问题。

① 向下兼容问题。IEEE 802.1a 标准和先前的 IEEE 标准之间的差异使其很难提供向下兼容的产品。为此,IEEE 802.11a 设备必须在两种不同频段上支持 OFDM 和 DSSS,这将增加全功能芯片集成的费用。

② 覆盖区域问题。因为频率越高,衰减越大,如果输出功率相等的话,显然 5.4GHz 设备覆盖的范围要比 2.4GHz 设备的小。

为了解决这两个问题,IEEE 建立了一个任务组,将 IEEE 802.11b 标准的运行速率扩展到 22Mbit/s,新扩展标准被称为 IEEE 802.11g 标准。

(4)IEEE 802.11g 标准的物理层

IEEE 802.11g 扩展标准类似于基本的 IEEE 802.11 标准和 IEEE 802.11b 扩展标准,因为它也是为在 2.4GHz 频段上运行而设计的。因为 IEEE 802.11g 扩展标准可提供与使用 DSSS 的 11Mbit/s 网络兼容性,这一扩展将会比 IEEE 802.11a 扩展标准更普及。

IEEE 802.11g 标准既达到了用 2.4GHz 频段实现 IEEE 802.11a 水平的数据传送速度,也确保了与 IEEE 802.1b 产品的兼容。IEEE 802.11g 其实是一种混合标准,它既能适应传统的 IEEE 802.11b 标准,在 2.4GHz(2.4~2.4835GHz)频率下提供每秒 11Mbit/s 数据传输率,也符合 IEEE 802.1la 标准在 5GHz 频率下提供 54Mbit/s 数据传输率。但 IEEE 802.11g 标准一般工作在 2.4GHz(2.4~2.4835GHz)频率。

除此之外,IEEE 802.11g 标准比 IEEE 802.11a 标准的覆盖范围大,所需要的接入点较少。

一般来说,IEEE 802.1la 接入点覆盖半径为 90 英尺,而 IEEE 802.11g 接入点将提供 200

英尺或更大的覆盖半径。因为圆的面积是 πr^2，IEEE 802.11a 网络需要的接入点数大约是 IEEE 802.11g 网络的 4 倍。

（5）IEEE 802.11n 标准的物理层

近年来 IEEE 成立了 802.11n 工作小组，制定了一项新的高速无线局域网标准 IEEE 802.11n，该工作小组在 2003 年 9 月召开首次会议。在 2006 年 1 月 15 日于美国夏威夷举办的工作会议上进行了投票，最终高票通过了传输方式草案，长期争论不休的 IEEE 802.11n 基本传输方式基本得到确定。此后经过 7 年的奋战，美国电气和电子工程师协会（Institute of Electrical and Electronics Engineers，IEEE）于 2009 年 9 月 14 日终于正式批准了最新的无线标准 IEEE 802.11n，IEEE 于 2009 年 10 月中旬正式公布了 IEEE 802.11n 最终标准。

与以往的 IEEE 802.11 标准不同，IEEE 802.11n 协议为双频工作模式（包含 2.4GHz 和 5GHz 两个工作频段）。这样 IEEE 802.11n 保障了与以往的 IEEE 802.11a、b、g 标准兼容。

IEEE 802.11n 采用了多入多出（Multiple Input Multiple Output，MIMO）技术。MIMO 技术相对于传统的单入单出（SISO）技术，通过在发送端和接收端设置多副天线，使得在不增加系统带宽的情况下成倍地提高通信容量和频谱利用率。

当 MIMO 技术与 OFDM 技术相结合时，由于 OFDM 技术将给定的宽带信道分解成多个子信道，将高速数据信号转换成多个并行的低速子数据流，低速子数据流被各自信道彼此相互正交的子载波调制再进行传输，MIMO 技术就可以直接应用到这些子信道上。因此将 MIMO 和 OFDM 技术结合起来，既可以克服由频率选择性衰落造成的信号失真，提高系统可靠性，又同时获得较高的系统传输速率。

由于 IEEE 802.11n 采用 MIMO 与 OFDM 相结合，使传输速率成倍提高。它将 WLAN 的传输速率从 IEEE 802.11a 和 IEEE 802.11g 的 54Mbit/s 增加至 108Mbit/s 以上，最高速率可达 300～600Mbit/s。

另外，先进的天线技术及传输技术，使得无线局域网的传输距离大大增加，可以达到几公里（并且能够保障 100Mbit/s 的传输速率）。IEEE 802.11n 标准全面改进了 IEEE 802.11 标准，不仅涉及物理层标准，同时也采用新的高性能无线传输技术提升 MAC 层的性能，优化数据帧结构，提高网络的吞吐量性能。

IEEE 802.11n 标准还提出了软件无线电技术，该技术是指一个硬件平台，通过编程可以实现不同功能，其中不同系统的 AP 和无线终端都可以由建立在相同硬件基础上的不同软件实现，从而实现了不同无线标准、不同工作频段、不同调制方式的系统兼容。

（6）IEEE 802.11 系列的物理层标准的比较

几种 IEEE 802.11 系列的物理层标准的比较如表 3-2 所示。

表 3-2　　　　　　　　　　几种 IEEE 802.11 系列的物理层标准的比较

标准	IEEE 802.11	IEEE 802.11b	IEEE 802.11a	IEEE 802.11g	IEEE 802.11n
工作频段 GHz	2.4～2.4835	2.4～2.4835	5.15～5.35, 5.725～5.825	2.4～2.4835	2.4～2.4835 5.15～5.35, 5.725～5.825
扩频技术	DSSS/FHSS	DSSS	DSSS	DSSS	DSSS

续表

标准	IEEE 802.11	IEEE 802.11b	IEEE 802.11a	IEEE 802.11g	IEEE 802.11n
调制方式	DBPSK、DQPSK、GFSK	基于 CCK 的 DQPSK，基于 PBCC 的 DBPSK 和 DQPSK	基于 OFDM 的 DBPSK、DQPSK、16QAM、64QAM	基于 CCK 的 DQPSK，基于 PBCC 和 OFDM 的 DBPSK、DQPSK、16QAM、64QAM	802.11g 的调制方式，MIMO 与 OFDM 技术结合
数据速率 Mbit/s	1	1、2、5.5、11	6、9、12、18、24、36、48、54	1、2、5.5、6、9、11、12、18、22、24、36、48、54	最高速率可达 300~600
频道数量	13 3（互不重叠）	13 3（互不重叠）	13 或 19 12（互不重叠）	13 3（互不重叠）	13 或 19 15（互不重叠）
带宽/频道 MHz	20	20	20	20	20/40（自适应）

（7）IEEE 802.11 其他一些协议标准

IEEE 802.11 标准工作组还制定了其他一些协议标准。

① IEEE 802.11d 标准

IEEE 802.11d 标准是 IEEE 802.11b 标准的不同频率版本，主要为不能使用 IEEE 802.11b 标准频段的国家而制定。

② IEEE 802.11e 标准

IEEE 802.11e 标准在无线局域网中引入服务质量 QoS 的功能，为重要的数据增加额外的纠错保障，能够支持多媒体数据的传输。

该标准采用时分多址技术 TDMA 取代现有的 MAC 子层管理，TDMA 技术能够在满足定时和同步的条件下，使得 AP 可以通过不同时隙区分来自不同终端的信号而不会混淆，而各终端只要在各自指定的时隙接收，就能把整个帧中发给它的信号接收下来。

③ IEEE 802.11f 标准

IEEE 802.11f 标准的目的是改善 IEEE 802.11 的切换机制。

④ IEEE 802.11h 标准

IEEE 802.11h 标准主要用于 IEEE 802.11a 的频谱管理技术，引入了两项关键技术：动态信道选择（DCS）和发射功率控制（TPC）。

DCS 是一种检测机制，当一台无线设备检测到其他设备使用了相同的无线信道，它可以根据需要转换到其他信道，从而避免了相互干扰。

由于 IEEE 802.11a 标准与卫星通信系统工作在一个频段上，为了减少它们之间的相互干扰，IEEE 802.11h 标准通过 TPC 技术来控制无线设备的发射功率。除此之外，TPC 还能对无线设备的功耗以及 AP 与无线终端之间的距离产生影响。

⑤IEEE 802.11i 标准

IEEE 802.11i 标准的目的是增强网络安全性。IEEE 802.11i 标准定义了临时密钥完整性协议（TKIP）、计数器模式/CBC-MAC 协议（CCMP）和无线鲁棒认证协议（WRAP）3 种数据加密机制，并使用 IEEE 802.1x 认证和密钥管理方式。

⑥ 无线局域网产品的认证标准——Wi-Fi

由于无线技术及标准的多样性，其采用的物理层和 MAC 层关键技术也不尽相同，使得不同厂家依据不同标准生产的无线网络设备彼此互不兼容，从而限制了无线接入网络的推广，阻碍了无线接入技术的发展。为此，由厂商 Interl、Broadcom 等自发组成了一个非营利性组织——无线以太网兼容性联盟（Wireless Ethernet Compatibility Alliance，WECA）联盟对 IEEE 802.11b/a/g 无线产品的兼容性进行测试，中国厂商华硕、明基等也属于该联盟。无线产品经 WECA 联盟进行兼容性测试并通过后，都被准予打上"Wi-Fi CERTIFIED"标记。

Wi-Fi 的英文全称为"Wireless Fidelity"，是"无线保真"的缩写。对于无线局域网产品，其含义是"无线相容性认证"，在产品的工作频率和传输速率相同的情况下，凡是具有 Wi-Fi 标记的产品都是兼容的。只有通过 WECA 联盟的授权，厂家才可以使用该商标。Wi-Fi 作为一种商业认证标准，最早只针对 IEEE 802.11b 标准的产品，但随着无线技术标准的多样化，Wi-Fi 逐渐涵盖了整个 WLAN 领域。

Wi-Fi 与 WLAN 的区别是 WLAN 标准是指无线局域网的技术标准，而 Wi-Fi 是无线局域网产品的认证标准。尽管二者之间有根本差异，但都保持着同步更新的状态。

3.7.6　无线局域网的硬件

无线局域网的硬件设备包括接入点（Access Point，AP）、LAN 适配卡、网桥和路由器。下面分别加以介绍。

1. 无线接入点

一个无线接入点（AP）实际就是一个二端口网桥，这种网桥能把数据从有线网络中继转发到无线网络，也能从无线网络中继转发到有线网络。因此，一个接入点为在地理覆盖范围内的无线设备和有线局域网之间提供了双向中继能力。

（1）无线接入点的特点

① 提供的连接

大多数接入点通常都遵循 IEEE 802.1lb 标准，该标准在 2.4GHz 频段上提供 11Mbit/s 的速率连接到有线局域网或 Internet。具体地说，无线局域网接入点可以提供与 Internet 10Mbit/s 的连接、10Mbit/s 或 100Mbit/s 自适应的连接、10 Base-T 集线器端口的连接或 10Mbit/s 与 100Mbit/s 双速的集线器或交换机端口的连接。

② 客户端支持

接入点实际可支持的客户端数与该接入点所服务的客户端的具体要求有关。如果客户端要求较高水平的有线局域网接入，那么一个接入点一般可容纳 10~20 个客户端站点；如果客户端要求低水平的有线局域网接入，则一个接入点有可能支持多达 50 个客户端站点，并且还可能支持一些附加客户。另外，在某个区域内由某个接入点服务的客户分布以及无线信号是否存在障碍，也控制了该接入点的客户端支持。

③ 传输距离

因为无线局域网的传输功率显著低于移动电话的传输功率，所以一个无线局域网站点的发送距离只是一个蜂窝电话可达传输距离的一小部分。实际的传输距离与所采用的传输方法、客户与接入点间的障碍有关。在一个典型的办公室或家庭环境中，大部分接入点的传输距离为 30～60m。

（2）无线接入点的应用

前面提到过，无线接入点（也叫无线基站），它是实现无线局域网接入有线局域网的一个逻辑接入点。网络中所有站点对网络的访问和通信均由它控制，它可将无线局域网的数据帧转化为有线局域网的数据帧。

移动的计算机可通过一个或多个接入点接入有线局域网，图 3-48 所示是使用接入点将一些移动的计算机接入到有线局域网的例子。

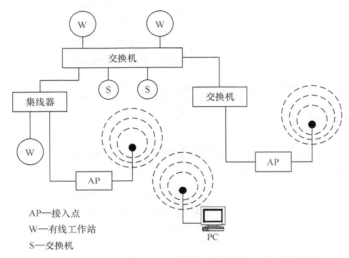

图 3-48　使用接入点将一些移动的计算机接入到有线局域网

无线接入点是用电缆连接到集线器（或局域网交换机）的一个端口上。就像任何其他的 LAN 设备一样，从集线器端口到无线局域网接入点之间最大的电缆距离是 100m（指的是采用 UTP）。

2．无线局域网网卡

无线局域网网卡是一个安装在台式机和笔记本电脑上的收发器。通过使用一个无线局域网网卡，台式机和笔记本电脑便可具有一个无线网络节点的性能。

无线局域网网卡有两种基本类型。一种是 PC 卡，插入一个笔记本里的 PC 卡插槽。另一种无线局域网网卡是制成一种适配卡，这种类型的网卡可插入一个台式 PC 的系统单元中。

3．无线网桥

无线网桥是一种在两个传统有线局域网间通过无线传输实现互连的设备。大多数有线网桥仅仅支持一个有限的传输距离。因此，如果某个单位需要互连两个地域上分离的 LAN 网段，可使用无线网桥。

图 3-49 是使用无线网桥互连两个有线局域网的示意图。一个无线网桥有两个端口，一个端口通过电缆连接到一个有线局域网，而第 2 个端口可以认为是其天线，提供一个 RF 频率通信的能力。

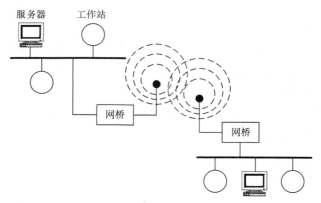

图 3-49　使用无线网桥互连两个有线局域网

无线网桥的工作原理与有线网中的网桥相似，其主要功能也是扩散、过滤和转发等。

4．无线路由器/网关

许多台移动计算机可通过一个无线路由器或网关，再利用有线连接，如 DSL 或 Cable Modem 等接入到 Internet 或其他网络。

无线路由器或网关客户端提供服务的方式有两种：一种是无线路由器或网关只支持无线连接，另一种既可支持有线连接又可支持无线连接。图 3-50 所示为两种类型的无线路由器/网关。

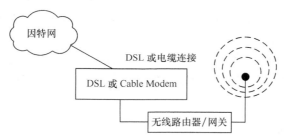

（a）使用仅限于支持无线工作站的无线路由器或网关

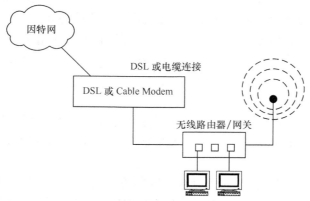

（b）使用支持无线、有线工作站的无线路由器或网关

图 3-50　两种类型的无线路由器/网关设备

图 3-50（a）是只支持无线连接的路由器/网关。一个仅支持无线通信的无线路由器或网关一般包括一个 USB 或 RS-232 配置端口。图 3-50（b）则给出了一个支持有线和无线连接的路由器或网关。这种路由器或网关一般都包括一个嵌入到设备内部的有线集线器或微型 LAN 交换机。

小　结

1. 一般将通过通信线路将较小地理区域范围内的各种数据通信设备连接在一起的通信网络称为局域网。

局域网的特征是：网络范围较小，传输速率较高、传输时延小、误码率低、结构简单容易实现及通常属于一个部门所有等。

2. 局域网的硬件由 3 部分组成：传输介质、工作站和服务器及通信接口，另外还有相应的网络协议和各种网络应用软件。

3. 局域网可以从不同的角度分类：按采用的传输媒介不同可分为有线局域网和无线局域网；按用途和速率可分为常规局域网 LAN 和高速局域网 HSLN；按是否共享带宽可分为共享式局域网和交换式局域网；按拓扑结构可分为星型网、总线型网、环型网和树型网等。

4. 局域网参考模型中只包括 OSI 参考模型的最低两层，即物理层和数据链路层。数据链路层划分为两个子层，即：介质访问控制 MAC 子层和逻辑链路控制 LLC 子层。

5. 以太网是总线型局域网的一种典型应用，传统以太网属于共享式局域网，即传输介质作为各站点共享的资源，介质访问控制方式为载波监听和冲突检测（CSMA/CD）技术。

CSMA 代表载波监听多路访问，它是"先听后发"；CD 表示冲突检测，即"边发边听"。

以太网的端到端往返时延 2τ 称为争用期，或碰撞窗口。合法数据帧的最短帧长则应是争用期时间 2τ 内所发送的比特（或字节）数。

6. CSMA/CD 总线网的特点有：竞争总线，冲突显著减少，轻负荷有效，广播式通信，发送的不确定性，总线结构和 MAC 规程简单。

7. 以太网的 MAC 子层有两个主要功能：数据封装和解封，介质访问管理。

IEEE 802 标准为局域网规定了一种 48bit 的全球地址，即 MAC 地址（MAC 帧的地址），它是指局域网上的每一台计算机所插入的网卡上固化在 ROM 中的地址，所以也叫硬件地址或物理地址。

8. 以太网 MAC 帧格式有两种标准：IEEE 802.3 标准和 DIX Ethernet V2 标准。TCP/IP 体系经常使用 DIX Ethernet V2 标准的 MAC 帧格式，此时局域网参考模型中的链路层不再划分 LLC 子层，即链路层只有 MAC 子层。

9. 传统以太网有：10 BASE 5（粗缆以太网）、10 BASE 2（细缆以太网）、10 BASE-T（双绞线以太网）和 10 BASE-F（光缆以太网）。

其中，10BASE-T 以太网应用最为广泛，它有几个要点：①10 BASE-T 使用两对无屏蔽双绞线，一对线发送数据，另一对线接收数据；②集线器与站点之间的最大距离为 100m；③一个集线器所连的站点最多可以有 30 个（实际目前只能达 24 个）；④10 BASE-T 也使用曼彻斯特编码；⑤堆叠式集线器一般都有少量的容错能力和网络管理功能；⑥可以把多个集线器连成多级星形结构的网络。

10．扩大以太网覆盖范围的方法一般采用集线器或网桥。在物理层扩展以太网，可以使用转发器和集线器；在数据链路层扩展以太网使用网桥。

11．高速以太网有 100 BASE-T、吉比特以太网和 10 吉比特以太网。

100 BASE-T 快速以太网的特点是：传输速率高，沿用了 10 BASE-T 的 MAC 协议，可以采用共享式或交换式连接方式，适应性强，经济性好和网络范围变小。

100 BASE-T 快速以太网的标准为 IEEE 802.3u，是现有以太网 IEEE 802.3 标准的扩展。

IEEE 802.3u 规定了 100 BASE-T 的 3 种物理层标准：100 BASE-TX、100 BASE-FX 和 100 BASE-T4。

12．吉比特以太网的标准是 IEEE 802.3z 标准。它的要点为：运行速度比 100Mbit/s 快速以太网快 10 倍；可提供 1Gbit/s 的基本带宽；采用星型拓扑结构；使用和 10Mbit/s、100Mbit/s 以太网同样的以太网帧，与 10 BASE-T 和 100 BASE-T 技术向后兼容；当工作在半双工模式下，它使用 CSMA/CD 介质访问控制机制；支持全双工操作模式；允许使用单个中继器；采用 8B/10B 编码方案。

吉比特以太网的物理层有两个标准：1000 BASE-X（IEEE 802.3z 标准，基于光纤通道）、1000 BASE-T（IEEE 802.3ab 标准，使用 4 对 5 类 UTP）。

13．10 吉比特以太网的标准是 IEEE 802.3ae 标准，其特点是：与 10Mbit/s，100Mbit/s 和 1Gbit/s 以太网的帧格式完全相同；保留了 IEEE 802.3 标准规定的以太网最小和最大帧长，便于升级；不再使用铜线而只使用光纤作为传输媒体；只工作在全双工方式，因此没有争用问题，也不使用 CSMA/CD 协议。

10 吉比特以太网的物理层标准包括局域网物理层标准和广域网物理层标准。

14．交换式局域网是所有站点都连接到一个交换式集线器或局域网交换机上。交换式集线器或局域网交换机具有交换功能，可使每一对端口都能像独占通信媒体那样无冲突地传输数据，不存在冲突问题，可以提高用户的平均数据传输速率，即容量得以扩大。

交换式局域网的主要功能有：隔离冲突域、扩展距离、增加总容量和数据率灵活性。

按所执行的功能不同，局域网交换机（实际指的是以太网交换机）可以分成两种：二层交换和三层交换

15．二层交换机工作于 OSI 参考模型的第二层，执行桥接功能。它根据 MAC 地址转发数据，交换速度快，但控制功能弱，没有路由选择功能。

16．三层交换机工作于 OSI 参考模型的第三层，具备路由能力，它是根据 IP 地址转发数据。三层交换技术是：二层交换技术+三层路由转发技术，它将第二层交换机和第三层路由器的优势有机地结合在一起。

三层交换机具有高性能、安全性、易用性、可管理性、可堆叠性、服务质量及容错性的技术特点。

交换机采用的内部结构主要有 4 种：共享存储器结构、交叉总线结构、混合交叉总线结构和环型总线结构。

局域网交换机的交换方式有：直通式、存储转发、碎片隔离和智能交换模式。

17．全双工局域网每个站点可以同时发送和接收数据，交换技术是实现全双工局域网的必要前提。

全双工局域网标准是 IEEE 802.3x 全双工局域网标准。

18．VLAN 是逻辑上划分的，交换式局域网的发展是 VLAN 产生的基础，VLAN 是一种比较新的技术。

划分 VLAN 的好处是：提高网络的整体性能、成本效率高、网络安全性好、可简化网络的管理。划分 VLAN 的方法主要有：根据端口划分 VLAN、根据 MAC 地址划分 VLAN、根据 IP 地址划分 VLAN。

VLAN 标准有 IEEE 802.1Q 和 Cisco 公司的 ISL 协议。

19．无线局域网（WLAN）可定义为，使用无线电波或红外线在一个有限地域范围内的工作站之间进行数据传输的通信系统。无线局域网的优点有：具有移动性、成本低、可靠性高等。

根据无线局域网采用的传输媒体来分类，主要有两种：采用无线电波的无线局域网和采用红外线的无线局域网。

采用无线电波为传输媒体的无线局域网按照调制方式不同，又可分为窄带调制方式与扩展频谱方式。

无线局域网的拓扑结构有两种：自组网拓扑网络和基础结构拓扑（有中心拓扑）网络。

扩频技术主要分为"跳频技术"及"直接序列扩频"两种方式。

无线局域网常采用的调制方式有以下几种：差分二相相移键控（扩频通信的方法是 DSSS）、四相相对调相（扩频通信的方法是 DSSS）、高斯频移键控（扩频通信采用 FHSS）、16-QAM 和 64-QAM（一般都要结合采用 OFDM 调制技术，扩频通信的方法是 DSSS）。

IEEE 制定的第 1 个无线局域网标准是 IEEE 802.11 标准，第 2 个标准被命名为 IEEE 802.11 标准的扩展，称为 IEEE 802.11b 标准，第 3 个无线局域网标准也是 IEEE 802.11 标准的扩展，称为 IEEE 802.11a，后来 IEEE 又制定了 IEEE 802.11g 标准等，最新又推出了 IEEE 802.11n。

无线局域网的硬件设备包括接入点（AP）、LAN 适配卡、网桥和路由器等。

习　题

3-1　局域网的特征有哪些？

3-2　局域网可以从哪些角度分类？分成哪几类？

3-3　简述 MAC 子层和 LLC 子层的功能。

3-4　传统以太网典型的特征有哪些？

3-5　简述 CSMA/CD 的控制方法。

3-6　为什么传统以太网的最短有效帧长为 64 字节？

3-7　假定 1km 长的 CSMA/CD 网络的数据率为 1Gbit/s，信号在网络上的传播速率为 200000km/s，求能够使用此协议的最短帧长。

3-8　画出 IEEE 802.3 标准规定的 MAC 子层帧结构图，并说明地址字段的作用。

3-9　CSMA/CD 总线网的特点有哪些？

3-10　为什么 10 BASE 5 的单段同轴电缆的最大长度和每个同轴电缆段最多安装的站点数受限制？

3-11　为什么 10 BASE-T（采用集线器）属于总线型局域网？

3-12　画出用一个局域网交换机连接 3 个 10 BASE-T 的意示图，并说明扩展后局域网的总容量，所连 3 个以太网的速率是否可以不同？

3-13　100 BASE-T 快速以太网的特点有哪些？

3-14　吉比特以太网的物理层标准有哪几种？

3-15　10Gbit/s 以太网的特点有哪些？

3-16　什么是冲突域？

3-17　交换式局域网的功能主要有哪些？

3-18　简述二层交换的原理。

3-19　简述三层交换的原理。

3-20　说明全双工局域网的概念。

3-21　划分 VLAN 的目的是什么？

3-22　划分 VLAN 的方法有哪些？

3-23　无线局域网的优点有哪些？

3-24　无线局域网的拓扑结构有哪几种？各自的特点是什么？

3-25　无线局域网的扩频方法有哪几种？

3-26　无线局域网的标准有哪些？工作频段分别为多少？

第 **4** 章　宽带 IP 城域网

随着通信和计算机技术的不断发展，特别是数据业务的迅猛增长，作为承载数据业务的宽带 IP 城域网已日趋成为人们关注的焦点。宽带 IP 城域网是一种全新的技术，它是数据骨干网和长途电话网在城域范围内的延伸和覆盖。宽带 IP 城域网不仅是传统长途网与接入网的连接桥梁，更是传统电信网与新兴数据网络的交汇点及今后"三网"融合的基础。

本章介绍有关宽带 IP 城域网的相关内容，主要包括：

- 宽带 IP 城域网基本概念；
- 宽带 IP 城域网的分层结构；
- 宽带 IP 城域网的带宽扩展与管理；
- 宽带 IP 城域网的用户接入认证；
- 宽带 IP 城域网的 IP 地址规划。

4.1　宽带 IP 城域网基本概念

4.1.1　宽带 IP 城域网的概念

城域网是指介于广域网和局域网之间，在城市及郊区范围内实现信息传输与交换的一种网络。

IP 城域网是电信运营商或 Internet 服务提供商（ISP）在城域范围内建设的城市 IP 骨干网络。

宽带 IP 城域网是一个以 IP 和 SDH、ATM 等技术为基础，集数据、语音、视频服务为一体的高带宽、多功能、多业务接入的城域多媒体通信网络。

宽带 IP 城域网是基于宽带技术，以电信网的可管理性、可扩充性为基础，在城市的范围内汇聚宽、窄带用户的接入，面向满足集团用户（政府、企业等）、个人用户对各种宽带多媒体业务（互联网访问、虚拟专网等）需求的综合宽带网络，是电信网络的重要组成部分，向上与骨干网络互连。

从传输上来讲，宽带 IP 城域网兼容现有的 SDH 平台、光纤直连平台，为现有的 PSTN（公众交换电话网）、移动网络、计算机通信网络和其他通信网络提供业务承载功能；从交换和接入来讲，宽带 IP 城域网为数据、话音、图像提供可以互连互通的统一平台；从网络体系结构来讲，宽带 IP 城域网综合传统 TDM（时分复用）电信网络完善的网络管理和 Internet 开放互连的优点，采用业务与网络相分离的思想来实现统一的网络，用以管理和控制多种现有的电信业务，使之易于生成新的增值业务。

一个宽带 IP 城域网应该是"基础设施"、"应用系统"、"信息系统" 3 方面内容的综合。

- 基础设施——包括数据交换设备、城域传输设备、接入设备和业务平台设备。
- 应用系统——由基本服务和增值服务两部分组成，这些服务如同高速公路上的各种车辆，为用户运载各种信息。
- 信息系统——包括环绕科技、金融、教育、财政和商业等数据的各种信息系统。

4.1.2 宽带 IP 城域网的特点

由宽带 IP 城域网的概念可以归纳出，它具有以下几个特点。

（1）技术多样，采用 IP 作为核心技术

宽带 IP 城域网是一个集 IP 和 SDH、ATM、DWDM 等技术为一体的网络，而且以 IP 技术为核心。

（2）基于宽带技术

宽带 IP 城域网采用宽带传输技术、接入技术，以及高速路由技术，为用户提供各种宽带业务。

（3）接入技术多样化、接入方式灵活

用户可以采用各种宽、窄带接入技术接入宽带 IP 城域网。

（4）覆盖面广

从网络覆盖范围来看，宽带 IP 城域网比局域网的覆盖范围大得多；从涉及的网络种类来说，宽带 IP 城域网是一个包括计算机网、传输网、接入网等的综合网络。

（5）强调业务功能和服务质量

宽带 IP 城域网可满足集团用户（政府、企业等）、个人用户的各种需求，为他们提供各种业务的接入。另外采取一些必要的措施保证服务质量，而且可以依据业务不同而有不同的服务等级。

（6）投资量大

相对于局域网而言，要建设一个覆盖整个城市的宽带 IP 城域网，需增加一些相应的设备，因而投资量较大。

4.1.3 宽带 IP 城域网提供的业务

宽带 IP 城域网以多业务的光传送网为开放的基础平台，在其上通过路由器、交换机等设备构建数据网络骨干层，通过各类网关、接入设备实现以下业务的接入。

- 话音业务；
- 数据业务；
- 图像业务；
- 多媒体业务；
- IP 电话业务；
- 各种增值业务；

- 智能业务等。

宽带 IP 城域网还可与各运营商的长途骨干网互通形成本地综合业务网络,承担城域范围内集团用户、商用大楼、智能小区的业务接入和电路出租业务等。

4.2 宽带 IP 城域网的分层结构

为了便于网络的管理、维护和扩展,网络必须有合理的层次结构。根据目前的技术现状和发展趋势,一般将宽带 IP 城域网的结构分为三层:核心层、汇聚层和接入层。宽带 IP 城域网分层结构示意图如图 4-1 所示(此图只是举例说明)。

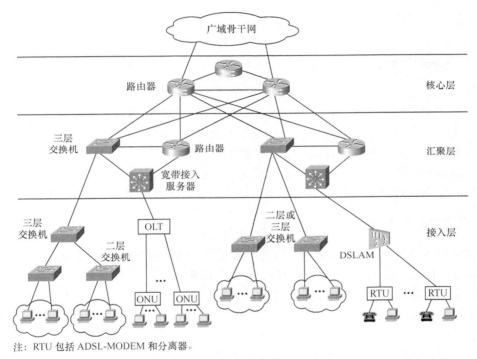

图 4-1 宽带 IP 城域网分层结构示意图

4.2.1 核心层

1. 核心层的作用

核心层的作用主要是负责进行数据的快速转发以及整个城域网路由表的维护,同时实现与 IP 广域骨干网的互联,提供城市的高速 IP 数据出口。

2. 核心层节点

核心层节点设备需采用以 IP 技术为核心的设备,要求具有很强的路由能力,主要提供吉比特以上速率的 IP 接口,如 POS、Gigabit Ethernet。核心层节点设备包括路由器和具有三层功能的高端交换机等,一般采用高端路由器。

城域网核心层节点应设置在城区内，其位置选择应结合业务分布、局房条件、出局光纤布放情况等综合考虑，优先选择原有骨干 IP 网络节点设备所在局点，其他节点应尽量选择在目标交换局所在局点。

核心层节点数量，大城市一般控制在 3~6 个，其他城市控制在 2~4 个。

3．核心层的网络结构

核心层的网络结构重点考虑可靠性和可扩展性，核心层节点间原则上采用网状或半网状连接。考虑城域网出口的安全，建议每个城域网选择两个核心层节点与骨干 IP 网路由器实现连接。

4.2.2 汇聚层

1．汇聚层的功能

汇聚层的主要功能如下。

（1）汇聚接入节点，解决接入节点到核心层节点间光纤资源紧张的问题。

（2）实现接入用户的可管理性，当接入层节点设备不能保证用户流量控制时，需要由汇聚层设备提供用户流量控制及其他策略管理功能。

（3）除基本的数据转发业务外，汇聚层还必须能够提供必要的服务层面的功能，包括带宽的控制、数据流 QoS 优先级的管理、安全性的控制、IP 地址翻译 NAT 等功能。

2．汇聚层的典型设备

汇聚层设备应具有 IP 路由功能，新建汇聚层节点时建议采用以 IP 技术为核心的设备，如已有高端 ATM 设备能提供 IP 路由功能也可作为汇聚层节点设备使用。

汇聚层的典型设备主要有中高端路由器、三层交换机及宽带接入服务器等。

有关以太网交换机的概念在前面已做过介绍。下面简单介绍一下中高端路由器和宽带接入服务器的功能。

（1）中高端路由器

路由器是宽带 IP 网络中的核心设备，其详细内容将在本书第 7 章介绍，在此简单说明一下中高端路由器的概念。

路由器若按能力划分，可分为中高端路由器和低端路由器。背板交换能力大于等于 50Gbit/s 的路由器称为中高端路由器，而背板交换能力在 50Gbit/s 以下的路由器称为低端路由器。

（2）宽带接入服务器

宽带接入服务器（BAS）主要负责宽带接入用户的认证、地址管理、路由、计费、业务控制、安全和 QoS 保障等。

3．汇聚层的网络结构

汇聚层节点设备应提供高速的基于 IP 的接口与核心层节点连接，提供高密度的 10M/100M/1000M 端口。汇聚层节点与核心层节点采用星型连接，在光纤数量可以保证的情况下每个汇聚层节点最好能够与两个核心层节点相连。

汇聚层节点的数量和位置的选定与当地的光纤和业务开展状况相关，一般在城市的远郊和所辖县城设置汇聚层节点。

4.2.3 接入层

接入层的作用是负责提供各种类型用户的接入，在有需要时提供用户流量控制功能。

宽带 IP 城域网接入层常用的宽带接入技术主要有：ADSL、HFC、FTTX+LAN、EPON/GPON 和无线宽带接入等。图 4-1 显示的是 ADSL、FTTX+LAN 和 EPON/GPON 接入方式（有关几种宽带接入技术的细节参见本书第 6 章）。

每个接入层节点与一个汇聚节点相连，接入节点应能提供 100Mbit/s 以上速率的接口与汇聚层节点相连，远距离传输时使用光纤作为物理层媒介。

接入层节点到汇聚层节点间的网络连接依据所采用的接入方式及设备情况而定，若为以太网接入（FTTX+LAN）一般采用星型连接，接入层节点可以根据实际环境中用户数量、距离、密度等的不同，设置一级或级联接入。

以上介绍了宽带 IP 城域网的分层结构，这里有几点说明。

- 图 4-1 只是宽带 IP 城域网分层结构的一个示意图，宽带 IP 城域网的组网是非常灵活的，不同的城市应该根据各自的实际情况考虑如何组网，如核心层采用多少个高端路由器，汇聚层需要多少个节点，汇聚层节点如何与核心层路由器之间连接，接入层采用何种接入技术等。

- 目前一般的宽带 IP 城域网均规划为核心层、汇聚层和接入层三层结构，但对于规模不大的城域网，可视具体情况将核心层与汇聚层合并。

- 宽带 IP 城域网可能包括的设备有：SDH 终端、ATM 交换机、DWDM 系统、路由器、吉比特以太网二层交换机、三层交换机、宽带接入服务器、软交换设备、IP 电话网关、SNMP 设备、各种接入设备等。

- 组建宽带 IP 城域网的方案有两种：一种是采用高速路由器为核心层设备，采用路由器和高速三层交换机作为汇聚层设备（如图 4-1 所示）；另一种核心层和汇聚层设备均采用高速三层交换机。由于三层交换机的路由功能较弱，所以目前组建宽带 IP 城域网一般采用的是第一种方案。

- 在宽带 IP 城域网的分层结构中，核心层和汇聚层路由器之间（或路由器与交换机之间）的传输技术称为骨干传输技术。宽带 IP 城域网的骨干传输技术主要有：IP over ATM、IP over SDH、IP over DWDM 等（有关几种骨干传输技术的细节参见本书第 5 章）。

- 宽带 IP 城域网还有业务控制层和业务管理层，它们并非是独立存在的，而是从核心层、汇聚层和接入层 3 个层次中抽象出来的而实际上是存在于这 3 个层次之中。

业务控制层主要负责用户接入管理、用户策略控制、用户差别化服务。对网络提供的各种业务进行控制和管理，实现对各类业务的接入、区分、带宽分配、流量控制以及 ISP 的动态选择等。

业务管理层提供统一的网络管理与业务管理、统一业务描述格式，根据业务开展的需要，实现业务的分级分权及网络管理，提供网络综合设备的拓扑、故障、配置、计费、性能和安全的统一管理。

4.3　宽带 IP 城域网的带宽扩展与管理

4.3.1　带宽扩展与管理的必要性

为了满足各种宽带业务的需求，宽带 IP 城域网拥有比过去传统网络更高的带宽，主要体现在接入速率和骨干传输速率。接入速率过去大多使用 56kbit/s、64kbit/s、128kbit/s 等，而现在宽带接入一般使用 1Mbit/s、10Mbit/s、100Mbit/s 的速率；骨干网的传输速率则由过去的百兆比特每秒或数百兆比特每秒提高到现在的吉比特每秒或数吉比特每秒，甚至 10Gbit/s。

由此可见，新型业务的出现会促进带宽的增加，而带宽增加也会激发新型业务的出现，宽带 IP 城域网的建设必须兼顾现有的带宽处理能力与未来的扩充能力。

另外，不同用户业务对带宽有不同的需求，宽带 IP 城域网应该能够将带宽根据用户的实际需要分成多个等级，每个等级采用不同的收费标准。

综上所述，宽带 IP 城域网需要带宽扩展与管理。

4.3.2　带宽管理的方法

带宽管理有以下两种方法。

1．在分散放置的客户管理系统上对每个用户的接入带宽进行控制

这种方法的优点是网络中对客户管理系统以下的设备没有任何要求，普通的二层以太网交换机就可以了。缺点是在客户管理系统以下的设备没有严格的带宽高低区别，使得资源不能充分利用。

2．在用户接入点上对用户接入带宽进行控制

这种方法的优点是能够充分利用接入层的网络资源，保证每个用户都能够得到其所需要的带宽和服务质量。缺点是需要接入层的设备支持。

4.4　宽带 IP 城域网的用户接入认证

为了保证每一个网络使用者都是合法用户，需限制用户访问网络的权限，因而要对用户进行接入认证。随着提供业务的多样化，用户认证方式作为可运营、可管理的核心，越来越受到密切关注。目前常用的核心认证技术主要包括 PPPoE 技术和 DHCP+技术。下面分别加以介绍。

4.4.1　PPPoE 技术

1．点对点协议

（1）PPP 的作用

点对点协议（Point-to-Point Protocol，PPP）是 IETF 于 1992 年制定的，经过两次修订，

在 1994 年已经成为 IP 网的正式标准 RFC 1661。它是一种目前用得比较多的数据链路层协议，用户使用拨号电话线接入 IP 网时，用户到 ISP 的链路一般都使用 PPP，如图 4-2 所示。

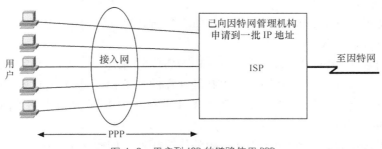

图 4-2 用户到 ISP 的链路使用 PPP

（2）PPP 的特点

与 OSI 参考模型中数据链路层广泛采用的高级数据链路控制规程（HDLC）不同，PPP 具有以下几个特点。

① 简单

在 IP 网体系结构中，把保证可靠传输、流量控制等最复杂的部分放在 TCP 中，IP 则非常简单，它提供的是不可靠、无连接的 IP 数据报传送服务，因此数据链路层没有必要提供比 IP 更多的功能。所以采用 PPP 时，数据链路层检错，但不再纠错和流量控制，PPP 帧也不需要序号。

② 保证透明传输

与 HDLC 相同的是，PPP 也可以保证数据传输的透明性（具体措施后述）。

③ 支持多种网络层协议

PPP 能够在同一条物理链路上同时支持多种网络层协议（如 IP、IPX 等）。

④ 支持多种类型链路

PPP 能够在多种类型的链路上运行，即可以采用串行或并行传输、同步或异步传输、低速或高速，也可以利用电或光信号传输等。

但是值得强调的是，PPP 只支持点对点的链路通信，不支持多点链路；而且只支持全双工链路。

⑤ 设置最大传送单元（MTU）

PPP 对每一种类型的点对点链路设置了最大传送单元（MTU，指数据部分的最大长度）的标准默认值（MTU 的默认值至少是 1500 字节）。若高层的协议数据单元超过 MTU 的值，PPP 就要丢弃此协议数据单元，并返回差错。

⑥ 网络层地址协商

PPP 提供了一种机制使通信的两个网络层的实体通过协商知道或能够配置彼此的网络层地址（如 IP 地址），可以保证网络层能够传送数据报。

⑦ 可以检测连接状态

PPP 具有一种机制能够及时自动检测出链路是否处于正常工作状态。

（3）PPP 的组成

PPP 有 3 个组成部分。

① 一个将 IP 数据报封装到串行链路 PPP 帧的方法

PPP 既支持异步链路，也支持面向比特的同步链路。IP 数据报放在 PPP 帧的信息部分。

② 一套链路控制协议

链路控制协议（Link Control Protocol，LCP）用来建立、配置、测试和释放数据链路连接。

③ 一套网络控制协议

网络控制协议（Network Control Protocol，NCP）用来建立、释放网络层连接，并分配给接入 ISP 的 PC IP 地址。上面介绍过，PPP 能够在同一条物理链路上同时支持多种网络层协议，由此对应有一套网络控制协议（NCP），其中的每一个 NCP 支持不同的网络层协议。

（4）PPP 帧格式

PPP 帧的格式与分组交换网中 HDLC 帧的格式相似，如图 4-3 所示。

图 4-3　PPP 帧的格式

各字段的作用如下。

① 标志字段 F（01111110）——表示一帧的开始和结束。PPP 规定连续两帧之间只需要用一个标志字段，它既可表示上一个帧的开始又可表示下一个帧的结束。

对于 POS 技术来说，组成 PPP 帧后要利用 SDH 来承载，即 PPP 帧利用字节同步的方式映射入 SDH 的净负荷区中，这时 PPP 帧中的标志位 F 就起定界帧的作用。然而在 SDH 帧的净荷中可能包含有来自用户数据的与在信息域内的标志有相同字节长度的情况，这样会导致帧的失配。为了避免这种情况，且保证数据的透明（即对数据序列不加以任何限制），就要采取一些措施。

当 PPP 用在同步传输链路时（PPP 在使用 SDH 链路时就是同步传输），透明传输的措施与 HDLC 的一样，即"0"插入和删除技术。具体是在发送站将数据信息和控制信息组成帧后，检查两个 F 之间的字段，若有 5 个连"1"就在第 5 个"1"之后插入一个"0"。在接收端根据 F 识别出一个帧的开始和结束后，对接收帧的比特序列进行检查，当发现起始标志和结束标志之间的比特序列中有连续 5 个"1"时，自动将其后的"0"删去，

当 PPP 用在异步传输时，就使用一种特殊的字节填充法。字节填充是在 FCS 计算完后进行的，在发端把 SDH 帧净负荷区除标志字段以外的其他字段中出现的标志字节 0x7E（即 01111110）置换成双字节序列 0x7D，0x5E；若其他字段中出现一个 0x7D 字节，则将其转变成 2 字节序列（0x7D，0x5D）等。接收端完成相反的变换。

② 地址字段 A（11111111）——由于 PPP 只能用在点到点的链路上，没有寻址的必要，因此把地址域设为"全站点地址"，即二进制序列 11111111，表示所有的站都接受这个帧（其实这个字段无意义）。

③ 控制字段 C（00000011）——表示 PPP 帧不使用编号。

PPP 帧不使用编号是因为 PPP 不使用序号和确认机制，这主要是出于以下的考虑：

● 在数据链路层出现差错的概率不大时，使用比较简单的 PPP 较为合理。

● 在因特网环境下，PPP 的信息字段放入的数据是 IP 数据报。数据链路层的可靠传输

并不能够保证网络层的传输也是可靠的。

● 帧检验序列 FCS 字段可保证无差错接受。

④ 协议字段（2 字节）——PPP 帧与 HDLC 帧不同的是多了 2 字节的协议字段。当协议字段为 0x0021 时，表示信息字段是 IP 数据报；当协议字段为 0xC021 时，表示信息字段是链路控制数据；当协议字段为 0x8021 时，表示信息字段是网络控制数据。

⑤ 信息字段——其长度是可变的，但应是整数个字节且最长不超过 1500 字节。

⑥ 帧校验（FCS）字段（2 字节）——是对整个帧进行差错校验的。其校验的范围是地址字段、控制字段、信息字段和 FCS 本身，但不包括为了透明而填充的某些比特和字节等。

（5）PPP 的工作过程

PPP 的工作过程如下。

① 当用户拨号接入 ISP 时，路由器的调制解调器对拨号做出确认，并建立一条物理连接。

② PC 向路由器发送一系列的 LCP 分组（封装成多个 PPP 帧），路由器向 PC 返回响应分组（LCP 分组及其响应选择一些 PPP 参数），此时建立起 LCP 连接。

③ NCP 给新接入的 PC 分配一个临时的 IP 地址，使 PC 成为因特网上的一个主机，且建立网络层连接。

④ 通信完毕时，NCP 释放网络层连接，收回原来分配出去的 IP 地址；接着，LCP 释放数据链路层连接；最后释放的是物理层的连接。

2．PPPoE 技术

（1）PPPoE 的概念

PPPoE（PPP over Ethernet）通过把以太网和点对点协议 PPP 的可扩展性及管理控制功能结合在一起（它基于两种广泛采用的标准：以太网和 PPP），实现对用户的接入认证和计费等功能。采用 PPPoE 方式，用户以虚拟拨号方式接入宽带接入服务器，通过用户名密码验证后才能得到 IP 地址并连接网络。

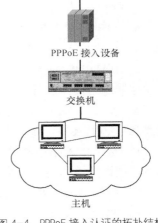

图 4-4　PPPoE 接入认证的拓扑结构

PPPoE 接入认证的拓扑结构如图 4-4 所示。

图 4-4 中的 PPPoE 接入设备主要包括宽带接入服务器和 RADIUS 服务器等。

（2）PPPoE 的工作过程

PPPoE 的工作过程如图 4-5 所示。

PPPoE 的工作过程分两个阶段：PPPoE 接入设备发现阶段和 PPP 会话阶段（即 PPP 连接建立和 PPP 连接建立后的认证、授权）。

① PPPoE 接入设备发现阶段

● 终端用户发送 PPPoE 发现起始广播包，寻找 PPPoE 接入设备（宽带接入服务器），等待其响应；

● PPPoE 接入设备（一个或多个）收到发现起始广播包后，若能提供所需服务，向终端用户发送服务提供包，即向用户应答，告知可以提供 PPPoE 接入；

● 终端用户收到服务提供包后，选定某个 PPPoE 接入设备，向其发送接入请求包；

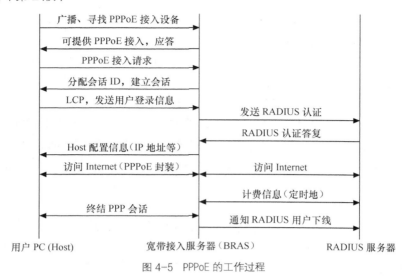

图 4-5　PPPoE 的工作过程

● 被选中的 PPPoE 接入设备收到接入请求包后，产生一个唯一的会话 ID，将其返回给终端用户。

经过以上阶段后，PPP 工作过程进入了 PPP 会话阶段。

② PPP 会话阶段

● 终端用户发起 PPP 连接请求；

● 宽带接入服务器向 RADIUS 服务器请求认证和授权；

● RADIUS 服务器查找自己的用户数据库，根据查找结果把授权信息通过 RADIUS 协议发送给宽带接入服务器；

● 宽带接入服务器根据授权信息启动 PPP，即在 PPPoE 终端用户和 PPPoE 接入设备之间建立起 PPP 连接，传送 PPP 数据（PPP 封装 IP，Ethernet 封装 PPP）；

● 宽带接入服务器向 RADIUS 服务器发送计费开始包，RADIUS 服务器收到计费开始包后，把计费信息写入计费文件 detail；

● 用户上网结束后，断开与宽带接入服务器的连接；

● 宽带接入服务器向 RADIUS 服务器发送计费结束包，RADIUS 服务器收到计费结束包后，把计费信息写入计费文件 detail。

（3）PPPoE 技术的优缺点

① PPPoE 技术的优点

● 能够利用现有的用户认证、管理和计费系统实现宽窄带用户的统一管理认证和计费；

● 既可以按时长计费也可以按流量计费，并能够对特定用户设置访问列表过滤或防火墙功能；

● 能够对具体用户访问网络的速率进行控制，且可实现上、下行速率不对称；

● 可实现接入时间控制；

● PPPoE 系统可方便地提供动态业务选择特性，可实现接入不同 ISP 的控制能力；

● PPPoE 设备可以防止地址冲突和地址盗用，所有 IP 应用数据流均使用相同的会话 ID，

保障用户使用 IP 地址的安全;

- PPPoE 应用广泛、成熟,而且标准性、互通性好;
- PPPoE 与现有主流的 PC 操作系统可以良好的兼容。

② PPPoE 技术的缺点

- 认证机制比较复杂,对设备处理性能、内存资源需求较高;
- 不支持多播应用,因为 PPPoE 的点对点特性,即使几个用户同属一个多播组,也要为每个用户单独复制一份数据流;
- 有些 PPPoE 接入设备不支持 VLAN,这会对某些应用构成一定的限制;
- 需要购置专门的 PPPoE 接入设备 (宽带接入服务器),由于 PPPoE 不能穿过 3 层网络设备,在使用 3 层设备组建的城域网中,宽带接入服务器必须分散放置,这在一定程度上增加了网络的建设成本;
- PPPoE 接入设备是通信必经的 Next Hop,即使 PPPoE 拨号认证通过后,倘若 PPPoE 接入设备性能不好,就会成为接入的瓶颈。

4.4.2 DHCP+

1. DHCP+的概念

传统的 DHCP 是用一台 DHCP 服务器集中地进行按需自动配置 IP 地址。DHCP+是为了适应网络发展的需要而对传统的 DHCP 进行了改进,主要增加了认证功能,即 DHCP 服务器在将配置参数发给客户端之前必须将客户端提供的用户名和密码送往 RADIUS 服务器进行认证,通过后才将配置信息发给客户端。

DHCP+接入认证的拓扑结构如图 4-6 所示。

2. DHCP+的工作原理

DHCP+的工作过程归纳如下。

- 用户 PC(DHCP 客户端)发出 DHCP Request 广播包。
- 该包到达网络设备,网络设备得到用户的 VLAN ID,根据 VLAN ID 查用户表得到用户账号,于是将账号送到 RADIUS 服务器认证,RADIUS 服务器返回认证响应。
- 若账号通过认证,网络设备便将 DHCP Request 转发给 DHCP 服务器。
- DHCP 服务器返回响应,网络设备将 DHCP 服务器的配置响应转发给用户 PC,同时记录用户的 VLAN ID、MAC 地址、IP 地址等信息,根据认证结果动态建立基于用户 IP 的 ACL 控制用户访问。

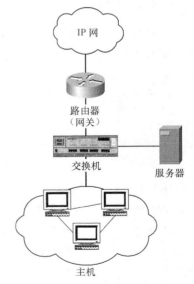

图 4-6 DHCP+接入认证的拓扑结构

- 当用户访问 Internet 时,网络设备检测到上网流量,向 RADIUS 服务器发送计费开始包。
- 当用户关机通信终止时,主机发 DHCP Release 包,网络设备删除用户 ACL,并向

RADIUS 服务器发计费终止消息包，该包可包含用户的流量，计费结束。

3．DHCP+技术的优缺点

（1）DHCP+的优点

DHCP+的优点主要如下。

① 与 PPPoE 不同的是，DHCP+不再是一个二层协议，通过中继代理，DHCP+可以在交换机环境中应用，从而提高组网的灵活性。

② DHCP+服务器只是在用户接入网络前为用户提供配置与管理信息，以后的通信完全不经过它，所以不会成为瓶颈。

③ DHCP+能够很容易地实现多播的应用。

（2）DHCP+的缺点

DHCP+存在以下的缺点。

① DHCP+只能通过计时长来计费，不能按流量进行计费。

② 不能防止地址冲突和地址盗用，也不能做到针对特定用户设置 ACL（访问列表）过滤或防火墙功能。

③ 不能对用户的数据流量进行控制。

④ DHCP+需要改变现有的后台管理系统。

⑤ DHCP+还没有正式的标准。

由此可见，DHCP+技术目前还不具备实际应用的能力，需要等到进一步成熟后才能考虑使用。

4.4.3　PPPoE 与 DHCP+的比较

以上介绍了 PPPoE 和 DHCP+两种认证方式，下面对这两种认证方式进行一个综合的比较，如表 4-1 所示。

表 4-1　　　　　　　　　　PPPoE 和 DHCP+两种认证方式的比较

功　　能	PPPoE	DHCP+
认证效率	较低	很高
标准化程度	高（RFC 2516）	高（WT146）
封装开销	大（增加 PPPoE 及 PPP 封装）	小（MAC+IP）
客户端软件	需要	不需要
认证服务器	RADIUS	RADIUS
地址分配方式	IPCP，基于用户名和密码	DHCP，基于线路号、MAC 地址
Session 建立过程	面向连接的 Session ID	无连接，用户通过 IP 地址标识
安全性	高	高
防地址仿冒能力	高（唯一 Session ID）	高（Anti-spoofing 策略）
控制能力	端口/用户数/带宽	端口/用户数/带宽
组播支持	组播控制点只能在业务控制层	组播控制点可选择在业务控制层或接入层
精确计费	支持	支持

4.5　宽带 IP 城域网的 IP 地址规划

4.5.1　公有 IP 地址和私有 IP 地址

1．公有 IP 地址

公有 IP 地址是接入 Internet 时所使用的全球唯一的 IP 地址，必须向因特网的管理机构申请。
公有 IP 地址分配方式有两种：静态分配方式和动态分配方式。

（1）静态分配方式

静态分配方式是给用户固定分配 IP 地址。

（2）动态分配方式

动态分配方式是用户访问网络资源时，从 IP 地址池中临时申请到一个 IP 地址，使用完
后再归还到 IP 地址池中。而 IP 地址池可以位于客户管理系统上，也可以集中放置在 RADIUS
服务器上。

普通用户的公有 IP 地址一般采用动态分配方式。

2．私有 IP 地址

私有 IP 地址是仅在机构内部使用的 IP 地址，可以由本机构自行分配，而不需要向因特
网的管理机构申请。

虽然私有 IP 地址可以随机挑选，但是通常使用的是 RFC l918 规定的私有 IP 地址，如表
4-2 所示。

表 4-2　　　　　　　　　　　　　　RFC l918 规定的私有 IP 地址

序号	IP 地址范围	类别	包含 C 类地址个数	IP 地址个数
1	10.0.0.0～10.255.255.255	A	包含 256 个 B 类或 65 536 个 C 类	约 1677 万个 IP 地址
2	172.16.0.0～172.31.255.255	B	4096 个 C 类	约 104 万个 IP 地址
3	192.168.0.0～192.168.255.255	B	包含 256 个 C 类	约 65 536 个 IP 地址

私有 IP 地址的分配方式也有两种：静态分配方式和动态分配方式。

（1）静态分配方式

静态分配方式是机构内部的每台主机固定分配私有 IP 地址。

（2）动态分配方式

动态分配方式是利用 DHCP 为机构内部新加入的主机自动配置私有 IP 地址。

3．私有 IP 地址转换为公有 IP 地址的方式

（1）NAT 的作用

使用私有 IP 地址的用户在访问 Internet 时，需要 IP 地址转换设备（Network Address
Translation，NAT）将私有 IP 地址转换为公有 IP 地址。

NAT 功能通常被集成到路由器、防火墙或者单独的 NAT 设备中，即需要在专用网连接
到因特网的路由器（或防火墙）中安装 NAT 软件。装有 NAT 软件的路由器（或防火墙）叫

作 NAT 路由器（或防火墙），它至少有一个有效的外部全球地址 IPG。

所有使用私有地址的主机在和外界通信时都要在 NAT 路由器（或防火墙）上将其私有地址转换成 IPG 才能和因特网连接。

私有 IP 地址与公有 IP 地址转换的过程为：

● 内部主机 X 用私有 IP 地址 IPX 和因特网上主机 Y 通信所发送的数据报必须经过 NAT 路由器（或防火墙）。

● NAT 路由器（或防火墙）将数据报的源地址 IPX 转换成全球地址 IPG，但目的地址 IPY 保持不变，然后发送到因特网。

● NAT 路由器收到主机 Y 发回的数据报时（数据报中的源地址是 IPY 而目的地址是 IPG），根据 NAT 转换表，NAT 路由器（或防火墙）将目的地址 IPG 转换为 IPX，转发给最终的内部主机 X。

（2）私有 IP 地址转换为公有 IP 地址的方式

私有 IP 地址转换为公有 IP 地址的方式有 3 种。

① 静态转换方式

静态转换方式是在 NAT 表中事先为每一个需要转换的内部地址（私有 IP 地址）创建固定的映射表，建立私有地址与公有地址的一一对应关系，即内部网络中的每个主机都被永久映射成外部网络中的某个合法的地址。这样每当内部主机与外界通信时，NAT 路由器（或防火墙）可以做相应的变换。这种方式用于接入外部网络的用户数比较少时。

② 动态转换方式

动态转换方式是将可用的公有地址集定义成 NAT Pool（NAT 池）。对于要与外界进行通信的内部主机，如果还没有建立转换映射，NAT 路由器（或防火墙）将会动态地从 NAT 池中选择一个公有地址替换其私有地址，而在连接终止时再将此地址回收。

③复用动态方式

复用动态方式利用公有 IP 地址和 TCP 端口号来标识私有 IP 地址和 TCP 端口号，即把内部地址映射到外部网络的一个 IP 地址的不同端口上。TCP 规定使用 16 位的端口号，除去一些保留的端口外，一个公有 IP 地址可以区分多达 6 万个采用私有 IP 地址的用户端口号。

下面举例说明复用动态方式，请参见表 4-3。

表 4-3   NAT 地址转换表

方向	字段	旧的 IP 地址和端口号	新的 IP 地址和端口号
出	源 IP 地址/源端口号	172.16.0.5/2000	185.26.1.8/3001
出	源 IP 地址/源端口号	172.16.0.6/2001	185.26.1.8/3002
入	目的 IP 地址/目的端口号	185.26.1.8/3001	172.16.0.5/2000
入	目的 IP 地址/目的端口号	185.26.1.8/3002	172.16.0.6/2001

由表 4-3 可以看出地址转换过程如下。

● 出方向——某专用网内的主机 A，其私有 IP 地址为 172.16.0.5，端口号为 2000。当它向因特网发送 IP 数据报时，NAT 路由器（或防火墙）将源 IP 地址和端口号都进行转换，即将私有 IP 地址为 172.16.0.5 转换为公有 IP 地址 185.26.1.8，将主机 A 旧的（原来的）端口号 2000 转换为 3001；另一台主机 B 私有 IP 地址为 172.16.0.6，端口号为 2001。它也要向因特网发送 IP 数据报，NAT 路由器（或防火墙）将其私有 IP 地址为 172.16.0.6 转换为同样的公有 IP 地址 185.26.1.8，将主机 B 旧的（原来的）端口号 2001 转换为与主机 A 不同的新的端口号 3002。

● 入方向——当 NAT 路由器（或防火墙）收到从因特网发来的 IP 数据报时，可根据不同的端口号，查 NAT 地址转换表找到正确的目的主机。即根据旧的目的 IP 地址（公有 IP 地址）和端口号 185.26.1.8/3001，查 NAT 地址转换表，转换为新的 IP 地址和端口号 172.16.0.5/2000，找到主机 A；而根据旧的目的 IP 地址（公有 IP 地址）和端口号 185.26.1.8/3002，查 NAT 地址转换表，转换为新的 IP 地址和端口号 172.16.0.6/2001，找到主机 B。

由于一般运营商申请到的公有 IP 地址比较少，而用户数却可能很多，为了更加有效地利用 NAT 路由器或者防火墙上的全球公有 IP 地址，因此一般都采用复用动态方式。

4.5.2 宽带 IP 城域网的 IP 地址规划

1．宽带 IP 城域网的 IP 地址规划原则

（1）为了避免耗用宝贵的地址资源，城域网内不能全部采用公有 IP 地址，较好的折中方案是在网内同时使用公有地址和私有地址这两类地址。

（2）在公有地址有保证的前提下，宽带城域网应尽量使用公有地址。

2．宽带 IP 城域网的 IP 地址规划举例

例如，采用两类地址的宽带 IP 城域网结构如图 4-7 所示。

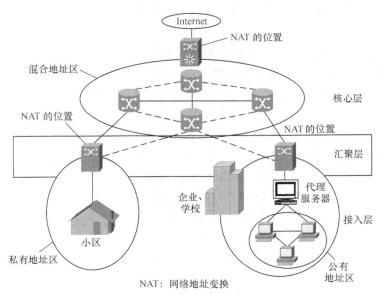

图 4-7　采用两类地址的宽带 IP 城域网结构

图 4-7 中有以下几种情况。

（1）核心层为混合地址域，公有 IP 地址和私有 IP 地址混合使用。核心层内部公有 IP 地址和私有 IP 地址之间不需进行地址转换，路由设备要能够同时处理公有和私有 IP 地址路由。

（2）企业内部网和校园网用户，一般分配若干个公有 IP 地址，至于其内部的私有 IP 地址由其自行分配。但是如果使用私有 IP 地址的用户需要访问外部资源时，由于内部网络与公共网络的相对隔离性，则需要运用 NAT（网络地址变换）技术进行地址变换。

（3）小区内个人用户的 IP 地址分配情况与企业内部网和校园网用户一样，内部分配私有 IP 地址，当接入宽带 IP 城域网时，由 NAT 设备将其私有 IP 地址转换为公有 IP 地址。

小　结

1. 宽带 IP 城域网是一个以 IP 和 SDH、ATM 等技术为基础，集数据、语音、视频服务为一体的高带宽、多功能、多业务接入的城域多媒体通信网络。

宽带 IP 城域网具有以下几个特点：（1）技术多样，采用 IP 作为核心技术；（2）基于宽带技术；（3）接入技术多样化、接入方式灵活；（4）覆盖面广；（5）强调业务功能和服务质量；（6）投资量大。

宽带 IP 城域网可提供话音业务、数据业务、图像业务、多媒体等多种业务。

2. 为了便于网络的管理、维护和扩展，一般将城域网的结构分为 3 层：核心层、汇聚层和接入层。

核心层的作用主要是负责进行数据的快速转发以及整个城域网路由表的维护，同时实现与 IP 广域骨干网的互联，提供城市的高速 IP 数据出口。

核心层的设备一般采用高端路由器，其核心节点间原则上采用网状或半网状连接。

汇聚层的典型设备有中高端路由器、三层交换机以及宽带接入服务器等。核心层节点与汇聚层节点采用星形连接，在光纤数量可以保证的情况下每个汇聚层节点最好能够与两个核心层节点相连。

核心层和汇聚层路由器之间（或路由器与交换机之间）的传输技术称为骨干传输技术。宽带 IP 城域网的骨干传输技术主要有：IP over ATM、IP over SDH、IP over DWDM 等。

接入层的作用是负责提供各种类型用户的接入，在有需要时提供用户流量控制功能。

宽带 IP 城域网接入层常用的宽带接入技术主要有：ADSL、HFC、FTTX+LAN、EPON/GPON 和无线宽带接入等。

3. 为了满足各种宽带业务的需求，宽带 IP 城域网的建设必须兼顾现有的带宽处理能力与未来的扩充能力，所以需要带宽扩展与管理。

宽带 IP 城域网带宽管理有两种方法：在分散放置的客户管理系统上对每个用户的接入带宽进行控制和在用户接入点上对用户接入带宽进行控制。

4. 常用的核心认证技术主要包括 PPPoE 技术和 DHCP+技术。

PPPoE 通过把以太网和点对点协议 PPP 的可扩展性及管理控制功能结合在一起实现对用户的接入认证和计费等功能。采用 PPPoE 方式，用户以虚拟拨号方式接入宽带接入服务器，通过用户名密码验证后才能得到 IP 地址并连接网络。

PPPoE 的工作过程分两个阶段：PPPoE 接入设备发现阶段和 PPP 会话阶段。

传统的 DHCP 是用一台 DHCP 服务器集中地进行按需自动配置 IP 地址。DHCP+是为了适应网络发展的需要而对传统的 DHCP 进行了改进，主要增加了认证功能。

PPPoE 和 DHCP+技术各有优缺点，两种认证方式的比较见表 4-1。

5．公有 IP 地址是接入 Internet 时所使用的全球唯一的 IP 地址，必须向因特网的管理机构申请。公有 IP 地址分配方式有静态分配和动态分配两种。

私有 IP 地址是仅在机构内部使用的 IP 地址，可以由本机构自行分配，而不需要向因特网的管理机构申请。私有 IP 地址的分配方式也有两种：静态分配方式和动态分配方式。

私有 IP 地址转换为公有 IP 地址的方式有静态转换方式、动态转换方式和复用动态方式。

宽带 IP 城域网的 IP 地址规划原则是为了避免耗用宝贵的地址资源，城域网内不能全部采用公有 IP 地址，较好的折中方案是在网内同时使用公有地址和私有地址这两类地址；在公有地址有保证的前提下，宽带城域网应尽量使用公有地址。

习　　题

4-1　宽带 IP 城域网的特点有哪些？

4-2　宽带 IP 城域网分成哪几层？各层的作用分别是什么？

4-3　宽带接入服务器的主要功能是什么？

4-4　简述 PPPoE 的工作过程。

4-5　PPPoE 技术的优缺点有哪些？

4-6　DHCP+技术的优缺点有哪些？

4-7　私有 IP 地址转换为公有 IP 地址的方式有哪几种？

4-8　宽带 IP 城域网的 IP 地址规划原则是什么？

第 5 章　宽带 IP 网络的传输技术

宽带 IP 网络的传输技术是指宽带 IP 网络核心部分路由器之间的传输技术，即路由器之间传输 IP 数据报的方式，也称为宽带 IP 网络的骨干传输技术。目前宽带 IP 网络常用的骨干传输技术主要有 IP over ATM、IP over SDH 和 IP over DWDM 等。

本章分别介绍这 3 种传输技术的基本概念、分层结构、优缺点等内容。

5.1　IP over ATM

5.1.1　ATM 基本概念

1. ATM 的定义

（1）B-ISDN

B-ISDN 中不论是交换节点之间的中继线，还是用户和交换机之间的用户环路，一律采用光纤传输。这种网络能够提供高于 PCM 一次群速率的传输信道，能够适应全部现有的和将来的可能的业务，从速率最低的遥控遥测（几个比特每秒）到高清晰度电视 HDTV（100～150Mbit/s），甚至最高速率可达几个吉比特每秒。

B-ISDN 支持的业务种类很多，这些业务的特性在比特率、突发性（突发性是指业务峰值比特速率与均值比特速率之比）和服务要求（是否面向连接、对差错是否敏感、对时延是否敏感）3 个方面相差很大。

要支持如此众多且特性各异的业务，还要能支持目前尚未现而将来会出现的未知业务，无疑对 B-ISDN 提出了非常高的要求。B-ISDN 必须具备以下条件。

① 能提供高速传输业务的能力。为能传输高清晰度电视节目、高速数据等业务，要求 B-ISDN 的传输速率要高达几百 Mbit/s。

② 能在给定带宽内高效地传输任意速率的业务，以适应用户业务突发性的变化。

③ 网络设备与业务特性无关，以便 B-ISDN 能支持各种业务。

④ 信息的传递方式与业务种类无关，网络将信息统一地传输和交换，真正做到用统一的交换方式支持不同的业务。

除此之外，B-ISDN 还对信息传递方式提出了两个要求：保证语义透明性（差错率低）和时间透明性（时延和时延抖动尽量小）。

为了满足以上要求，B-ISDN 的信息传递方式采用异步转移模式（Asynchronous Transfer Mode，ATM）。

（2）ATM 的概念

ATM 是一种转移模式（也叫传递方式），在这一模式中信息被组织成固定长度信元，来自某用户一段信息的各个信元并不需要周期性地出现，从这个意义上来看，这种转移模式是异步的（统计时分复用也叫异步时分复用）。

统计时分复用是根据用户实际需要动态地分配线路资源（逻辑子信道）的方法。即当用户有数据要传输时才给他分配资源，当用户暂停发送数据时，不给他分配线路资源，线路的传输能力可用于为其他用户传输更多的数据。通俗地说，统计时分复用是各路信号在线路上的位置不是固定地、周期性地出现（动态地分配带宽），不能靠位置识别每一路信号，而是要靠标志识别每一路信号。

ATM 的统计时分复用的示意图如图 5-1 所示。来自不同信息源（不同业务和不同发源地）的信元汇集到一起，在一个缓冲器内排队，队列中的信元按输出次序复用在传输线路上，具有同样标志（如 A）的信元在传输线上并不对应着某个固定的时隙，也不是按周期出现的。也就是说信息和它在时域中的位置之间没有任何关系，信息只是按信头中的标志来区分的，这种复用方式叫统计时分复用。

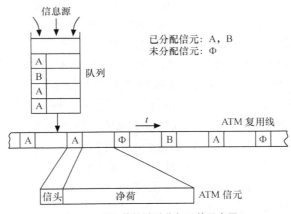

图 5-1　ATM 的统计时分复用的示意图

这里有两个问题需要说明一下。一是在 ATM 网内，不管有无用户信息，都在传信元，如果某时刻图 5-1 的队列排空了所有用户信息的信元（即已分配信元），这时线路上就会出现未分配信元Φ，也叫空闲信元（无有用信息的信元）。二是如果在某个时刻传输线路上找不到可以传送信元的机会（信元都已排满），而队列已充满缓冲区，这时后面来到的信元就要丢失。显然，信元丢失会影响通信质量，所以应根据信息流量合理地计算缓冲区的容量，使信元丢失率保持在10^{-9}以下。

2. ATM 信元

ATM 信元具有固定的长度，从传输效率、时延及系统实现的复杂性考虑，CCITT 规定 ATM 信元长度为 53 字节。ATM 信元结构如图 5-2 所示。

其中，信头为 5 个字节，包含有各种控制信息。信息段占 48 字节，也叫信息净负荷，它载荷来自各种不同业务的用户信息。

ATM 信元的信头结构如图 5-3 所示。图 5-3（a）是用户-网络接口（User-Network Interface，UNI：即 ATM 网与用户终端之间的接口）的信头结构，图 5-3（b）是网络节点接口（Network-Node Interface，NNI：即 ATM 网内交换机之间的接口）的信头结构。

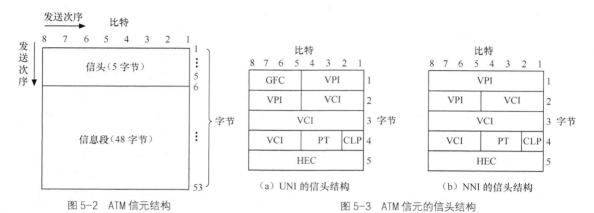

图 5-2 ATM 信元结构   图 5-3 ATM 信元的信头结构

图中字段作用如下。

GFC——一般流量控制。它为 4bit，用于控制用户向网上发送信息的流量，只用在 UNI（其终端不是一个用户，而是一个局域网），在 NNI 不用。

VPI——虚通道标识符。UNI 上 VPI 为 8bit，NNI 上 VPI 为 12bit。

VCI——虚通路标识符。UNI 和 NNI 上，VCI 均为 16bit。VPI 和 VCI 合起来构成了一个信元的路由信息，即标识了一个虚电路，VPI/VCI 为虚电路标志（详情后述）。

PT——净荷类型（3 bit）。它指出信头后面 48 字节信息域的信息类型。

CLP——信元优先级比特（1 bit）。CLP 用来说明该信元是否可以丢弃。CLP=0，表示信元具有高优先级，不可以丢弃；CLP=1 的信元可以被丢弃。

HEC——信头校验码（8bit）。采用循环冗余校验 CRC，用于信头差错控制，保证整个信头的正确传输。HEC 产生的方法是：信元前 4 个字节所对应的多项式乘 x^8，然后除（$x^8 + x^2 + x + 1$），所得余数就是 HEC。

在 ATM 网中，利用 AAL 协议（后述）将各种不同特性的业务都转化为相同格式的 ATM 信元进行传输和交换。

3．ATM 的特点

ATM 具有以下特点。

（1）ATM 以面向连接的方式工作

为了保证业务质量，降低信元丢失率，ATM 以面向连接的方式工作，即终端在传递信息之前，先提出呼叫请求，网络根据现有的资源情况及用户的要求决定是否接受这个呼叫请求。如果网络接受这个呼叫请求，则保留必要的资源，即分配 VPI/VCI 和相应的带宽，并在交换机中设置相应的路由，建立起虚电路（虚连接）。网络依据 VPI/VCI 对信元进行处理，当该用户没有信元发送时，其他用户可占用这个用户的带宽。虚电路标志 VPI/VCI 用来标识不同的虚电路。

（2）ATM 采用异步时分复用

ATM 采用异步时分复用的优点是：一方面使 ATM 具有很大的灵活性，网络资源得到最大限度的利用。另一方面 ATM 网络可以适用于任何业务，不论其特性如何，网络都按同样的模式来处理，真正做到了完全的业务综合。

（3）ATM 网中没有逐段链路的差错控制和流量控制

由于 ATM 的所有线路均使用光纤，而光纤传输的可靠性很高，一般误码率（或者说误比特率）低于 10^{-8}，没有必要逐段链路进行差错控制。而网络中适当的资源分配和队列容量设计将会使导致信元丢失的队列溢出得到控制，所以也没有必要逐段链路的进行流量控制。为了简化网络的控制，ATM 将差错控制和流量控制都交给终端完成。

（4）信头的功能被简化

由于不需要逐段链路地进行差错控制、流量控制等，ATM 信元的信头功能十分简单，主要是标志虚电路和信头本身的差错校验，另外还有一些维护功能（比 X.25 分组头的功能简单得多）。所以信头处理速度很快，处理时延很小。

（5）ATM 采用固定长度的信元，信息段的长度较小

为了降低交换节点内部缓冲区的容量，减小信息在缓冲区内的排队时延，与分组交换相比，ATM 信元长度比较小，这有利于实时业务的传输。

4．ATM 的虚连接

ATM 的特点是面向连接的，即在传递信息之前先建立虚连接。ATM 的虚连接建立在两个等级上：虚通路（VC）和虚通道（VP），ATM 信元的复用、传输和交换过程均在 VC 和 VP 上进行。下面介绍有关 VC，VP 以及相关的一些基本概念。

（1）虚通路和虚通道

① 虚通路（Virtual Channel，VC）也叫虚信道，是描述 ATM 信元单向传送能力的概念，是传送 ATM 信元的逻辑信道（子信道）。

② VCI——虚通路标识符。ATM 复用线上具有相同 VCI 的信元是在同一逻辑信道（即虚通路）上传送。

③ 虚通道（Virtual Path，VP）是在给定参考点上具有同一虚通道标识符（VPI）的一组虚通路（VC）。实际上 VP 也是传送 ATM 信元的一种逻辑子信道。

④ VPI——虚通道标识符。它标识了具有相同 VPI 的一束 VC。

VC，VP 与物理媒介（或者说传输通道）之间的关系如图 5-4 所示（此图是一个抽象的示意图）。

图 5-4　VC，VP 与物理媒介的关系示意图

可以这样理解：将物理媒介划分为若干个 VP 子信道，又将 VP 子信道进一步划分为若干个 VC 子信道。由图 5-3 可知 VPI 有 8bit（UNI）和 12bit（NNI），VCI 有 16bit，所以，一

条物理链路可以划分成 $2^8 \sim 2^{12}=256 \sim 4096$ 个 VP，而每个 VP 又可分成 $2^{16}=65536$ 个 VC。也就是一条物理链路可建立 $2^{24} \sim 2^{28}$ 个虚连接（VC）。由于不同的 VP 中可有相同的 VCI 值，所以 ATM 的虚连接由 VPI/VCI 共同标识（或者说只有利用 VPI 和 VCI 两个值才能完全地标识一个 VC），VPI，VCI 合起来构成了一个路由信息。

（2）虚通路连接和虚通道连接

① VC 链路（VC link）——两个存在点（VC 连接点）之间的链路，经过该点 VCI 值转换。VCI 值用于识别一个具体的 VC 链路，一条 VC 链路产生于分配 VCI 值的时候，终止于取消这个 VCI 值的时候。

② 虚通路连接（Virtual Channel Connection，VCC）——由多段 VC 链路链接而成。一条 VCC 在两个 VCC 端点之间延伸（在点到多点的情况下，一条 VCC 有两个以上的端点），VCC 端点是 ATM 层和 AAL 层交换信元净荷的地方。

③ VP 链路（VP link）——两个存在点（VP 连接点）之间的链路，经过该点 VPI 值改变。VPI 值用于识别一个具体的 VP 链路，一条 VP 链路产生于分配 VPI 值的时候，终止于取消这个 VPI 值的时候。

④ 虚通道连接（Virtual Parth Connection，VPC）——由多条 VP 链路链接而成。一条 VPC 在两个 VPC 端点之间延伸（在点到多点的情况下，一条 VPC 有两个以上的端点），VPC 端点是虚通路标志 VCI 产生、变换或终止的地方。

虚通路连接（VCC）与虚通道连接（VPC）的关系如图 5-5 所示。

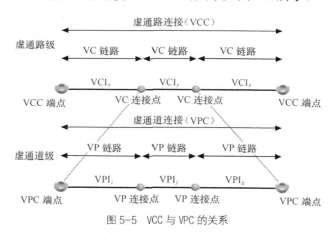

图 5-5　VCC 与 VPC 的关系

由图可见：VCC 由多段 VC 链路链接成，每段 VC 链路有各自的 VCI。每个 VPC 由多段 VP 链路连接而成，每段 VP 链路有各自的 VPI 值。每条 VC 链路和其他与其同路的 VC 链路（两个 VC 连接点之间可以有多条 VC 链路，它们称为同路的 VC 链路）一起组成了一个虚通道连接 VPC。

（3）VP 交换和 VC 交换

① VP 交换

它仅对信元的 VPI 进行处理和变换，或者说经过 VP 交换，只有 VPI 值改变，VCI 值不变。VP 交换可以单独进行，它是将一条 VP 上的所有 VC 链路全部转送到另一条 VP 上去，而这些 VC 链路的 VCI 值都不改变，如图 5-6 所示。

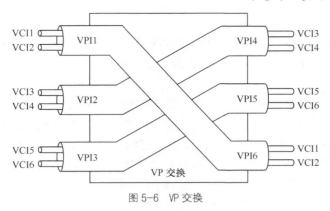

图 5-6　VP 交换

VP 交换的实现比较简单，图 5-6 中的 VP 连接点就属于 VP 交换点。可以进行 VP 交换的设备有以下两种：

- VP 交叉连接设备：用作 VP 的固定连接和半固定连接，接受网络管理中心的控制。
- VP 交换设备：用于 VP 的动态连接，接受信令的控制。

② VC 交换

VC 交换同时对 VPI、VCI 进行处理和变换，也就是经过 VC 交换，VPI、VCI 值同时改变。VC 交换必须和 VP 交换同时进行。当一条 VC 链路终止时，VPC 也就终止了。这个 VPC 上的多条 VC 链路可以各奔东西加入到不同方向的新的 VPC 中去。VC 交换如图 5-7 所示。

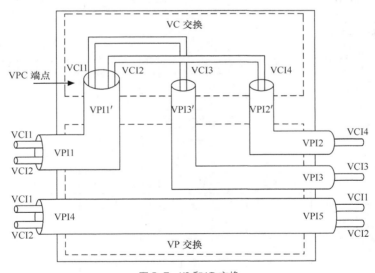

图 5-7　VC 和 VP 交换

VC 和 VP 交换合在一起才是真正的 ATM 交换。VC 交换的实现比较复杂，图 5-7 中的 VC 连接点就属于 VC 交换点。可以进行 VC 交换的设备也有两种：

- VC 交叉连接设备：用作 VC 的固定连接和半固定连接，接受网络管理中心的控制。
- VC 交换设备：用于 VC 的动态连接，接受信令的控制。

（4）有关虚连接的几点说明

以上介绍 VC，VP，VCC，VPC 等概念，这些概念比较抽象难懂，为了帮助大家理解，特做几点说明。

① 一条物理链路可以建立很多个虚连接 VCC，每个 VCC 由多段 VC 链路链接而成，其中每一段 VC 链路（与其他同路的 VC 链路一起）对应着一个 VPC，可以认为是多段 VPC 链接成一个 VCC。

② 图 5-4 只是一个为了说明 VP 与 VC 关系的抽象的示意图，每一个 VP（由 VPI 标识）由多个 VC 组成（或聚集），读者不要将 VC 和 VCC 混为一谈。应该这样理解：把一条物理链路分成若干个逻辑子信道，只不过 ATM 中的逻辑子信道分成两个等级——VP 和 VC（分两个等级的主要目的是：网络的主要管理和交换功能可集中在 VP 一级，减少了网管和网控的复杂性）。在一条物理链路上一个接一个传输许多个信元，其中所有 VPI 相同的信元属于同一 VP，所有 VPI 和 VCI 都相同的信元才属于同一 VC（不同的 VP 中 VCI 值可相同，所以只有 VCI 相同的信元不一定属于同一 VC），要根据 VPI 和 VCI 值才能确定信元属于哪一 VC。

③ 因为经过 VP 交换点，VPI 值要改变；经过 VC 交换点，VPI 值和 VCI 值都要变，所以 VPI/VCI 只有局部意义，多个链接的 VPI/VCI 标识一个全程的虚连接。

5．ATM 交换的基本原理

ATM 交换的基本原理如图 5-8 所示。

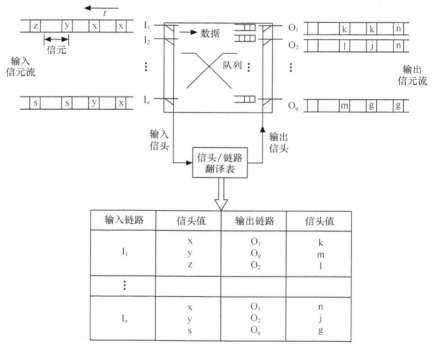

图 5-8　ATM 交换的基本原理

图 5-8 中的交换节点有 n 条入线（$I_1 \sim I_n$），q 条出线（$O_1 \sim O_q$）。每条入线和出线上传送的都是 ATM 信元流，信元的信头中 VPI/VCI 值表明该信元所在的逻辑信道（即 VP 和 VC）。ATM 交换的基本任务就是将任一入线上的任一逻辑信道中的信元交换到所要去的任一出线上的任一逻辑信道上去，也就是入线 I_i 上的输入信元被交换到出线 O_i 上，同时其信头值（指

的是 VPI/VCl）由输入值 α 变成（或翻译成）输出值 β。如图中入线 I_1 上信头为 x 的信元被交换到出线 O_1 上，同时信头变成 k；入线 I_1 上信头为 y 的信元被交换到出线 O_q 上，同时信头变为 m 等。输入、输出链路的转换及信头的改变是由 ATM 交换机中的翻译表来实现的。请读者注意，这里的信头改变就是 VPI/VCI 值的转换，这是 ATM 交换的基本功能之一。

综上所述，ATM 交换有以下基本功能。

（1）空分交换（空间交换）

将信元从一条传输线改送到另一条传输线上去，这实现了空分交换。在进行空分交换时要进行路由选择，所以这一功能也称为路由选择功能。

（2）信头变换

信头变换就是信元的 VPI/VCI 值的转换，也就是逻辑信道的改变（因为 ATM 网中的逻辑信道是靠信头中的 VPI/VCI 来标识的）。信头的变换相当于进行了时间交换。但要注意，ATM 的逻辑信道和时隙没有固定的关系。

（3）排队

由于 ATM 是一种异步传送方式，信元的出现是随机变的，所以来自不同入线的两个信元可能同时到达交换机，并竞争同一条出线，由此会产生碰撞。为了减少碰撞，需在交换机中提供一系列缓冲存储器，以供同时到达的信元排队用。因而排队也是 ATM 交换机的一个基本功能。

6. ATM 网络结构

ATM 网络概念性的结构如图 5-9 所示。

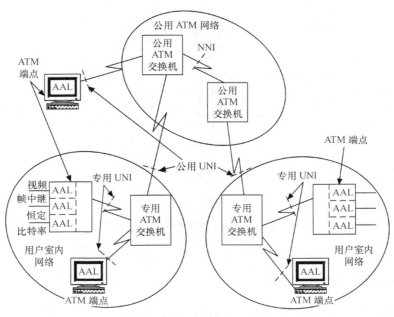

图 5-9 ATM 网络概念性的结构

公用 ATM 网络是由电信部门建立、运营和管理，组成部分有公用 ATM 交换机、传输线路及网管中心等。公用 ATM 网络内部交换机之间的接口称为网络节点接口（NNI）。公用 ATM

网络作为骨干网络使用，可与各种专用 ATM 网及 ATM 用户终端相连。公用 ATM 网与专用 ATM 网及与用户终端之间的接口称为公用用户-网络接口（public UNI）。

专用 ATM 网络是某一部门所拥有的专用网络，包括专用 ATM 交换机、传输线路、用户端点等。其中，用户终端与专用 ATM 交换机之间的接口称为专用用户-网络接口（private UNI）。

公用 ATM 网内各公用 ATM 交换机之间（即 NNI 处）的传输线路一律采用光纤，传输速率为 155Mbit/s，622Mbit/s（甚至可达 2.4Gbit/s）。公用 UNI 处一般也使用光纤作为传输介质，而专用 UNI 处则既可以使用屏蔽双绞线 STP 或非屏蔽双绞线 UTP（近距离时），也可以使用同轴电缆或光纤连接（远距离时）。

ATM 交换机之间信元的传输方式有 3 种：

- 基于信元（cell）——ATM 交换机之间直接传输 ATM 信元。
- 基于 SDH——利用同步数字体系 SDH 的帧结构来传送 ATM 信元，目前 ATM 网主要采用这种传输方式。
- 基于 PDH——利用准同步数字体系 PDH 的帧结构来传送 ATM 信元。

5.1.2　传统的 IP over ATM

1．IP over ATM 的概念

IP over ATM（POA）是 IP 技术与 ATM 技术的结合，它是在 IP 网路由器之间采用 ATM 网传输 IP 数据报。其网络结构如图 5-10 所示。

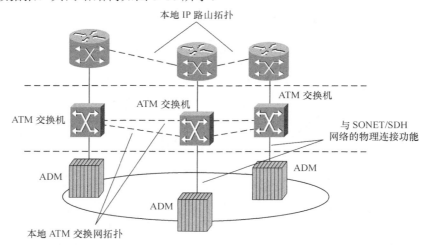

图 5-10　IP over ATM 的网络结构示意图

图 5-10 中 ATM 交换机之间利用 SDH 网（SDH 自愈环）传送 ATM 信元。

2．IP over ATM 的分层结构

IP over ATM 将 IP 数据报首先封装为 ATM 信元，以 ATM 信元的形式在信道中传输；或者再将 ATM 信元映射进 SDH 帧结构中传输，其分层结构如图 5-11 所示。

各层功能如下。

- IP 层提供了简单的数据封装格式；

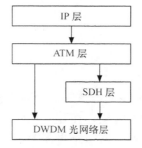

图 5-11　IP over ATM 的分层结构

● ATM 层重点提供端到端的 QoS；

● SDH 层重点提供强大的网络管理和保护倒换功能；

● DWDM 光网络层主要实现波分复用，以及为上一层的呼叫选择路由和分配波长（若不进行波分复则无 DWDM 光网络层）。

由于 IP 层、ATM 层、SDH 层等各层自成一体，都分别有各自的复用、保护和管理功能，且实现方式又大有区别，所以 IP over ATM 实现起来不但有功能重叠的问题，而且有功能兼容困难的问题。

3．IP over ATM 的优缺点

（1）优点

IP over ATM 的主要优点如下。

① ATM 技术本身能提供 QoS 保证，具有流量控制、带宽管理、拥塞控制功能及故障恢复能力，这些是 IP 所缺乏的，因而 IP 与 ATM 技术的融合，也使 IP 具有了上述功能。这样既提高了 IP 业务的服务质量，同时又能够保障网络的高可靠性。

② 适应于多业务，具有良好的网络可扩展能力，并能对其他几种网络协议如 IPX 等提供支持。

（2）缺点

IP over ATM 的分层结构有重叠模型和对等模型两种。

传统的 IP over ATM 的分层结构属于重叠模型。重叠模型是指 IP 在 ATM 上运行，IP 的路由功能仍由 IP 路由器来实现，ATM 仅仅作为 IP 的低层传输链路。

重叠模型的最大特点是对 ATM 来说 IP 业务只是它所承载的业务之一，ATM 的其他功能照样存在并不会受到影响，在 ATM 网中不论是用户网络信令还是网络访问信令均统一不变。所以重叠模型 IP 和 ATM 各自独立地使用自己的地址和路由协议，这就需要定义两套地址结构及路由协议。因而 ATM 端系统除需分配 IP 地址外，还需分配 ATM 地址，而且需要地址解析协议（ARP），以实现 MAC 地址与 ATM 地址或 IP 地址与 ATM 地址的映射，同时也需要两套维护和管理功能。

基于上述这些情况导致 IP over ATM 具有以下缺点。

● 网络体系结构复杂，传输效率低，开销大。

● 由于传统的 IP 只工作在 IP 子网内，ATM 路由协议并不知道 IP 业务的实际传送需求，如 IP 的 QoS、多播等特性，这样就不能够保证 ATM 实现最佳的传送 IP 业务，在 ATM 网络中存在着扩展性和优化路由的问题。

5.1.3　多协议标签交换

1．MPLS 的概念

解决传统的 IP over ATM 存在问题的办法是采用对等模型。

对等模型是将 ATM 看作 IP 的对等层，在建立连接上采用非标准的 ATM 信令和 IP 的选路，ATM 端系统仅需要标识 IP 地址，网络不再需要 ATM 的地址解析协议。对等模型将 IP 层的路由功能与 ATM 层的交换功能结合起来，使 ATM 交换机变成了多协议的路由器，保留了 IP 选路的灵活性，同时使 IP 网络获得 ATM 的交换功能，提高了 IP 转发效率，因此计费容易，但是增加了 ATM 交换机的复杂性。

多协议标签交换（Multi-Protocol Label Switching，MPLS）是对等模型的最好的实现方案。

MPLS 是一种在开放的通信网上利用标签引导数据高速、高效传输的新技术，它把数据链路层交换的性能特点与网络层的路由选择功能结合在一起，能够满足业务量不断增长的需求，并为不同的服务提供有利的环境。而且 MPLS 是一种独立于链路层和物理层的技术，因此它保证了各种网络的互联互通，使得各种不同的网络数据传输技术在同一个 MPLS 平台上统一起来。

具体地说，MPLS 给每个 IP 数据报打上固定长度的"标签"，然后对打上标签的 IP 数据报在第二层用硬件进行转发（称为标签交换），使 IP 数据报转发过程中省去了每到达一个节点都要查找路由表的过程，因而 IP 数据报转发的速率大大加快。

MPLS 可以使用多种链路层协议，如 PPP 及以太网、ATM、帧中继的协议等。

2．MPLS 网的组成及作用

在 MPLS 网络中，节点设备分为两类，即边缘标签路由器（Label Edge Router，LER）和标签交换路由器（Label Switching Router，LSR），由 LER 构成 MPLS 网的接入部分，LSR 构成 MPLS 网的核心部分。MPLS 路由器之间的物理连接可以采用 SDH 网、以太网等。

（1）边缘标签路由器的作用

LER 包括入口 LER 和出口 LER。

① 入口 LER 的作用

● 为每个 IP 数据报打上固定长度的"标签"，打标签后的 IP 数据报称为 MPLS 数据报。

● 在标签分发协议（Label Distribution Protocol，LDP）的控制下，建立标签交换通道（Label Switched Path，LSP）连接，在 MPLS 网络中的路由器之间，MPLS 数据报按标签交换通道 LSP 转发。

● 根据 LSP 构造转发表。

● IP 数据报的分类。

② 出口 LER 的作用

● 终止 LSP。

● 将 MPLS 数据报中的标签去除，还原为无标签 IP 数据报并转发给 MPLS 域外的一般路由器。

（2）标签交换路由器的作用

● 根据 LSP 构造转发表。

- 根据转发表完成数据报的高速转发功能，并替换标签（标签只具有本地意义，经过 LSR 标签的值要改变）。

3. MPLS 的原理

MPLS 网络对标签的处理过程如图 5-12 所示（为了简单，图中 LSR 之间、LER 与 LSR 之间的网络用链路表示）。

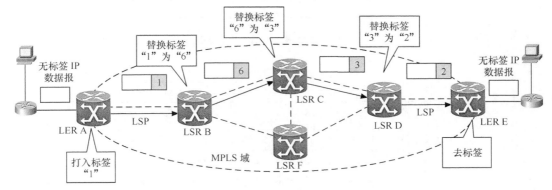

图 5-12　MPLS 网络对标签的处理过程

具体操作过程如下。

（1）来自 MPLS 域外一般路由器的无标签 IP 数据报，到达 MPLS 网络。在 MPLS 网的入口处的边缘标签交换路由器 LER A 给每个 IP 数据报打上固定长度的"标签"（假设标签的值为 1），并建立标签交换通道 LSP（图 5-12 中的路径 A-B-C-D-E），然后把 MPLS 数据报转发到到下一跳的 LSR B 中去。[注：路由器之间实际传输的是物理帧（如以太网帧），为了介绍简便，我们说成是数据报。]

（2）LSR B 查转发表，将 MPLS 数据报中的标签值替换为 6，并将其转发到 LSR C。

（3）LSR C 查转发表，将 MPLS 数据报中的标签值替换为 3，并将其转发到 LSR D。

（4）LSR D 查转发表，将 MPLS 数据报中的标签值替换为 2，并将其转发到出口 LER E。

（5）出口 LER E 将 MPLS 数据报中的标签去除还原为无标签 IP 数据报，并传送给 MPLS 域外的一般路由器。

综上所述，归纳出以下两个要点：

- MPLS 的实质就是将路由功能移到网络边缘，将快速简单的交换功能（标签交换）置于网络中心，对一个连接请求实现一次路由、多次交换，由此提高网络的性能。

- MPLS 是面向连接的。在标签交换通道 LSP 上的第一个路由器（入口 LER）就根据 IP 数据报的初始标签确定了整个的标签交换通道，就像一条虚连接一样。而且像这种由入口 LER 确定进入 MPLS 域以后的转发路径称为显式路由选择。

4. MPSL 数据报的格式

MPLS 数据报（即打标签后的 IP 数据报）的格式如图 5-13（a）所示。

由图 5-13（a）可见，"给 IP 数据报打标签"其实就是在 IP 数据报的前面加上 MPLS 首部。MPLS 首部是一个标签栈，MPLS 可以使用多个标签，并把这些标签都放在标签栈。每一个标签有 4 字节，共包括 4 个字段。

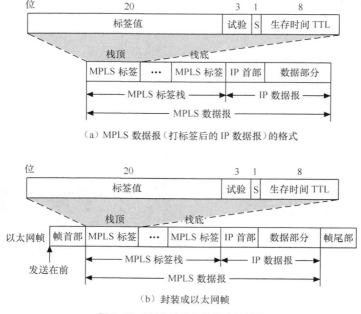

（a）MPLS 数据报（打标签后的 IP 数据报）的格式

（b）封装成以太网帧

图 5-13　MPLS 数据报的格式及封装

　　这里首先说明标签栈的作用。设图 5-14 中有两个城市，每个城市内又划分为多个区域 A、B、C、D 等。每个区域有一个路由器，使用普通的路由器，而各区域之间的 IP 数据报利用 MPLS 网（构建成 MPLS 域 1）传输，城市 1 和城市 2 之间也利用 MPLS 网（构建成 MPLS 域 2）传输。

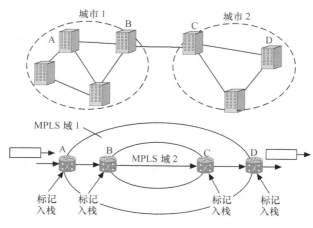

图 5-14　MPLS 标签栈的使用

　　如果 IP 数据报只是在城市 1 或城市 2 内部各区域之间传输（如 A 和 B 之间），IP 数据报只携带一个标签；如果 IP 数据报需要在城市 1 与城市 2 之间传输，则这个 IP 数据报就要携带两个标签。例如，城市 1 中的 A 要和城市 2 中的 D 通信。在 MPLS 域 1 中标签交换通道 LSP 是"A→B→C→D"，IP 数据报在到达入口 LER A 时被打入一个标签（记为标签 1）；当到达 MPLS 域 2 入口 LER B 时被打入另一个标签（记为标签 2），在 MPLS 域 2 中标签交换通道 LSP 是 "B→C"；当 IP 数据报到达 LSR C 时去除标签 2，IP 数据报到达 LSR D 时去除标签 1。

图 5-14 所示这种情况，MPLS 首部标签栈中有两个标签。若标签栈中有多个标签，要后进先出。即最先入栈的放在栈底，最后入栈的放在栈顶。

MPLS 首部一个标签各字段的作用为：

- 标签值（占 20 bit）——表示标签的具体值。
- 试验（占 3 bit）——目前保留用作试验。
- S（占 1 bit）——表示标签在标签栈中的位置，若 S=1 表示这个标签在栈底，其他情况下 S 都为 0。
- 生存时间 TTL（占 8 bit）——表示 MPLS 数据报允许在网络中逗留的时间，用来防止 MPLS 数据报在 MPLS 域中兜圈子。

假设 MPLS 网络中 MPLS 路由器之间的物理连接采用以太网，图 5-13（b）显示的是将 MPLS 数据报封装成以太网帧，在 MPLS 数据报前面加上帧首部、后面加上帧尾部就构成以太网帧。

5．MPLS 的特点及优势

MPLS 技术具有如下一些特点及优势。

（1）MPLS 网络中数据报转发基于定长标签，因此简化了转发机制，而且转发的硬件是成熟的 ATM 设备，使得设备制造商的研发投资大大减少。

（2）采用 ATM 的高效传输交换方式，抛弃了复杂的 ATM 信令，圆满地将 IP 技术的优点融合到 ATM 的高效硬件转发中去，推动了它们的统一。

（3）MPLS 将路由与数据报的转发从 IP 网中分离出来，路由技术在原有的 IP 路由的基础上加以改进，使得 MPLS 网络路由具有灵活性。

（4）MPLS 网络的数据传输和路由计算分开，是一种面向连接的传输技术，能够提供有效的 QoS 保证，而且支持流量工程、服务类型 CoS 和虚拟专网（VPN）。

（5）MPLS 可用于多种链路层技术，同时支持 PPP、以太网、ATM 和帧中继等，最大限度地兼顾了原有的各种网络技术，保护了现有投资和网络资源，促进了网络互联互通和网络的融合统一。

（6）MPLS 支持大规模层次化的网络拓扑结构，将复杂的事务处理推到网络边缘去完成，网络核心部分负责实现传送功能，网络的可扩展性强。

（7）MPLS 具有标签合并机制，可使不同数据流合并传输。

由此可见，MPLS 技术是下一代最具竞争力的通信网络技术。

5.2　IP over SDH

5.2.1　SDH 技术基础

1．SDH 的概念

SDH 网是由一些 SDH 的网络单元（NE）组成的，在光纤上进行同步信息传输、复用、分插和交叉连接的网络（SDH 网中不含交换设备，它只是交换局之间的传输手段）。SDH 网的概念中包含以下几个要点。

（1）SDH 网有全世界统一的网络节点接口 NNI（传输设备与其他网络单元之间的接口），从而简化了信号的互通以及信号的传输、复用、交叉连接等过程。

（2）SDH 网有一套标准化的信息结构等级，称为同步传递模块，并具有一种块状帧结构，允许安排丰富的开销比特（即比特流中除去信息净负荷后的剩余部分）用于网络的 OAM。

（3）SDH 网有一套特殊的复用结构，允许现存准同步数字体系（PDH）、同步数字体系和 B-ISDN 的信号都能纳入其帧结构中传输，即具有兼容性和广泛的适应性。

（4）SDH 网大量采用软件进行网络配置和控制，增加新功能和新特性非常方便，适合将来不断发展的需要。

（5）SDH 网有标准的光接口，即允许不同厂家的设备在光路上互通。

（6）SDH 网的基本网络单元有终端复用器（TM）、分插复用器（ADM）、再生中继器（REG）和同步数字交叉连接设备（SDXC）等。

2．SDH 的优缺点

（1）SDH 的优点

SDH 与 PDH 相比，其优点主要体现在如下几个方面。

① 有全世界统一的数字信号速率和帧结构标准。SDH 把北美、日本和欧洲、中国流行的两大准同步数字体系（3 个地区性标准）在 STM-1 等级上获得统一，第一次实现了数字传输体制上的世界性标准。

② 采用同步复用方式和灵活的复用映射结构，净负荷与网络是同步的。因而只需利用软件控制即可使高速信号一次分接出支路信号，即所谓一步复用特性。

③ SDH 帧结构中安排了丰富的开销比特（约占信号的 5%），因而使得 0AM 能力大大加强。

④ 将标准的光接口综合进各种不同的网络单元，减少了将传输和复用分开的需要，从而简化了硬件，缓解了布线拥挤。同时有了标准的光接口信号，使光接口成为开放型的接口，可以在光路上实现横向兼容，各厂家产品都可在光路上互通。

⑤ SDH 与现有的 PDH 网络完全兼容。SDH 可兼容 PDH 的各种速率，同时还能方便地容纳各种新业务信号。

⑥ SDH 的信号结构的设计考虑了网络传输和交换的最佳性。以字节为单位复用与信息单元相一致。在电信网的各个部分（长途、市话和用户网）都能提供简单、经济和灵活的信号互连和管理。

上述 SDH 的优点中最核心的有 3 条，即同步复用、标准光接口和强大的网络管理能力。

（2）SDH 的缺点

SDH 的缺点主要如下。

① 频带利用率不如传统的 PDH 系统（这一点可从本节介绍的复用结构中看出）。

② 采用指针调整技术会使时钟产生较大的抖动，造成传输损伤。

③ 大规模使用软件控制和将业务量集中在少数几个高速链路和交叉节点上，这些关键部位出现问题可能导致网络的重大故障，甚至造成全网瘫痪。

尽管 SDH 有这些不足，但它比传统的 PDH 体制有着明显的优越性，必将最终取代 PDH

传输体制。

3．SDH 的速率体系

要确立一个完整的数字体系，必须确立一个统一的网络节点接口，定义一整套速率和数据传送格式以及相应的复接结构（即帧结构）。

同步数字体系最基本的模块信号（即同步传递模块）是 STM-1，其速率为 155.520Mbit/s。更高等级的 STM-N 信号是将基本模块信号 STM-1 同步复用、字节间插的结果。其中 N 是正整数。目前 SDH 只能支持一定的 N 值，即 N 为 1，4，16，64。

ITU-T G.707 建议书给出的规范的 SDH 标准速率如表 5-1 所示。

表 5-1   **SDH 标准速率**

等 级	STM-1	STM-4	STM-16	STM-64
速率（Mbit/s）	155.520	622.080	2488.320	9953.280

4．SDH 的基本网络单元

前面在介绍 SDH 的概念时，提到过 SDH 网是由一些基本网络单元构成的，目前实际应用的基本网络单元有四种，即终端复用器（TM）、分插复用器（ADM）、再生中继器（REG）和数字交叉连接设备（SDXC）。下面分别加以介绍。

（1）终端复用器

终端复用器（TM）如图 5-15 所示（图中速率是以 STM-1 等级为例）。

终端复用器（TM）位于 SDH 网的终端。概括地说，终端复用器（TM）的主要任务是将低速支路信号复用进 STM-N 帧结构，并经电/光转换成为 STM-N 光线路信号，其逆过程正好相反。

（2）分插复用器

分插复用器（ADM）如图 5-16 所示（图中速率是以 STM-1 等级为例）。

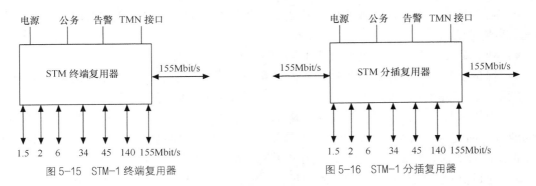

图 5-15　STM-1 终端复用器　　　　　　　图 5-16　STM-1 分插复用器

分插复用器（ADM）位于 SDH 网的沿途，它将同步复用和数字交叉连接功能综合于一体，具有灵活地分插任意支路信号的能力，在网络设计上有很大灵活性。ADM 也具有光/电、电/光转换功能。

（3）再生中继器

再生中继器（REG）是光中继器，其作用是将光纤长距离传输后受到较大衰减及色散畸变的光脉冲信号转换成电信号后进行放大整形、再定时、再生为规划的电脉冲信号，再调制光源变换为光脉冲信号送入光纤继续传输，以延长传输距离。

（4）数字交叉连接设备

① 基本概念

简单来说数字交叉连接设备（DXC）的作用是实现支路之间的交叉连接。SDH 网络中的 DXC 设备称为 SDXC，它是一种具有一个或多个 PDH（G.702）或 SDH（G.707）信号端口并至少可以对任何端口速率（和/或其子速率信号）与其他端口速率（和/或其子速率信号）进行可控连接和再连接的设备。从功能上看，SDXC 是一种兼有复用、配线、保护/恢复、监控和网管的多功能传输设备，它不仅直接代替了复用器和数字配线架（DDF），而且还可以为网络提供迅速有效的连接和网络保护/恢复功能，并能经济有效地提供各种业务。

SDXC 的配置类型通常用 SDXC X/Y 来表示，其中 X 表示接入端口数据流的最高等级，Y 表示参与交叉连接的最低级别。数字 1～4 分别表示 PDH 体系中的 1～4 次群速率，其中 1 也代表 SDH 体系中的 VC-12（2Mbit/s）及 VC-3（34Mbit/s），4 也代表 SDH 体系中的 STM-1（或 VC-4），数字 5 和 6 分别表示 SDH 体系中的 STM-4 和 STM-16。例如，SDXC4/1 表示接入端口的最高速率为 140Mbit/s 或 155Mbit/s，而交叉连接的最低级别为 VC-12（2Mbit/s）。

目前实际应用的 SDXC 设备主要有 3 种基本的配置类型：类型 1 提供高阶 VC（VC-4）的交叉连接（SDXC4/4 属此类设备）；类型 2 提供低阶 VC（VC-12，VC-3 的交叉连接（SDXC4/1 属此类设备）；类型 3 提供低阶和高阶两种交叉连接（SDXC4/3/1 和 SDXC4/4/1 属此类设备）。另外还有一种对 2Mbit/s 信号在 64kbit/s 速率等级上进行交叉连接的设备，一般称为 DXC1/0，因其不属于 SDH，因此未归入上面的类型之中。（有关 VC-12、VC-3 和 VC-4 等概念将在后面叙述。）

② SDXC 的主要功能

SDXC 设备与相应的网管系统配合，可支持如下功能：

● 复用功能。将若干个 2Mbit/s 信号复用至 155Mbit/s 信号中，或从 155Mbit/s、140Mbit/s 中解复用出 2Mbit/s 信号。

● 业务汇集。将不同传输方向上传送的业务填充入同一传输方向的通道中，最大限度地利用传输通道资源。

● 业务疏导。将不同的业务加以分类，归入不同的传输通道中。

● 保护倒换。当传输通道出现故障时，可对复用段、通道等进行保护倒换。由于这种保护倒换不需要知道网络的全面情况，因此一旦需要倒换，倒换时间很短。

● 网络恢复。当网络某通道发生故障后，迅速在全网范围内寻找替代路由，恢复被中断的业务。网络恢复由网管系统控制，而恢复算法（也就是路由算法）主要包括集中控制和分布控制两种算法，它们各有千秋，可互相补充，配合应用。

● 通道监视。通过 SDXC 的高阶通道开销监视（HPOH）功能，采用非介入方式对通道进行监视，并进行故障定位。

● 测试接入。通过 SDXC 的测试接入口（空闲端口），将测试仪表接入到被测通道上进行测试。测试接入有两种类型：中断业务测试和不中断业务测试。

● 广播业务。可支持一些新的业务（如 HDTV）并以广播的形式输出。

以上介绍了 SDH 网的几种基本网络单元，它们在 SDH 网中的使用（连接）方法之一如

图 5-17 所示。

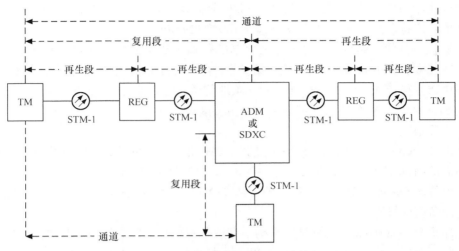

图 5-17　基本网络单元在 SDH 网中的应用

图中顺便标出了实际系统组成中的再生段、复用段和通道。

再生段——再生中继器（REG）与终端复用器（TM）之间、再生中继器与分插复用器（ADM）或 SDXC 之间称为再生段。再生段两端的 REG，TM，ADM（或 SDXC）称为再生段终端（RST）。

复用段——终端复用器与分插复用器（或 SDXC）之间称为复用段。复用段两端的 TM，ADM（或 SDXC）称为复用段终端（MST）。

通道——终端复用器之间称为通道。通道两端的 TM 称通道终端（PT）。

5．SDH 的帧结构

SDH 的帧结构必须适应同步数字复用、交叉连接和交换的功能，同时也希望支路信号在一帧中均匀分布、有规律，以便接入和取出。ITU-T 最终采纳了一种以字节为单位的矩形块状（或称页状）帧结构，如图 5-18 所示。

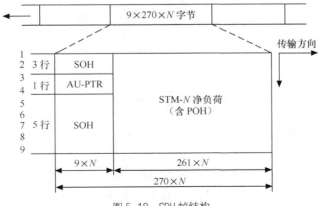

图 5-18　SDH 帧结构

STM-N 由 270×N 列 9 行组成，即帧长度为 270×N×9 个字节或 270×N×9×8 个比特。帧周

期为 125μs（即一帧的时间）。

对于 STM-1 而言，帧长度为 270×9＝2430 个字节，相当于 19440bit，帧周期为 125μs，由此可算出其比特速率为 270×9×8/125×10⁻⁶=155.520Mbit/s。

这种块状（页状）结构的帧结构中各字节的传输是从左到右、由上而下按行进行的，即从第 1 行最左边字节开始，从左向右传完第 1 行，再依次传第 2，第 3 行等，直至整个 9×270×N 个字节都传送完再转入下一帧，如此一帧一帧地传送，每秒共传 8000 帧。

由图 5-18 可见，整个帧结构可分为 3 个主要区域。

（1）段开销区域

段开销（Section Overhead，SOH）是指 STM 帧结构中为了保证信息净负荷正常、灵活传送所必需的附加字节，是供网络运行、管理和维护（OAM）使用的字节。段开销（SOH）区域是用于传送 OAM 字节的。帧结构的左边 9×N 列 8 行（除去第 4 行）分配给段开销。

（2）净负荷区域

信息净负荷（payload）区域是帧结构中存放各种信息负载的地方（其中，信息净负荷第一字节在此区域中的位置不固定）。图 5-18 之中横向第 10×N～270×N，纵向第 1 行到第 9 行的 2349×N 个字节都属此区域。

（3）管理单元指针区域

管理单元指针（AU-PTR）用来指示信息净负荷的第一个字节在 STM-N 帧中的准确位置，以便在接收端能正确地分解。在图 5-18 帧结构第 4 行左边的 9×N 列分配给管理单元指针用。

6．SDH 的复用映射结构

SDH 的一般复用映射结构（简称复用结构）如图 5-19 所示，它是由一些基本复用单元组成的有若干中间复用步骤的复用结构。

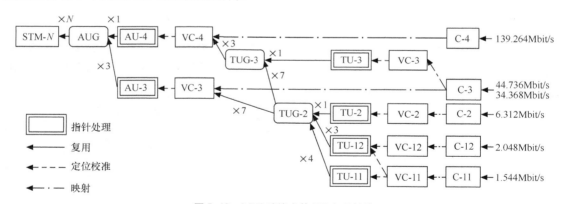

图 5-19　G.709 建议书的 SDH 复用结构

（1）SDH 的一般复用映射结构

（2）复用单元

SDH 的基本复用单元包括标准容器（C），虚容器（VC），支路单元（TU），支路单元组（TUG），管理单元（AU）和管理单元组（AUG）（如图 5-19 所示）。

① 标准容器

标准容器（C）是一种用来装载各种速率的业务信号的信息结构，主要完成适配功能（如速率调整），以便让那些最常使用的准同步数字体系信号能够进入有限数目的标准容器。目前，针对常用的准同步数字体系信号速率，ITU-T 建议书 G.707 已经规定了 5 种标准容器：C-11，C-12，C-2，C-3 和 C-4，其标准输入比特率如图 5-19 所示，分别为 1544，2048，6312，34368（或 44736）和 139264kbit/s。

参与 SDH 复用的各种速率的业务信号都应首先通过速率调整等适配技术装进一个恰当的标准容器。已装载的标准容器又作为虚容器的信息净负荷。

② 虚容器

虚容器（VC）是用来支持 SDH 的通道（通路）层连接的信息结构，它由容器输出的信息净负荷加上通道开销（POH）组成，即：

$$VC\text{-}n = C\text{-}n + VC\text{-}n\ POH$$

VC 的输出将作为其后接基本单元（TU 或 AU）的信息净负荷。

VC 的包封速率是与 SDH 网络同步的，因此不同 VC 是互相同步的，而 VC 内部却允许装载来自不同容器的异步净负荷。

除在 VC 的组合点和分解点（即 PDH/SDH 网的边界处）外，VC 在 SDH 网中传输时总是保持完整不变，因而可以作为一个独立的实体十分方便和灵活地在通道中任一点插入或取出，进行同步复用和交叉连接处理。

虚容器可分成低阶虚容器和高阶虚容器两类。VC-1 和 VC-2 为低阶虚容器；VC-4 和 AU-3 中的 VC-3 为高阶虚容器，若通过 TU-3 把 VC-3 复用进 VC-4，则该 VC-3 应归于低阶虚容器类。

③ 支路单元和支路单元组

支路单元（TU）是提供低阶通道层和高阶通道层之间适配的信息结构。有 4 种支路单元，即 TU-n（n=11,12,2,3）。TU-n 由一个相应的低阶 VC-n 和一个相应的支路单元指针（TU-n PTR）组成，即

$$TU\text{-}n\ =\ VC\text{-}n + TU\text{-}n\ PTR$$

TU-n PTR 指示 VC-n 净负荷起点在 TU 帧内的位置。

在高阶 VC 净负荷中固定地占有规定位置的一个或多个 TU 的集合称为支路单元组（TUG）。把一些不同规模的 TU 组合成一个 TUG 的信息净负荷可增加传送网络的灵活性。VC-4/3 中有 TUG-3 和 TUG-2 两种支路单元组。一个 TUG-2 由一个 TU-2 或 3 个 TU-12 或 4 个 TU-11 按字节交错间插组合而成；一个 TUG-3 由一个 TU-3 或 7 个 TUG-2 按字节交错间插组合而成。一个 VC-4 可容纳 3 个 TUG-3；一个 VC-3 可容纳 7 个 TUG-2。

④ 管理单元和管理单元组

管理单元（AU）是提供高阶通道层和复用段层之间适配的信息结构，有 AU-3 和 AU-4 两种管理单元。AU-n（n=3，4）由一个相应的高阶 VC-n 和一个相应的管理单元指针（AU-n PTR）组成，即：

$$AU\text{-}n = VC\text{-}n + AU\text{-}n\ PTR;\ n=3,4$$

AU-n PTR 指示 VC-n 净负荷起点在 AU 帧内的位置。

在 STM-N 帧的净负荷中固定地占有规定位置的一个或多个 AU 的集合称为管理单元组（AUG）。一个 AUG 由一个 AU-4 或 3 个 AU-3 按字节交错间插组合而成。

需要强调指出的是：在 AU 和 TU 中要进行速率调整，因而低一级数字流在高一级数字

流中的起始点是浮动的。为了准确地确定起始点的位置，设置两种指针（AU-PTR 和 TU-PTR）分别对高阶 VC 在相应 AU 帧内的位置以及 VC-1，2，3 在相应 TU 帧内的位置进行灵活动态的定位。顺便提一下，在 N 个 AUG 的基础上再附加段开销（SOH）便可形成最终的 STM-N 帧结构。

（3）复用过程

我们了解了 SDH 的基本复用单元后，再回过来看图 5-19 所示的复用结构，可归纳出各种业务信号纳入 STM-N 帧的过程都要经历映射（mapping）、定位（aligning）和复用（multiplexing）3 个步骤。

映射是一种在 SDH 边界处使各支路信号适配进虚容器的过程。

定位是一种将帧偏移信息收进支路单元或管理单元的过程，即以附加于 VC 上的 TU-PTR 或 AU-PTR 指示和确定低阶 VC 帧的起点在 TU 净负荷中位置，或高阶 VC 帧的起点在 AU 净负荷中的位置。在发生相对帧相位偏差，使 VC 帧起点浮动时，指针值也随之调整，从而始终保证指针值准确指示 VC 帧的起点的位置。

复用是以字节交错间插方式把 TU 组织进高阶 VC 或把 AU 组织进 STM-N 帧的过程。

（4）我国的 SDH 复用映射结构

由图 5-19 可见，在 G.709 建议书的复用映射结构中，从一个有效负荷到 STM-N 的复用路线不是唯一的。对于一个国家或地区则必须使复用路线唯一化。

我国的光同步传输网技术体制规定以 2Mbit/s 为基础的 PDH 系列作为 SDH 的有效负荷并选用 AU-4 复用路线，其基本复用映射结构如图 5-20 所示。

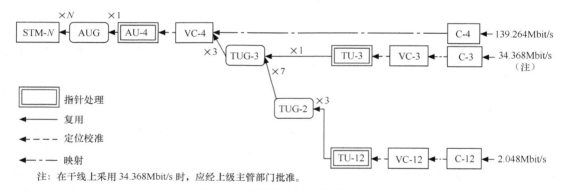

注：在干线上采用 34.368Mbit/s 时，应经上级主管部门批准。

图 5-20　我国的基本复用映射结构

由图可见，我国的 SDH 复用映射结构规范可有 3 个 PDH 支路信号输入口。一个 139.264Mit/s 可被复用成一个 STM-1（155.520Mbit/s）；63 个 2.048Mbit/s 可被复用成一个 STM-1；3 个 34.368Mbit/s 也能复用成一个 STM-1，因后者信道利用率太低，所以在规范中加"注"（即较少采用）。

（5）139.264Mbit/s 支路信号复用映射过程

为了对 SDH 的复用映射过程有一个较全面的认识，现以 139.264Mbit/s 支路信号复用映射成 STM-N 帧为例详细说明整个复用映射过程。如图 5-21 所示。

首先将标称速率为 139.264Mbit/s 的支路信号装进 C-4，经适配处理后 C-4 的输出速率为 149.760Mbit/s。然后加上每帧 9 字节的高阶通道开销 HPOH（相当于 576kbit/s）后，便构成了 VC-4（150.336Mbit/s），以上过程为映射，如图 5-22 所示。

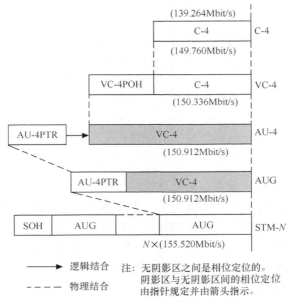

图 5-21　139.264Mbit/s 支路信号复用映射过程

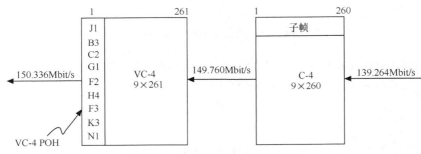

图 5-22　139.264Mbit/s 信号映射图解

图 5-21 中，VC-4 与 AU-4 的净负荷容量一样，但速率可能不一致，需要进行调整。AU-PTR 的作用就是指明 VC-4 相对 AU-4 的相位，它占有 9 个字节，相当容量为 576kbit/s。于是经过 AU-PTR 指针处理后的 AU-4 的速率为 150.912Mbit/s，这个过程为定位。

得到的单个 AU-4 直接置入 AUG，再由 N 个 AUG 经单字节间插并加上段开销便构成了 STM-N 信号，以上过程为复用。当 N=1 时，一个 AUG 加上容量为 4.608Mbit/s 的段开销后就构成了 STM-1，其标称速率 155.520Mbit/s。

7．ATM 信元装入 SDH 帧结构的方法

前面介绍过，ATM 信元的传输方式主要采用的是基于 SDH，所以我们要了解 ATM 信元是如何装入 STM-1 帧结构的。

ATM 信元装入 STM-1 帧结构的方法是：首先将 ATM 信元装入容器 C-4（9 行、260 列），然后 C-4 和高阶通道开销 HPOH 一起组装成虚容器 VC-4（如图 5-23（a）所示），VC-4 加上 AU-PTR 变成 AU-4（如图 5-23（b）所示），最后 AU-4 再加上 SOH 组成 STM-1。

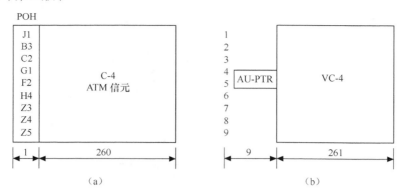

图 5-23　ATM 信元装入 STM-1 帧的过程

这里有以下几点要说明：

● 由于 C-4 的容量（9×260=2 340 字节）不是 ATM 信元长度（53 字节）的整数倍，所以装入 C-4 的最后一个信元会跨过 C-4 的边界延伸到下一帧的 C-4。管理单元指针 AU-PTR 用于指出中第 1 个信元的开始位置，利用 HEC 检验也可以进行信元的定界。

● SDH 帧结构中的 SOH 和 POH 可用于存放 OAM 功能的字段，基于 SDH 的 ATM 物理层不需要传输 PL-OAM 信元。

● 可以算出，利用 STM-1 帧传送 ATM 信元时，去掉各种开销，信元的传送速率（即信元吞吐量）为

$$155.520 \times \frac{260}{270} = 149.760 \text{Mbit/s}$$

● 如果利用 STM-4 帧结构传送 ATM 信元，可以首先将 ATM 信元按上述方法装进 STM-1，然后 4 个 STM-1 再复用成 STM-4。

8. SDH 自愈网

SDH 网之所以得到广泛应用，是由于有自愈功能。

自愈就是无需人为干预，网络就能在极短时间内从失效故障中自动恢复所携带的业务，使用户感觉不到网络已出了故障。其基本原理就是使网络具备备用（替代）路由，并重新确立通信能力。自愈的概念只涉及重新确立通信，而不管具体失效元部件的修复与更换，而后者仍需人工干预才能完成。

自愈网的实现手段多种多样，主要有线路保护倒换、环形网保护、DXC 保护及混合保护等。目前采用比较多的是线路保护倒换和环形网保护，下面重点介绍这两种。

（1）线路保护倒换

线路保护倒换是最简单的自愈形式，其基本原理是当出现故障时，由工作通道（主用）倒换到保护通道（备用），用户业务得以继续传送。

① 线路保护倒换方式

线路保护倒换有两种方式。

● 1＋1 方式。1＋1 方式采用并发优收，即工作段和保护段在发送端永久地连在一起（桥接），信号同时发往工作段（主用）和保护段（备用），在接收端择优选择接收性能良好的信号。

● 1:*n* 方式。所谓 1:*n* 方式是保护段由 *n* 个工作段共用，正常情况下，信号只发往工作段（主用），保护段（备用）空闲。当其中任意一个工作段出现故障时，均可倒换至保护段（一般 n 的取值范围为 1～14）。1:1 方式是 1:*n* 方式的一个特例。

② 线路保护倒换的特点

归纳起来，线路保护倒换的主要特点如下。

● 业务恢复时间很快，可短于 50ms。

● 若工作段和保护段属同缆复用（即主用和备用光纤在同一缆芯内），则有可能导致工作段（主用）和保护段（备用）同时因意外故障而被切断，此时这种保护方式就失去作用了。解决的办法是采用地理上的路由备用，当主用光缆被切断时，备用路由上的光缆不受影响，仍能将信号安全地传输到对端。但该方案至少需要双份的光缆和设备，成本较高。

（2）环型网保护

当把网络节点连成一个环型时，可以进一步改善网络的生存性和成本，这是 SDH 网的一种典型拓扑方式。环型网的节点一般用 ADM（也可以用 DXC），而利用 ADM 的分插能力和智能构成的自愈环是 SDH 的特色之一，也是目前研究和应用比较活跃的领域。

采用环型网实现自愈的方式称为自愈环。

目前自愈环的结构种类很多，按环中每个节点插入支路信号在环中流动的方向来分，可以分为单向环和双向环；按保换倒换的层次来分，可以分为通道倒换环和复用段倒换环；按环中每一对节点间所用光纤的最小数量来分，可以划分为二纤环和四纤环。下面分析几种常用的自愈环。

① 二纤单向通道倒换环

二纤单向通道倒换环如图 5-24（a）所示。

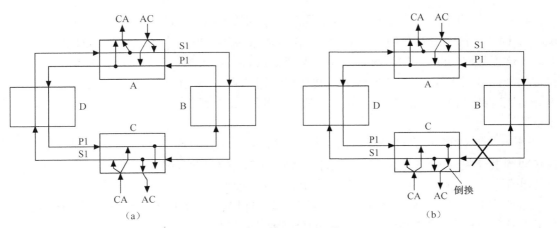

图 5-24　二纤单向通道倒换环

二纤单向通道保护环由两根光纤实现，其中一根用于传业务信号，称 S1 光纤，另一根用于保护，称 P1 光纤。基本原理采用 1+1 保护方式，即利用 S1 光纤和 P1 光纤同时携带业务信号并分别沿两个方向传输，但接收端只择优选择其中的一路。

例如：节点 A 至节点 C 进行通信（AC），将业务信号同时馈入 S1 和 P1，S1 沿顺时针将信号送到 C，而 P1 则沿逆时针将信号也送到 C。接收端分路节点 C 同时收到两个方向来的支路信号，按照分路通道信号的优劣决定选哪一路作为分路信号。正常情况下，以 S1 光纤送来信号为主信号，因此节点 C 接收来自 S1 光纤的信号。节点 C 至节点 A 的通信（CA）同理。

当 BC 节点间光缆被切断时，两根光纤同时被切断，如图 5-24（b）所示。

在节点 C，由于 S1 光纤传输的信号 AC 丢失，则按通道选优准则，倒换开关由 S1 光纤转至 P1 光纤，使通信得以维护。一旦排除故障，开关再返回原来位置，而 C 到 A 的信号 CA 仍经主光纤到达，不受影响。

② 二纤双向通道倒换环

二纤双向通道倒换环的保护方式有两种：1＋1 方式和 1：1 方式。

1＋1 方式的二纤双向通道倒换环如图 5-25（a）所示。

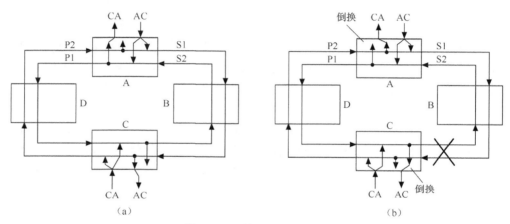

图 5-25　二纤双向通道倒换环

1＋1 方式的二纤双向通道倒换环的原理与单向通道倒换环的基本相同，也是采用"并发优收"，即往主用光纤和备用光纤同时发信号，收端择优选取，唯一不同的是返回信号沿相反方向（这正是双向的含义）。例如，节点 A 至节点 C（AC）的通信，主用光纤 S1 沿顺时针方向传信号，备用光纤 P1 沿逆时针方向传信号；而节点 C 至节点 A（CA）的通信，主用 S2 光纤沿逆时针方向（与 S1 方向相反）传信号，备用 P2 光纤沿顺时针方向传信号（与 P1 方向相反）。

当 BC 节点间两根光纤同时被切断时，如图 5-25（b）所示。AC 方向的信号在节点 C 倒换（即倒换开关由 S1 光纤转向 P1 光纤，接收由 P1 光纤传来的信号），CA 方向的信号在节点 A 也倒换（即倒换开关由 S2 光纤转向 P2 光纤，接收由 P2 光纤传来的信号）。

这种 1＋1 方式的双向通道倒换环主要优点是可以利用相关设备在无保护环或线性应用场合下具有通道再利用的功能，从而使总的分插业务量增加。

二纤双向通道倒换环如果采用 1：1 方式，在保护通道中可传额外业务量，只在故障出现时，才从工作通道转向保护通道。这种结构的特点是：虽然需要采用 APS 协议，但可传额外业务量，可选较短路由，易于查找故障等。尤其重要的是可由 1：1 方式进一步演变成 $M：N$ 方式，由用户决定只对哪些业务实施保护，无需保护的通道可在节点间重新启用，从而大大提高了可用业务容量。缺点是需由网管系统进行管理，保护恢复时间大大增加。

③ 二纤单向复用段倒换环

二纤单向复用段倒换环如图 5-26（a）所示。

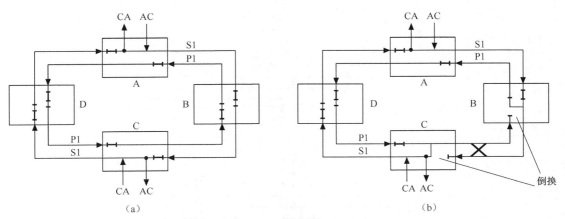

图 5-26 二纤单向复用段倒换环

二纤单向复用段倒换环采用 1 : 1 的保护方式，它的每一个节点在支路信号分插功能前的每一高速线路上都有一保护倒换开关。正常情况下，信号仅仅在 S1 光纤中传输，而 P1 光纤是空闲的。例如，从 A 到 C 信号经 S1 过 B 到 C，而从 C 到 A 的信号 CA 也经 S1 过 D 到达 A。

当 BC 节点间光缆被切断时，如图 5-26（b）所示，则 B，C 与光缆切断点相连的两个节点利用 APS 协议执行环回功能。此时，从 A 到 C 的信号 AC 则先经 S1 到 B，在 B 节点经倒换开关倒换到 P1，再经 P1 过 A、D 到达 C，并经 C 节点倒换开关环回到 S1 光纤并落地分路。而信号 CA 则仍经 S1 传输。这种环回倒换功能能保证在故障情况下，仍维持环的连续性，使传输的业务信号不会中断。故障排除后，倒换开关再返回原来位置。

④ 四纤双向复用段倒换环

四纤双向复用段倒换环如图 5-27（a）所示。

它有两根业务光纤 S1，S2 和两根保护光纤 P1，P2。S1 形成一顺时针业务信号环，P1 则为 S1 反方向的保护信号环；S2 则是逆时针业务信号环，P2 则是 S2 反方向的保护信号环。四根光纤上都有一个倒换开关，起保护倒换作用。

正常情况下，从 A 节点进入到 C 的低速支路信号沿 S1 传输，而从节点 C 进入环到 A 的信号沿 S2 传输，P1，P2 此时空闲（即采用 1 : 1 的保护方式）。

当 BC 之间 4 根光纤被切断，利用 APS 协议在 B 和 C 节点中各有两个开关执行环回功能。从而保护环的信号传输，如图 5-27（b）所示，在 B 节点，S1 和 P1 连通，S2 和 P2 连通。C 节点也同样完成这个功能。这样，由 A 到 C 的信号沿 S1 到达 B 节点，在 B 节点经倒换开关倒换到 P1，再经 P1 过 A、D 到达 C，并经 C 节点倒换开关环回到 S1 光纤并落地分路。而由 C 至 A 的信号先在 C 节点经倒换开关由 S2 倒换到 P2，经 P2 过 D、A 到达 B，在 B 节点经倒换开关倒换到 S2，再经 S2 传输到 A 节点。等 BC 恢复业务通信后，倒换开关再返回原来位置。

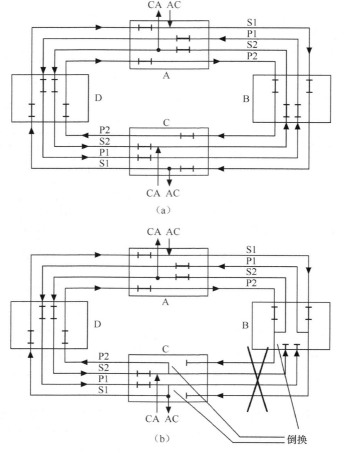

图 5-27　四纤双向复用段倒换环

⑤ 二纤双向复用段倒换环

二纤双向复用段倒换环是在四纤双向复用段倒换环基础上改进得来的。它采用了时隙交换（TSI）技术，使 S1 光纤和 P2 光纤上的信号都置于一根光纤（称 S1/P2 光纤），利用 S1/P2 光纤的一半时隙（如时隙 1～M）传 S1 光纤的业务信号，另一半时隙（时隙 M+1～N，其中 M≤N/2）传 P2 光纤的保护信号。同样 S2 光纤和 P1 光纤上的信号也利用时隙交换技术置于一根光纤（称 S2/P1 光纤）上。由此，四纤环可以简化为二纤环。二纤双向复用段倒换环如图 5-28（a）所示（它也采用 1：1 保护方式）。

当 BC 节点间光缆被切断，与切断点相邻的 B 节点和 C 节点中的倒换开关将 S1/P2 光纤与 S2/P1 光纤沟通，如图 5-28（b）所示。利用时隙交换技术，通过节点 B 的倒换，将 S1/P2 光纤上的业务信号时隙（1～M）移到 S2/P1 光纤上的保护信号时隙（M+1～N）；通过节点 C 的倒换，将 S2/P1 光纤上的业务信号时隙（1～M）移到 S1/P2 光纤上的保护信号时隙（M+1～N）。当故障排除后，倒换开关将返回到原来的位置。

由于一根光纤同时支持业务信号和保护信号，所以二纤双向复用段倒换环的容量仅为四纤双向复用段倒换环的一半。

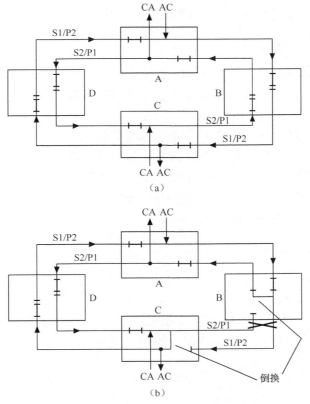

（a）

（b）

图 5-28 二纤双向复用段倒换环

5.2.2 IP over SDH

1. IP over SDH 的概念

IP over SDH（POS）是 IP 技术与 SDH 技术的结合，是在 IP 路由器之间采用 SDH 网传输 IP 数据报。具体地说它利用 SDH 标准的帧结构，同时利用点到点传送等的封装技术把 IP 业务进行封装，然后在 SDH 网中传输。其网络结构如图 5-29 所示。

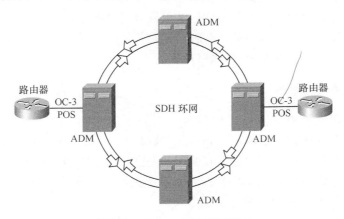

图 5-29 IP over SDH 的网络结构

SDH 网为 IP 数据报提供点到点的链路连接，而 IP 数据报的寻址由路由器来完成。

2．IP over SDH 的分层结构

IP over SDH 的基本思路是将 IP 数据报通过点到点协议（PPP）直接映射到 SDH 帧结构中，从而省去了中间的复杂的 ATM 层。其分层结构如图 5-30 所示。

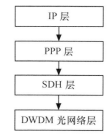

具体作法是：首先利用 PPP 技术把 IP 数据报封装进 PPP 帧（PPP 帧格式参见第 4 章），然后再将 PPP 帧按字节同步映射进 SDH 的虚容器中，再加上相应的 SDH 开销置入 STM-N 帧中。这里有个问题说明一下，若进行波分复用则需要 DWDM 光网络层，否则这一层可以省略。

图 5-30　IP over SDH 的分层结构

3．IP over SDH 的优缺点

（1）优点

IP over SDH 的主要优点如下。

① IP 与 SDH 技术的结合是将 IP 数据报通过点到点协议直接映射到 SDH 帧，其中省掉了中间的 ATM 层，从而简化了 IP 网络体系结构，减少了开销，提供更高的带宽利用率，提高了数据传输效率，降低了成本。

② 保留了 IP 网络的无连接特征，易于兼容各种不同的技术体系和实现网络互连，更适合于组建专门承载 IP 业务的数据网络。

③ 可以充分利用 SDH 技术的各种优势，如自动保护倒换（APS），以防止链路故障而造成的网络停顿，保证网络的可靠性。

（2）缺点

IP over SDH 的缺点如下。

① 网络流量和拥塞控制能力差。

② 不能像 IP over ATM 技术那样提供较好的服务质量保障（QoS），在 IP over SDH 中由于 SDH 是以链路方式支持 IP 网络的，因而无法从根本上提高 IP 网络的性能，但近来通过改进其硬件结构，使高性能的线速路由器的吞吐量有了很大的突破，并可以达到基本服务质量保证，同时转发分组延时也已降到几十微妙，可以满足系统要求。

③ 仅对 IP 业务提供良好的支持，不适于多业务平台，可扩展性不理想，只有业务分级，而无业务质量分级，尚不支持 VPN 和电路仿真。

4．SDH 多业务传送平台

（1）多业务传送平台的概念

多业务传送平台（Multi-Service Transport Platform，MSTP）是指基于 SDH，同时实现 TDM、ATM、以太网等业务接入、处理和传送，提供统一网管的多业务传送平台。它将 SDH 的高可靠性、严格 QoS 和 ATM 的统计复用以及 IP 网络的带宽共享、统计复用等特征集于一身，可以针对不同 QoS 业务提供最佳传送方式。

以 SDH 为基础的多业务平台方案的出发点是充分利用大家所熟悉和信任的 SDH 技术，

特别是其保护恢复能力和确保的延时性能，加以改造以适应多业务应用。多业务节点的基本实现方法是将传送节点与各种业务节点物理上融合在一起，构成具有各种不同融合程度、业务层和传送层一体化的下一代网络节点，我们把它称为融合的网络节点或多业务节点。具体实施时可以将 ATM 边缘交换机、IP 边缘路由器、终端复用器（TM）、分插复用器（ADM）、数字交叉连接（DXC）设备节点和 DWDM 设备结合在一个物理实体，统一控制和管理。

（2）MSTP 的功能模型

MSTP 的功能模型如图 5-31 所示。

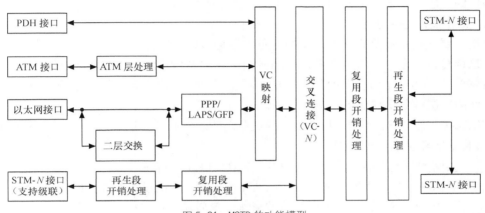

图 5-31　MSTP 的功能模型

由图可见，基于 SDH 的多业务传送设备主要包括标准的 SDH 功能、ATM 处理功能、IP/以太网处理功能等，具体归纳如下。

① 支持 TDM 业务功能

SDH 系统和 PDH 系统都具有支持 TDM 业务的能力，因而基于 SDH 的多业务传送节点应能够满足 SDH 节点的基本功能，可实现 SDH 与 PDH 信息的映射、复用，同时又能够满足级联、虚级联的业务要求，即能够提供低阶通道 VC-12、VC-3 级别的虚级联功能或相邻级联和提供高阶通道 VC-4 级别的虚级联或相邻级联功能（有关虚级联和相邻级联的概念，由于篇幅所限在此不再介绍，读者可参阅其他相关书籍），并提供级联条件下的 VC 通道的交叉处理能力。

② 支持 ATM 业务功能

MSTP 设备具有 ATM 的用户接口，可向用户提供宽带业务；而且具有 ATM 交换功能、ATM 业务带宽统计复用功能等。

图 5-31 中 ATM 层处理模块的作用有两个。

● 由于数据业务具有突发性的特点，因此业务流量是不确定的，如果为其固定分配一定的带宽，势必会造成网络带宽的巨大浪费。ATM 层处理模块用于对接入业务进行汇聚和收敛，这样汇聚和收敛后的业务，再利用 SDH 网络进行传送。

● 尽管采用汇聚和收敛方案后大大提高了传输频带的利用率，但仍未达到最佳化的情况。这是因为由 ATM 模块接入的业务在 SDH 网络中所占据的带宽是固定的，因此当与之相连的 ATM 终端无业务信息需要传送时，这部分时隙处于空闲状态，从而造成另一类的带宽浪费。ATM 层处理功能模块，可以利用 ATM 业务共享带宽（如 155Mbit/s）特性，通过 SDH 交叉模块，将共享 ATM 业务的带宽调度到 ATM 模块进行处理，将本地的 ATM 信元与 SDH

交叉连接模块送来的来自其他站点的 ATM 信元进行汇聚，共享的 155Mbit/s 的带宽，其输出送往下一个站点。

③ 支持以太网业务功能

MSTP 设备中存在两种以太网业务的适配方式，即透传方式和采用二层交换功能的以太业务适配方式。

a. 透传方式

以太网业务透传方式是指以太网接口的数据帧不经过二层交换，直接进行协议封装，映射到相应的 VC 中，然后通过 SDH 网络实现点到点的信息传输。

b. 采用二层交换功能

采用二层交换功能是指在将以太网业务映射进 VC 虚容器之前，先进行以太网二层交换处理，这样可以把多个以太网业务流复用到同一以太网传输链路中，从而节约了局端端口和网络带宽资源。由于平台中具有以太网的二层交换功能，因而可以利用生成树协议（STP）对以太网的二层业务实现保护。

归纳起来，基于 SDH 的、具有以太网业务功能的多业务传送节点应具备以下功能：

- 传输链路带宽的可配置。
- 以太网的数据封装方式可采用 PPP、LAPS 协议和 GFP。
- 能够保证包括以太网 MAC 帧、VLAN 标记等在内的以太网业务的透明传送。
- 可利用 VC 相邻级联和虚级联技术来保证数据帧传输过程中的完整性。
- 具有转发/过滤以太网数据帧的功能和用于转发/过滤以太网数据帧的信息维护功能。
- 能够识别符合 IEEE 802.1Q 规定的数据帧，并根据 VLAN 信息进行数据帧的转发/过滤操作。
- 支持 IEEE 802.1D 生成树协议 STP、多链路的聚合和以太网端口的流量控制。
- 提供自学习和静态配置两种可选方式以维护 MAC 地址表。

（3）MSTP 的特点

MSTP 具有以下几个特点。

① 继承了 SDH 技术的诸多优点：如良好的网络保护倒换性能、对 TDM 业务较好的支持能力等。

② 支持多种物理接口：由于 MSTP 设备负责多种业务的接入、汇聚和传输，所以 MSTP 必须支持多种物理接口。常见的接口类型有：TDM 接口（T1/E1、T3/E3）、SDH 接口（OC-N/STM-N）、以太网接口（10/100 BASE-T、GE）、POS 接口等。

③ 支持多种协议：MSTP 对多种业务的支持要求其必须具有对多种协议的支持能力。

④ 提供集成的数字交叉连接功能：MSTP 可以在网络边缘完成大部分交叉连接功能，从而节省传输带宽以及省去核心层中昂贵的数字交叉连接系统端口。

⑤ 具有动态带宽分配和链路高效建立能力：在 MSTP 中可根据业务和用户的即时带宽需求，利用级联技术进行带宽分配和链路配置、维护与管理。

⑥ 能提供综合网络管理功能：MSTP 提供对不同协议层的综合管理，便于网络的维护和管理。

基于上述的诸多优点，MSTP 在当前的各种城域传送网技术中是一种比较好的选择。

5.3　IP over DWDM

5.3.1　DWDM 的基本概念

1．DWDM 的概念

（1）WDM 的概念

光波分复用是各支路信号在发送端以适当的调制方式调制到不同波长的光载频上，然后经波分复用器（合波器）将不同波长的光载波信号汇合，并将其耦合到同一根光纤中进行传输；在接收端首先通过波分解复用器（分波器）对各种波长的光载波信号进行分离，再由光接收机做进一步的处理，恢复为原信号。这种复用技术不仅适用于单模或多模光纤通信系统，同时也适用于单向或双向传输。

波分复用系统的工作波长可以从 0.8μm～1.7μm，其波长间隔为几十 nm。它可以适用于所有低衰减、低色散窗口，这样可以充分利用现有的光纤通信线路，提高通信能力，满足急剧增长的业务需求。

最早的 WDM 系统是 1310/1550nm 两波长系统，它们之间的波长间隔达两百多 nm，这是在当时技术条件下所能实现的 WDM 系统。随着技术的发展，使 WDM 系统的应用进入了一个新的时期。人们不再使用 1310nm 窗口，进而使用 1550nm 窗口来传输多路光载波信号，其各信道是通过频率分割来实现的。

（2）DWDM 的概念

当同一根光纤中传输的光载波路数更多、波长间隔更小（通常 0.8～2nm）时，则称为密集波分复用（DWDM），密集是针对波长间隔而言的。由此可见，DWDM 系统的通信容量成倍地得到提高，但其信道间隔小，在实现上所存在的技术难点也比一般的波分复用的大些。

2．DWDM 系统构成

DWDM 系统构成示意图如图 5-32 所示。

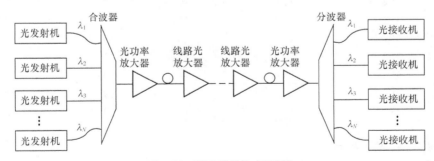

图 5-32　DWDM 系统构成示意图

图 5-32 中各部分的作用如下。

- 光发射机——将各支路信号（电信号）调制到不同波长的光载频上。
- 波分复用器（合波器）——将不同波长的光载波信号汇合在一起，用一根光纤传输。
- 功率放大器——将多波长信号同时放大。

- 线路光放大器——当含多波长的光信号沿光纤传输时，由于受到衰减的影响，使所传输的多波长信号功率逐渐减弱（长距离光纤传输距离 80～120km），因此需要对光信号进行放大处理。目前在 WDM 系统中是使用掺铒光纤放大器 EDFA 来起到光中继放大的作用。由于不同的信道是以不同的波长来进行信息传输的，因此要求系统中所使用的 EDFA 具有增益平坦特性，能够使所经过的各波长信号得到相同的增益，同时增益又不能过大，以免光纤工作于非线性状态。这样才能获得良好的传输特性。
- 波分解复用器（分波器）——对各种波长的光载波信号进行分离。
- 光接收机——对不同波长的光载波信号进行解调，还原为各支路信号。

需要说明的是：当 DWDM 技术用做 SDH 系统中，图 5-32 中的光发射机和光接收机应该是光波长转换器（OTU），其作用是将来自各 SDH 终端设备的光信号送入光波长转换器（OTU），光波长转换器负责将符合 ITU-T G.957 建议书规范的非标准波长的光信号转换成为符合设计要求的、稳定的、具有特定波长的光信号；接收端完成相反的变换。

3．WDM 系统中光波长区的分配策略

由于 1550nm 窗口的工作波长区为 1530～1565nm，因此在 G.692 建议书中规定了 DWDM 系统的工作波长范围是 1528.77～1560.61nm。通路间隔可以是均匀的，也可以是非均匀的。非均匀通路间隔可以用来抑制 G.653 光纤的四波混频效应，但目前多数情况下是采用均匀通路间隔。

我们现在以 16 通路 DWDM 系统为例进行说明，16 个光通路的中心频率及波长应满足表 5-2 的要求。而在表中同时用*标示出 8 通路 WDM 系统的 8 个光通路的中心波长。

可见 16 路、8 路 WDM 系统的通道间隔分别为 100GHz 和 200GHz，此外还对最大中心频率偏移做出要求，要求不得大于±20GHz（约 0.16nm）。

表 5-2　　　　　　　　　　16 通路和 8 通路 WDM 系统的中心频率

序号	中心频率（THz）	波长（nm）	序号	中心频率（THz）	波长（nm）
1	192.1	*1560.61	9	192.9	*1554.13
2	192.2	1559.79	10	193.0	1553.33
3	192.3	*1558.98	11	193.1	*1552.52
4	192.4	1558.17	12	193.2	1551.72
5	192.5	*1557.36	13	193.3	*1550.92
6	192.6	1556.55	14	193.4	1550.12
7	192.7	*1555.75	15	193.5	*1549.32
8	192.8	1554.94	16	193.6	1548.51

4．DWDM 技术的特点

（1）光波分复用器结构简单、体积小、可靠性高

目前实用的光波分复用器是一个无源纤维光学器件，由于不含电源，因而器件具有结构简单、体积小、可靠、易于和光纤耦合等特点。

（2）充分利用光纤带宽资源

在目前实用的光纤通信系统中，多数情况是仅传输一个光波长的光信号，其只占据了光

纤频谱带宽中极窄的一部分，远远没能充分利用光纤的传输带宽。而 DWDM 技术使单纤传输容量增加几倍至几十倍，充分地利用了光纤带宽资源。

（3）提供透明的传送通道

波分复用通道各波长相互独立并对数据格式透明（与信号速率及电调制方式无关），可同时承载多种格式的业务信号，如 SDH、PDH、ATM、IP 等。而且将来引入新业务、提高服务质量极其方便，在 DWDM 系统中只要增加一个附加波长就可以引入任意所需的新业务形式，是一种理想的网络扩容手段。

（4）可更灵活地进行光纤通信组网

由于使用 DWDM 技术，可以在不改变光缆设施的条件下，调整光纤通信系统的网络结构，因而在光纤通信组网设计中极具灵活性和自由度，便于对系统功能和应用范围进行扩展。

波分复用技术是未来光网络的基石，光网络将沿着"点到点→链→环→多环→网状网"的方向发展。

（5）存在插入损耗和串光问题

光波分复用方式的实施，主要是依靠波分复用器件来完成的，它的使用会引入插入损耗，这将降低系统的可用功率。此外，一根光纤中不同波长的光信号会产生相互影响，造成串光的结果，从而影响接收灵敏度。

5．DWDM 工作方式

（1）双纤单向传输

双纤单向传输就是一根光纤只完成一个方向光信号的传输，反向光信号的传输由另一根光纤来完成。因此，同一波长在两个方向可以重复利用，DWDM 的双纤单向传输方式如图 5-33 所示。

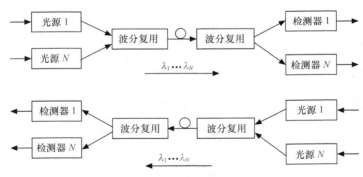

图 5-33　DWDM 的双纤单向传输方式

这种 DWDM 系统可以充分利用光纤的巨大带宽资源，使一根光纤的传输容量扩大几倍至几十倍。

（2）单纤双向传输

单纤双向传输在一根光纤中实现两个方向光信号的同时传输，两个方向的光信号应安排在不同的波长上，如图 5-34 所示。

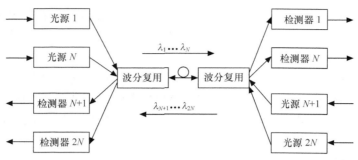

图 5-34　DWDM 的单纤双向传输方式

单纤双向传输的优点是允许单根光纤携带全双工通路，通常可以比单向传输节约一半光纤器件，而且能够更好地支持点到点 SDH 系统 1+1、1：1 的保护结构。但缺点是该系统需要采用特殊的措施来对付光反射，以防多径干扰；另外当需要进行光信号放大以延长传输距离时，必须采用双向光纤放大器以及光环形器等元件，其噪声系数差。

（3）光分出和插入传输方式

通过光分插复用器（OADM）可以实现各波长光信号在中间站的分出和插入，即完成光的上下路，如图 5-35 所示。

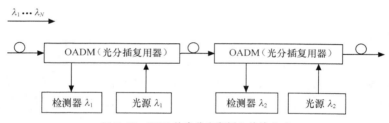

图 5-35　DWDM 的光分出和插入传输方式

利用这种方式可以完成 DWDM 系统的环形组网。目前，OADM 只能够做成固定波长上下的器件，使这种工作方式的灵活性受到了限制。

5.3.2　IP over DWDM 的概念与网络结构

IP over DWDM 是 IP 与 DWDM 技术相结合的标志。首先在发送端对不同波长的光信号进行复用，然后将复用信号送入一根光纤中传输，在接收端再利用解复用器将各不同波长的光信号分开，送入相应的终端，从而实现 IP 数据报在多波长光路上的传输。

构成 IP over DWDM 的网络的部件包括：激光器、光纤、光放大器、DWDM 光耦合器、光分插复用器（OADM）、光交叉连接器（OXC）和转发器等。

激光器的作用是电/光转换，产生光信号；光放大器是对光信号进行放大；DWDM 光耦合器是用来把各波长光信号组合在一起或分解开来的，起到复用和解复用的作用；光分插复用器（OADM）实现各波长光信号在中间站的分出和插入；光交叉连接器（OXC）在光信号上实现交叉连接。转发器（光波长转换器）用来变换来自路由器或其他设备的光信号，并产生要插入光耦合器的正确波长光信号（完成 G.957 到 G.692 的波长转换的功能）。

在 IP over DWDM 网络中，路由器通过 OADM、OXC 或者 DWDM 光耦合器直接连至

DWDM 光纤，由这些设备控制波长接入、交叉连接、选路和保护。IP over DWDM（路由器之间是 DWDM 网）网络结构如图 5-36 所示。

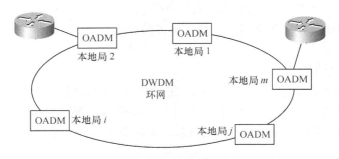

（a）路由器之间由 OADM 构成的小型 DWDM 光网络结构

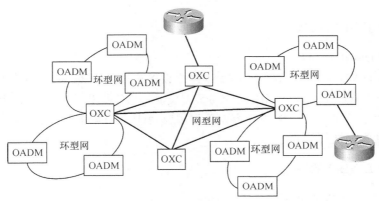

（b）路由器之间由 OXC 和 OADM 构成的大型 DWDM 光网络结构

图 5-36　IP over DWDM 网络结构

5.3.3　IP over DWDM 分层结构

IP over DWDM 分层结构如图 5-37 所示。

由图 5-37 可见，IP over DWDM 在 IP 层和 DWDM 光层之间省去了 ATM 层和 SDH 层，将 IP 数报直接放到光路上进行传输。各层功能如下。

（1）IP 层产生 IP 数据报，其协议扳括 IPv4、IPv6 等。

（2）光适配层负责向不同的高层提供光通道，主要功能包括管理 DWDM 信道的建立和拆除，提供光层的故障保护/恢复等。

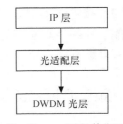

图 5-37　IP over DWDM 的分层结构

（3）DWDM 光层包括光通道层、光复用段层和光传输段层。光通道层负责为多种形式的用户提供端到端的透明传输；光复用段层负责提供同时使用多波长传输光信号的能力；光传输段层负责提供使用多种不同规格光纤来传输信号的能力。这 3 层都具有监测功能，只是各自监测的对象不同。光传输段层监控光传输段中的光放大器和光中继器，而其他两层则提供系统性能监测和检错功能。

现在数据网络的速率远远低于光传输网络的速率，IP over DWDM 的关键在于如何进行网络层（IP 层）和光网络层的适配、IP 数据以何种方式成帧并通过 DWDM 传输。

具体的适配功能包括：数据网的运行维护与管理（OAM）可以适配到光网的 OAM，数据网中特定协议呼叫可映射到光网相应的信令信息。

IP over DWDM 传输时所采用的帧格式可以是以下几种。

- SDH 帧格式。
- GE 以太网帧格式。
- 数字包封帧格式。（跳过 SDH 层把 IP 信号直接映射进光通道，正在研究。）

相应的网络方案：IP/SDH/DWDM 和 IP/GE/DWDM。值得说明的是，即使不使用 SDH 层但并不排除使用 SDH 的帧结构作为 DWDM 中数据流的封装格式。

5.3.4　IP over DWDM 的优缺点

1．IP over DWDM 的优点

IP over DWDM 的优点如下。

（1）IP over DWDM 简化了层次，减少了网络设备和功能重叠，从而减轻了网管复杂程度。

（2）IP over DWDM 可充分利用光纤的带宽资源，极大地提高了带宽和相对的传输速率。

（3）不仅可以与现有通信网络兼容，还可以支持未来的宽带业务网及网络升级，并具有可推广性、高度生存性等特点。

2．IP over DWDM 的缺点

IP over DWDM 的缺点如下。

（1）DWDM 极大的带宽和现有 IP 路由器的有限处理能力之间的不匹配问题还不能得到有效的解决。

（2）目前，对于波长标准化还没有实现。一般取 193.1THz 为参考频率，间隔取 100GHz；DWDM 系统的网络拓扑结构只是基于点对点的方式，还没有形成"光网"。

（3）技术还不十分成熟。尽管目前 DWDM 已经运用于长途通信之中，但只提供终端复用功能，还不能动态地完成上、下复用功能，光信号的损耗与监控以及光通路的保护倒换与网络管理配置还停留在电层阶段。

5.4　宽带 IP 网络的传输技术比较

以上介绍了宽带 IP 网络的 3 种常用的骨干传输技术：IP over ATM、IP over SDH 和 IP over DWDM，下面将这 3 种传输技术做个简单的比较，如表 5-3 所示。

表 5-3　　　　　　　　　　宽带 IP 网络的 3 种骨干传输技术的比较

	IP over ATM	IP over SDH	IP over DWDM
效率	低	中	高
带宽	中	中	高
结构	复杂	略简	极简

续表

	IP over ATM	IP over SDH	IP over DWDM
价格	高	中	较低
传输性能	好	可以	好
维护管理	复杂	略简	简单
应用场合	网络边缘多业务的汇集和一般 IP 骨干网	网络边缘多业务的汇集和一般 IP 骨干网	核心 IP 骨干网

综上所述，宽带 IP 网络的 3 种骨干传输技术各有优势，都将在 IP 网络发展的不同时期和网络的不同部分发挥自己应有的作用，三者将会共存互补。

由于 IP over ATM 技术可以充分利用已经存在的 ATM 网络，发挥其技术优势，适合于提供高性能的综合通信服务。而且它能够避免不必要的重复投资，可提供 Voice、Video、Data 多项业务，是传统电信服务商的较好选择。

IP over SDH 技术由于省去了 ATM 设备，投资少、见效快而且线路利用率高。就目前而言，对于发展高性能、高宽带的 IP 业务是较好选择。

IP over DWDM 技术能够极大地拓展现有的网络带宽，最大限度地提高线路利用率，其巨大的带宽潜力与爆炸式增长的 IP 业务是相当匹配的。从面向未来的角度看，IP over DWDM 将是最具生命力的技术，将会成为未来网络特别是骨干网的主导传输技术。

在相当长的一段时间内，宽带 IP 网络必将是 3 种骨干传输技术的混合体，是一个多协议光互连网。其核心骨干网将采用 IP over DWDM 技术，次（一般）骨干网及其边缘则采用 IP over SDH 和 IP over ATM 技术。

小　　结

1. 宽带 IP 网络的传输技术是指宽带 IP 网络核心部分路由器之间的传输技术，即路由器之间传输 IP 数据报的方式，目前常用的骨干传输技术有 IP over ATM、IP over SDH 和 IP over DWDM 等。

2. ATM 是一种转移模式，在这一模式中信息被组织成固定长度信元，来自某用户一段信息的各个信元并不需要周期性地出现，从这个意义上来看，这种转移模式是异步的（统计时分复用也叫异步时分复用）。

ATM 的特点有：ATM 以面向连接的方式工作、采用异步时分复用、ATM 网中没有逐段链路的差错控制和流量控制、信头的功能被简化、ATM 采用固定长度的信元且信息段的长度较小。

ATM 的虚连接建立在两个等级上：虚通路（VC）和虚通道（VP），ATM 信元的复用、传输和交换过程均在 VC 和 VP 上进行。

ATM 交换的基本功能为：空分交换（空间交换）、信头变换和排队。

ATM 交换机之间信元的传输方式有 3 种：基于信元（cell）、基于 SDH 和基于 PDH，采用比较多的是基于 SDH。

3. IP over ATM（POA）是 IP 技术与 ATM 技术的结合，它是在 IP 路由器之间（或路由器与交换机之间）采用 ATM 网传输 IP 数据报。

IP over ATM 的分层结构包括 IP 层、ATM 层、SDH 层和 DWDM 光网络层。

IP over ATM 的优点有：ATM 技术本身能提供 QoS 保证，具有流量控制、带宽管理、拥塞控制功能及故障恢复能力；适应于多业务，具有良好的网络可扩展能力。但缺点是网络体系结构复杂，传输效率低，开销大。

4. MPLS 技术相对解决了传统的 IP over ATM 的一些问题，是下一代最具竞争力的通信网络技术。

MPLS 是一种在开放的通信网上利用标签引导数据高速、高效传输的新技术，它把数据链路层交换的性能特点与网络层的路由选择功能结合在一起，能够满足业务量不断增长的需求，并为不同的服务提供有利的环境。

MPLS 网络的节点设备分为两类：边缘标签路由器（LER）和标签交换路由器（LSR），由 LER 构成 MPLS 网的接入部分，LSR 构成 MPLS 网的核心部分。

MPLS 的实质就是将路由器移到网络边缘，将快速简单的交换机置于网络中心，对一个连接请求实现一次路由、多次交换，由此提高网络的性能。

MPLS 的优点是减少了网络复杂性，兼容现有各种主流网络技术，能降低网络成本，在提供 IP 业务时能确保 QoS 和安全性，具有流量工程能力。此外，MPLS 能解决 VPN 扩展问题和维护成本问题。MPLS 技术是下一代最具竞争力的通信网络技术。

5. SDH 网是由一些 SDH 的网络单元（NE）组成的，在光纤上进行同步信息传输、复用、分插和交叉连接的网络（SDH 网中不含交换设备，它只是交换局之间的传输手段）。

SDH 具有 3 条最核心的优点：同步复用、标准光接口和强大的网络管理能力。

SDH 的速率体系有：STM-1、STM-4、STM-16 和 STM-64。

SDH 的基本网络单元有 4 种，即终端复用器（TM）、分插复用器（ADM）、再生中继器（REG）和数字交叉连接设备（SDXC）。

SDH 的帧结构是一种以字节为单位的矩形块状帧结构，帧长度为 $270 \times N \times 9 \times 8$ 个比特，帧周期为 125μs；整个帧结构可分为 3 个主要区域：段开销（SOH）区域、净负荷区域和管理单元指针（AU-PTR）区域。

将各种支路信号复用进 STM-N 帧的过程要经历映射、定位和复用 3 个步骤。

自愈网是无需人为干预，网络就能在极短时间内，从失效故障中自动恢复所携带的业务，使用户感觉不到网络已出了故障。SDH 自愈网的实现手段主要有：线路保护倒换、环型网保护、DXC 保护及混合保护等。

采用环型网实现自愈的方式称为自愈环，SDH 自愈环分为以下几种：二纤单向通道倒换环、二纤双向通道倒换环、二纤单向复用段倒换环、四纤双向复用段倒换环及二纤双向复用段倒换环。

6. IP over SDH（POS）是 IP 技术与 SDH 技术的结合，是在 IP 网路由器之间采用 SDH 网进行传输。

IP over SDH 的分层结构包括 IP 层、PPP 层、SDH 层和 DWDM 光网络层。

IP over SDH 的主要优点有：传输效率较高；保留了 IP 网络的无连接特征，易于兼容各种不同的技术体系和实现网络互连；可以充分利用 SDH 技术的各种优势，保证网络的可靠性。但缺点是网络流量和拥塞控制能力差，不能提供较好的服务质量保障（QoS）；仅对 IP 业务提供良好的支持，不适于多业务平台，可扩展性不理想。

7．MSTP 是基于 SDH、同时实现 TDM、ATM、IP 等业务接入、处理和传送，提供统一网管的多业务传送平台。它将 SDH 的高可靠性、严格 QoS 和 ATM 的统计复用以及 IP 网络的带宽共享、统计复用等特征集于一身，可以针对不同 QoS 业务提供最佳传送方式。

基于 SDH 的多业务传送设备主要包括标准的 SDH 功能、ATM 处理功能、IP 以太网处理功能等。

MSTP 具有以下几个特点：①继承了 SDH 技术的诸多优点；②支持多种物理接口；③支持多种协议；④提供集成的数字交叉连接功能；⑤具有动态带宽分配和链路高效建立能力；⑥能提供综合网络管理功能。

8．光波分复用（WDM）是各支路信号是在发送端以适当的调制方式调制到不同波长的光载频上，然后经波分复用器（合波器）将不同波长的光载波信号汇合，并将其耦合到同一根光纤中进行传输。

当同一根光纤中传输的光载波路数更多、波长间隔更小（通常 0.8～2nm）时，则称为密集波分复用（DWDM），密集是针对波长间隔而言的。

9．IP over DWDM 是 IP 与 DWDM 技术相结合的标志，实现 IP 数据报在多波长光路上的传输。

IP over DWDM 的分层结构包括 IP 层、光适配层和 DWDM 光层（包括光通道层、光复用段层和光传输段层）。

IP over DWDM 的优点有：简化了层次，减少了网络设备和功能重叠，从而减轻了网管复杂程度；可充分利用光纤的带宽资源，极大地提高了带宽和相对的传输速率；具有可推广性、高度生存性等特点。IP over DWDM 的缺点是极大的带宽和现有 IP 路由器的有限处理能力之间的不匹配问题还不能得到有效的解决，波长标准化还没有实现，技术还不十分成熟。

10．宽带 IP 网络的 3 种骨干传输技术各有优势，都将在 IP 网络发展的不同时期和网络的不同部分发挥自己应有的作用，三者将会共存互补。其核心骨干网将采用 IP over DWDM 技术，次（一般）骨干网及其边缘则采用 IP over SDH 和 IP over ATM 技术。

习　题

5-1　宽带 IP 网络的传输技术主要有哪几种？

5-2　ATM 的定义是什么？

5-3　画出 UNI 处 ATM 信元的信头结构，并写出各部分的作用。

5-4　ATM 的特点有哪些？

5-5　一条物理链路可有多少个 VC？VP 交换和 VC 交换的特点分别是什么？

5-6　ATM 交换有哪些基本功能？

5-7　ATM 交换机之间信元的传输方式有哪几种？

5-8　画出 IP over ATM 的分层结构，并说明各层功能。

5-9　IP over ATM 的优点有哪些？

5-10　MPLS 网络的节点设备分为哪两类？各自的作用是什么？

5-11　MPLS 的实质是什么？

5-12　SDH 的基本网络单元有哪几种？

5-13　SDH 帧结构分哪几个区域？各自的作用是什么？

5-14　由 STM-1 帧结构计算：① STM-1 的速率；②SOH 的速率；③AU-PTR 的速率。

5-15　SDH 有哪几种自愈环？

5-16　本章图 5-26 中，以 A 到 C、C 到 A 之间通信为例，假设 AD 节点间的光缆被切断，如何进行保护倒换？

5-17　画出 IP over SDH 的分层结构，并说明各层的作用。

5-18　MSTP 的概念是什么？

5-19　IP over DWDM 的概念是什么？

5-20　画出 IP over DWDM 的分层结构，并说明各层功能。

5-21　IP over DWDM 的优缺点有哪些？

第 6 章　宽带 IP 网络的接入技术

接入 IP 网络的技术有多种，包括窄带接入技术和宽带接入技术，所谓宽带接入技术一般指接入速率大于等于 1Mbit/s 的接入技术。

宽带 IP 网络常用的宽带接入技术主要有：ADSL、HFC、FTTX+LAN、EPON/GPON 和无线宽带接入等，下面分别加以介绍。

6.1　ADSL 接入技术

6.1.1　ADSL 的定义

不对称数字用户线（Asymmetric Digital Subscriber Line，ADSL）是一种利用现有的传统电话线路高速传输数字信息的技术，以上、下行的传输速率不相等的 DSL 技术而得名。ADSL 下行传输速率接近 8Mbit/s，上行传输速率理论上可达 1Mbit/s，并且在同一对双绞线上可以同时传输上、下行数据信号和传统的模拟话音信号等。

ADSL 技术将大部分带宽用来传输下行信号（即用户从网上下载信息），而只使用一小部分带宽来传输上行信号（即接收用户上传的信息），这样就出现了所谓不对称的传输模式。

6.1.2　ADSL 的系统结构

ADSL 的系统结构如图 6-1 所示。它是在一对普通铜线两端，各加装一台 ADSL 局端设备和远端设备而构成。

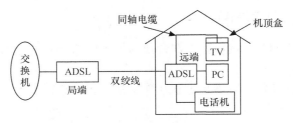

图 6-1　ADSL 的系统结构

ADSL 系统的核心是 ADSL 收发信机（即 ADSL 局端设备和远端设备），其原理框图如图 6-2 所示。

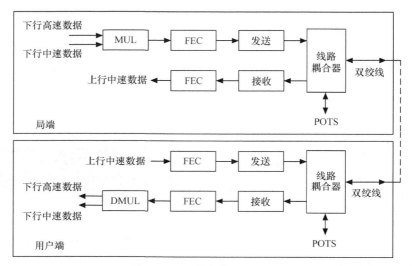

图 6-2　ADSL 收发信机原理框图

具体工作过程如下。

（1）局端 ADSL 收发信机

● 下行方向——复用器（MUL）将下行高速数据与中速数据进行复接，经前向纠错（FEC）编码后送发信单元进行调制处理，最后经线路耦合器送到铜线上。

● 上行方向——线路耦合器将来自铜线的上行数据信号分离出来，经接收单元解调和FEC 解码处理，恢复上行中速数据；线路耦合器还完成普通电话业务（POTS）信号的收、发耦合。

（2）用户端 ADSL 收发信机

● 下行方向——线路耦合器将来自铜线的下行数据信号分离出来，经接收单元解调和FEC 解码处理，送分路器（DMUL）进行分路处理，恢复出下行高速数据和中速数据，分别送给不同的终端设备。

● 上行方向——来自用户终端设备的上行数据经 FEC 编码和发信单元的调制处理，通过线路耦合器送到铜线上；普通电话业务经线路耦合器进、出铜线。

6.1.3　ADSL 的频带分割

1. 频分复用和回波抵消混合技术

采用频分复用（FDM）和回波抵消混合技术可实现 ADSL 系统的全双工和非对称通信。

（1）频分复用

频分复用是将整个信道从频域上划分为独立的 2 个或多个部分，分别用于上行和下行传输，彼此之间不会产生干扰。

（2）回波抵消技术

回波抵消方式是在 2 线传输的两个方向上同时间、同频谱地占用线路，即在线路上两个方向传输的信号完全混在一起。为了分开收、发两个方向，一般采用 2/4 线转换器（即混合电路），其实现的原理框图如图 6-3 所示。

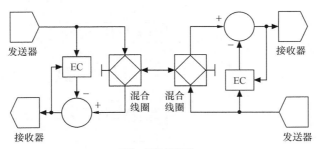

EC：回波抵消器

图 6-3　回波抵消方式原理框图

这种方式有一个问题，就是对传输速率较高的数字信号，2/4 线转换器的去耦效果是较差的，即对端衰减不可能很大。因此，本端的发送信号会折回到本端接收设备，对接收来的对端信号产生干扰，我们称这种折回的信号为近端回波。另外，已发送出去的信号在线路上遇到不均匀点，也会反射折回到发端的接收设备，这一反射折回信号称为远端回波。由这两部分回波构成的总回波将严重地干扰接收设备的工作。而由于来自远端的信号经过线路传输后会有衰减，信号电平下降，问题将会变得非常严重。

为了进行正常的通信，必须抑制回波干扰。所采取的措施是加回波抵消器（Echo Canceller，EC）。如图 6-3 所示。其工作原理是利用发送信号来产生估计的回波，然后将这个估计的回波送到本侧的接收端，和接收信号相减，就是用估计的回波来抵消实际的回波，使接收端留下有用的信号。由于线路的特性比较复杂，再加上环境等因素的影响，使回波随时间变化，所以很难精确地估计回波值，这将影响回波抵消的效果。为了解决这个问题，增加了一个反馈电路，将抵消之后的接收信号反馈回给回波抵消器，回波抵消器检查这个信号内是否还有回波存在，并根据检查的结果来调节回波的估计值，以便进一步抑制回波。

回波抵消技术用于上、下行传输频段相同的通信系统，模拟和数字系统都可以采用此技术。

2．频带分割

早期的频带分割如图 6-4（a）所示，不采用回波抵消技术，频带有所浪费。

目前使用 FDM 和回波抵消混合技术，如图 6-4（b）所示，部分上、下频段交错，在频带交错部分采用回波抵消技术来降低相互影响。

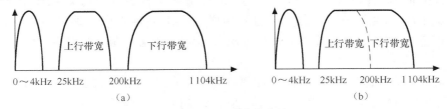

图 6-4　ADSL 的频带分割

6.1.4　ADSL 接入网络结构示例

ADSL 接入网络结构示例如图 6-5 所示。

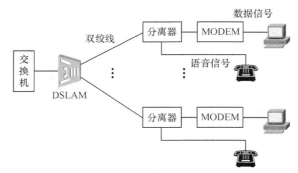

图 6-5　ADSL 接入网络结构示例

图 6-5 中局端的 DSLAM（DSL 接入复用器）是接入多路复合系统中心的 Modem 组合，它从多重 DSL 连接收取信号，将其转换到一条高速线上，用以支持视频、广播电视、快速因特网接入等。归纳起来，DSLAM 的具体功能有：

- 多路复用；
- 调制解调；
- 分离器功能等。

6.1.5　ADSL 调制技术

ADSL 常用的调制技术有 QAM、CAP 调制和 DMT 调制。

1．QAM

正交幅度调制（Quadrature Amplitude Modulation，QAM）又称正交双边带调制，是将两路独立的基带信号分别对两个相互正交的同频载波进行抑制载频的双边带调制，所得到的两路已调信号叠加起来的过程，称为正交幅度调制。常见的有 4QAM、16QAM、64QAM、256QAM。

2．CAP 调制

无载波幅度相位调制（Carrierless Amplitude & Phase Modulation，CAP）技术是以 QAM 调制技术为基础发展而来的，是 QAM 技术的一个变种。

输入数据被送入编码器，在编码器内，m 位输入比特被映射为 $k=2m$ 个不同的复数符号 $A_n=a_n+jb_n$，由 k 个不同的复数符号构成 k-CAP 线路编码。编码后 a_n 和 b_n 被分别送入同相和正交数字整形滤波器，求和后送入 D/A 转换器，最后经低通滤波器将信号发送出去。

CAP 也有 CAP-4、CAP-16、CAP-64 等不同调制模式，其坐标图与 QAM 相似。CAP 调制的基本原理与 QAM 一样，较明显的差异是 CAP 符号经过编码之后，x 值及 y 值会各经过一个数字滤波器，然后才合并输出。CAP 中的 "Carrierless（无载波）" 是指生成载波（Carrier）的部分（电路和 DSP 的固件模块）不独立，它与调制/解调部分合为一体，使结构更加精炼。

CAP 技术用于 ADSL 的主要技术难点是要克服近端串音对信号的干扰。一般可通过使用近端串音抵消器或近端串音均衡器来解决这一问题。

3．DMT 调制

离散多音频（Discrete MultiTone，DMT）是一种多载波调制技术，其核心思想是将整个传输频段分成若干子信道，每个子信道对应不同频率的载波，在不同载波上分别进行 QAM 调制，不同信道上传输的信息容量（即每个载波调制的数据信号）根据当前子信道的传输性能决定。

DMT 调制系统可以根据各子信道的瞬时衰减特性、群时延特性和噪声特性等情况使用这 255 个子信道，在每个子信道分配 1～15bit 的数据，并关闭不能传输数据的信道，从而使通信容量达到可用的最高传输能力。

与 CAP 方式相比，DMT 具有以下优点：

（1）带宽利用率更高。DMT 技术可以自适应地调整各个子信道的比特率，能达到比单频调制高得多的信道速率。

（2）可实现动态带宽分配。DMT 技术将总的传输带宽分成大量的子信道，这就有可能根据特定业务的带宽需求，灵活地选取子信道的数目，从而达到按需分配带宽的目的。

（3）抗窄带噪声能力强。在 DMT 方式下，如果线路中出现窄带噪声干扰，可以直接关闭被窄带噪声覆盖的几个信道，系统传送性能不会受到太大影响。

（4）抗脉冲噪声能力强。根据傅里叶分析理论，频域中越窄的信号其时域延续时间越长。DMT 方式下各子信道的频带都非常窄，因而各子信道信号在时域中都是延续时间较长的符号，因而可以抵御短时脉冲的干扰。

从性能看，DMT 是比较理想的调制方式，信噪比高，传输距离远（同样距离下传输速率较高）。但 DMT 也存在一些问题，如 DMT 对某个子信道的比特率进行调整时，会在该子信道的频带上引起噪声，对相邻子信道产生干扰，而且比 CAP 实现复杂。目前 DMT 产品较为成熟。

综上所述，ADSL 主要考虑采用的是 DMT 调制。

6.1.6　ADSL 的技术特点

1．ADSL 的技术特点

（1）使用高于 4kHz 的频带来传输数据信号；

（2）使用高性能的离散多音频 DMT 调制编码技术；

（3）使用 FDM 频分复用和回波抵消（EC）技术；

（4）使用 Splitter 信号分离技术。

2．ADSL 技术的主要优点

（1）可以充分利用现有铜线网络，只要在用户线路两端加装 ADSL 设备即可为用户提供服务。

（2）ADSL 设备随用随装，施工简单，节省时间，系统初期投资小。且 ADSL 设备拆装容易，方便用户转移，非常灵活。

（3）ADSL 设备采用先进的调制技术和数字处理技术，提供高速远程接收或发送信息，充分利用双绞线上的带宽。

（4）在一对双绞线上可同时传输高速数据和普通电话业务。

3．ADSL 技术的主要缺点

（1）对线路质量要求较高。

（2）抵抗天气干扰的能力较差。

（3）带宽可扩展的潜力不大。

6.1.7　影响 ADSL 性能的因素

影响 ADSL 性能的因素主要有以下一些。

1．衰耗

衰耗是指在传输系统中，发射端发出的信号经过一定距离的传输后，其信号强度都会减弱。衰耗跟传输距离、传输线径以及信号所在的频率点有密切关系。传输距离越远，线径越细；频率越高，其衰耗越大。ADSL Modem 的衰耗适应范围在 0～55dB。

2．反射干扰（回波干扰）

ADSL 系统从局端设备到用户，至少有两个桥接点，每个接头的线径会相应改变，再加上电缆损失等造成阻抗的突变会引起功率反射或反射波损耗。在话音通信中其表现是回声，即产生反射干扰（回波干扰），在 ADSL 中，复杂的调制方式很容易受到反射信号的干扰。

3．串音干扰

串音干扰是指相邻线路间的电磁干扰。由于电容和电感的耦合，处于同一主干电缆中的双绞线发送器的发送信号可能会串入其他发送端或接收器，造成串音。

4．噪声干扰

噪声产生的原因很多，主要有：

- 家用电器的开关；
- 电话摘机和挂机；
- 其他电动设备的运动等。

6.2　HFC 接入技术

6.2.1　HFC 网的概念

混合光纤/同轴电缆（HFC）网是一种以模拟频分复用技术为基础，综合应用模拟和数字传输技术、光纤和同轴电缆技术、射频技术等的宽带接入网络，是 CATV 网和电话网结合的产物，也是将光纤逐渐推向用户的一种新的经济的演进策略。

HFC 可以提供除 CATV 业务以外的语声、数据和其他交互型业务，称为全业务网

（FSN）。当然，HFC 网也可以只用于传送 CATV 业务，即所谓单向 HFC 网，但通常指双向 HFC。

6.2.2　HFC 的网络结构

HFC 网的典型结构如图 6-6 所示。

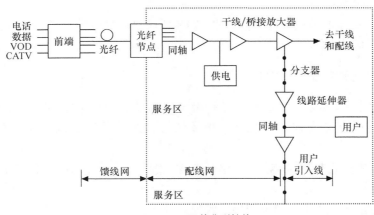

图 6-6　HFC 网的典型结构

HFC 由信号源、前端（可能还有分前端）、馈线网（光纤主干网）、配线网（同轴电缆分配网）和用户引入线等组成（HFC 线路网的组成包括馈线网、配线网和用户引入线）。

这种 HFC 网干线部分采用光纤以传输高质量的信号，而配线网部分仍基本保留原有的树状——分支型模拟同轴电缆网，这部分同轴电缆网还负责收集来自用户的回传信号经若干双向放大器到光纤节点再经光纤传送给前端。下面具体介绍各部分的作用。

1．前端

前端设备主要包括天线放大器、频道转换器、卫星电视接收系统、滤波器、调制器、解调器、混合器和导频信号发生器等。

前端的功能主要有：调制、解调、频率变换、电平调整、信号编解码、信号处理、低噪声放大、中频处理、信号混合、信号监测与控制、频道配置和信号加密等。

2．馈线网（光纤主干网）

HFC 的馈线网指前端至服务区（SA）（服务区的范围如图 6-6 所示）的光纤节点之间的部分。

（1）光纤主干网的组成

光纤主干网主要由光发射机、光放大器、光分路器、光缆、光纤连接器和光接收机等组成。各部分的作用如下：

① 光发射机——作用是把被传输的信号经过调制处理后得到强度随输入信号变化的已调光信号，送入光纤网中传输。

② 光接收机——是把从光纤传输来的光信号进行解调，还原成射频电信号后送入用户电

缆分配网而到达各用户。

③ 光放大器——是一种放大光信号的光器件，以提高光信号的电平。

④ 光分路器——作用是将 1 路光信号分为 N 路光信号，N=2 称为 2 分路器，N=4 称为 4 分路器……依次类推。

⑤ 光纤连接器——用于实现光纤与光纤、光纤与光设备之间的相互连接。

（2）光纤主干网的结构

根据 HFC 所覆盖的范围、用户多少和对 HFC 网络可靠性的要求，光纤主干网的结构主要有星型、环型和环星型。

3．配线网（同轴电缆分配网）

在 HFC 网中，配线网指服务区光纤节点与分支点之间的部分，采用与传统 CATV 网基本相同的树型一分支同轴电缆网，很多情况常为简单的总线结构，其覆盖范围可达 5～10km。

HFC 配线网主要包括同轴电缆、干线放大器、线路延长放大器、分配器和分支器等部件。各部分的作用为：

（1）同轴电缆——是配线网中的传输媒质。

（2）干线放大器——用于补偿干线电缆的损耗，使信号进行长距离传输，其增益一般在 20～30dB。

（3）线路延长放大器——用于补偿支路损耗，每个为几十至二百个用户提供足够的信号电平。

（4）分配器——其作用是将一路信号电平（电压或功率）平均分成几路输出，常见的有 2、3、4、6、8、18 几种分配器。

（5）分支器——其作用是将一路信号分成多路输出。与分配器平均分配信号电平不同，分支器多路输出的信号电平可以不相同，如大电平信号分配给主干线路，小电平信号分配给支路。在配线网上一般平均每隔 40～50m 就有一个分支器，常用的有 4 路、16 路和 32 路分支器。

4．用户引入线

用户引入线指分支点至用户之间的部分，因而与传统 CATV 网相同，分支点的分支器是配线网与用户引入线的分界点。

用户引入线的作用是将射频信号从分支器经无源引入线送给用户，与配线网使用的同轴电缆不同，引入线电缆采用灵活的软电缆以便适应住宅用户的线缆敷设条件及作为电视、录像机、机上盒之间的跳线连接电缆。引入线的传输距离一般为几十米左右。

5．电缆调解调器

电缆调解调器（Cable Modem，CM）是一种可以通过有线电视 HFC 网络实现高速数据接入（如高速 Internet 接入）设备，其作用是在发送端对数据进行调制，将其频带搬移到一定的频率范围内，利用有线电视网线缆将信号传输出去；接收端再对这一信号进行解调，还原出原来的数据。

Cable Modem 放在用户家中，属于用户端设备。一般 Cable Modem 至少有两个接口，一个用来接墙上的有线电视端口，另一个与计算机相连。根据产品型号的不同，CM 可以兼有普通以太网集线器功能、桥接器功能、路由器功能或网络控制器功能等。

Cable Modem 的引入，对从有线电视（CATV）网络发展为 HFC 起着至关重要的作用，所以有时将 HFC 接入网也叫作 Cable Modem 接入网。

6.2.3　HFC 网的工作过程

下行方向：模拟电视和数字电视、电话和数据业务（分别调制后）在中心局进行综合，然后由一台光发射机将这些下行业务发往光纤传输至相应的光节点。在光节点处，将下行光信号变换成射频信号送往配线网。射频信号经配线网、用户引入线传输到达用户，由用户家中的 Cable Modem 将射频信号解调还原为模拟电视和数字电视、电话和数据等信号，被不同的用户终端所接收。

上行方向：从用户来的电话和数据信号在综合业务用户单元（ISU，含 Cable Modem）处变换为上行射频信号，经用户引入线、配线网传输到达光节点。光节点通过上行发射机将上行射频信号变换成光信号，通过光纤传回中心局。在中心局由光接收机接收上行光信号并变换成射频信号，（解调后）将电话信号送至主数字终端 HDT 与 PSTN 电话网互连，将数据信号送到路由器与数据网互连，将 VOD 的上行控制信号送到 VOD 服务器。

6.2.4　HFC 网络双向传输的实现

1. HFC 网的双向传输方式

在双向 HFC 网络中下行信号包括广播电视信号、数据广播信号等；上行信号有电视上传、数据上传、控制信号上传等。

在 HFC 网络中实现双向传输，需要从光纤通道和同轴电缆通道这两方面来考虑。

（1）光纤通道双向传输方式

从前端到光节点这一段光纤通道中实现双向传输可采用空分复用（SDM）和波分复用（WDM）两种方式，用得比较多的是波分复用（WDM）。对于 WDM 来说，通常是采用 1310nm和 1550nm 这两个波长。

（2）同轴电缆通道双向传输方式

同轴电缆通道实现双向传输方式主要有：空间分割方式、频率分割方式和时间分割方式等。在 HFC 网络中一般采用空间分割方式和频率分割方式。

① 空间分割方式

空间分割法是采用双电缆完成光节点以下信号的上、下行传输。可是对有线电视系统来说，铺设双同轴电缆完成双向传输，成本太高，所以这几乎是不可能的。实际上，空间分割法的实施是采用有线电视网与普通电话网相结合，即传送下行信号采用 HFC 网络，而利用电话模拟调制解调器通过 PSTN 网传送交互式上行信号，甚至光节点以下直接采用 5 类 UTP 进户，单独构成与同轴电缆无关的数据通信线路。

尽管这种混合双向接入方式有助于加快高速 Internet 接入和交互电视业务的开展，但用一个电话模拟调制解调器通过 PSTN 网提供上行通道还存在许多问题。目前解决双向传输的主要手段是频率分割方式。

② 频率分割方式

频率分割方式将 HFC 网络的频谱资源划分为上行频段（低频段）和下行频段（高频段），上行频段用于传输上行信号，下行频段用于传输下行信号。以分割频率高低的不同，HFC 的频率分割可分为低分割（分割频率 30～42MHz）、中分割（分割频率 100MHz 左右）和高分割（分割频率 200MHz 左右）。

高、中、低 3 种分割方式的选取主要根据系统的功能和所传输的信息量而定。通常，低分割方式主要适用于节点规模较小、上行信息量较少的应用系统（如点播电视、Internet 接入和数据检索等）；而中、高频分割方式主要适用于节点规模较大、上行信息量较多的应用系统（如可视电话、会议电视等）。

2．HFC 的频谱分配方案

各种图像、数据和语音信号通过调制解调器同时在同轴电缆上传输。建议的频谱方案有多种，其中一种低分割方式如图 6-7 所示。

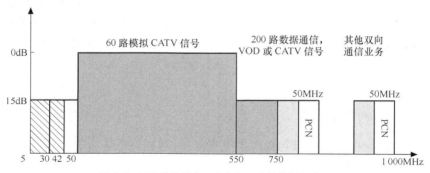

图 6-7　HFC 的频谱分配方案之一（低分割方式）

其中：

5～30MHz＝25MHz 为上行通道，即回传通道，主要传输话音信号。

5～42Hz＝37MHz 是上行扩展频段。其中，5～8MHz 传状态检视信息，8～12MHz 传 VOD 信令，15～40Hz＝25MHz 传电话信号。

50～1000MHz 为下行信道。其中 50～550MHz 频段传输现有的模拟 CATV 信号，每路 6～8MHz，总共可以传输各种不同制式的电视节目 60～80 路。550～750MHz 频段传输附加的模拟 CATV 信号或数字电视信号，也有建议传输双向交互式通信业务，特别是点播电视业务。高端 750～1000MHz 频段，传输各种双向通信业务，其中 2×50MHz 用于个人通信业务，其他用于未来可能的新业务等。

3．HFC 的调制技术

HFC 采用副载波频分复用方式，即采用模拟调制技术，将各路信号分别用不同的调制频率调制到不同的射频段（电信号的调制），然后对此模拟射频段信号进行光调制。

HFC 网络的下行信号所采用的调制方式（电信号的调制）主要是 64QAM 或 256QAM 方

式，上行信号所采用的调制方式主要是 QPSK 和 16QAM 方式。

6.2.5　HFC 的优缺点

1．HFC 的优点

（1）成本较低。与 FTTC 相比，仅线路设备低 20%～30%。

（2）HFC 频带较宽，能适应未来一段时间内的业务需求，并能向光纤接入网发展。

（3）HFC 适合当前模拟制式为主体的视像业务及设备市场，用户使用方便。

（4）与现有铜线接入网相比，运营、维护、管理费用较低。

2．HFC 的不足之处

（1）成本虽然低于光纤接入网，但要取代现存的铜线环境投入将很大，需要对 CATV 网进行双向改造。

（2）建设周期长。

（3）拓扑结构需进一步改进，以提高网络可靠性，一个光电节点为 500 用户服务，出问题影响面大。

（4）漏斗噪声难以避免。

（5）当用户数多时，每户可用的带宽下降。

6.3　FTTX+LAN

6.3.1　FTTX+LAN 的概念

FTTX+LAN 接入网是指光纤加交换式以太网的方式（也称为以太网接入）实现用户高速接入互联网，可实现的方式是光纤到路边（FTTR）、光纤到大楼（FTTB）、光纤到户（FTTH），泛称为 FTTX。目前一般实现的是光缆到路边或光纤到大楼。

6.3.2　FTTX+LAN 的网络结构

FTTX+LAN（以太网接入）的网络结构采用星型结构，以接入宽带 IP 城域网的汇聚层为例，如图 6-8 所示。

以太网接入的网络结构根据用户数量及经济情况等可以采用图 6-8（a）所示的一级接入或图 6-8（b）所示的两级接入。

图 6-8（a）所示的以太网接入网，适合于小规模居民小区，交换机只有一级，采用三层交换或二层交换都可以。二/三层交换机上行与汇聚层节点采用光纤相连，速率一般为 100Mbit/s；下行与用户之间一般采用双绞线连接，速率一般为 10Mbit/s，若用户数超过交换机的端口数，可采用交换机级联方式。

图 6-8（b）所示的以太网接入网，适合于中等或大规模居民小区，交换机分两级：第一级交换机采用具有路由功能的三层交换，第二级交换机采用二层交换。

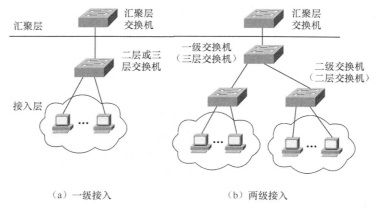

（a）一级接入　　　　　　（b）两级接入

图 6-8　FTTX+LAN（以太网接入）的网络结构

对于中等规模居民小区来说，三层交换机具备一个吉比特或多个百兆位上联光口，上行与汇聚层节点采用光纤相连（光口直连，电口经光电收发器连接）；三层交换机下联口既可以提供百兆电口（100m 以内），也可以提供百兆光口。下行与二层交换机相连时，若距离大于100m，采用光纤；距离小于 100m，则采用双绞线。二层交换机与用户之间一般采用双绞线连接。

对于大规模居民小区来说，三层交换机具备多个千兆光口直联到宽带 IP 城域网，下联口既可以提供百兆光口，也可以提供吉比特光口。其他情况与中等规模居民小区相同。

6.3.3　FTTX+LAN 接入网络业务种类

1．高速上网业务

FTTX+LAN 接入网可为小区居民用户和企业用户提供高速上网业务，可分为拨号和专线两种业务形式。

2．宽带租用业务

FTTX+LAN 接入网可为企业集团等用户提供 2～100Mbit/s 甚至更高速率的宽带租用业务，通过宽带 IP 城域网将用户局域网接入 IP 网。

3．网络互联

网络互联是指简单地为用户提供两个或多个节点之间的宽带 IP 数据传送通道，其适用对象包括政府、大中小学校、医院、企业、商业及各分支结构等集团用户。

4．视频业务

宽带 IP 网可以承载基于 IP 的视频流，开展视频点播、远程监控和远程教学等交互视频服务，FTTX+LAN 接入网可为视频业务提供高带宽的传输通道，将视频业务接入宽带 IP 网。

5．IP 电话业务

为了适应基于 IP 上承载语音这一互联网发展的趋势，FTTX+LAN 接入网可以提供 IP 电话接入业务。

6.3.4　FTTX+LAN 接入网络的地址管理

FTTX+LAN 接入 IP 网的方式覆盖面非常大，将要延伸到千家万户，必将消耗大量的地址资源。在未完成由 IPv4 升级到 IPv6 以及 IP 地址并不充裕的情况下，对 IP 地址进行管理是至关重要的。

本书第 4 章介绍过公有 IP 地址和私有 IP 地址的分配方式，这里的 IP 地址管理指的是公有 IP 地址的管理。基于以太网的接入网公有 IP 地址当然有两种分配方式：静态分配方式和动态分配方式。

1．静态分配方式

静态公有 IP 地址分配一般用于专线接入，上网机器 24 小时在线，用户固定连接在网络端口上。采用静态分配时，建议设备有 IP 地址和 MAC 地址的静态 ARP 绑定、IP 地址和物理端口的对应绑定、IP 地址和 VLAN ID 的对应绑定等绑定功能。设备只允许符合绑定关系的 IP 数据包通过，这样可大大加强对用户的管理。

2．动态分配方式

动态公有 IP 地址分配一般对应于账号应用，要求用户必须每次均建立连接，认证通过后才分配一个动态 IP 地址，终止连接时收回该地址。

动态分配公有 IP 地址时，地址管理方案有：网络地址翻译 NAT 和服务器代理方式，另外还有动态 IP 地址池分配方案。

（1）网络地址翻译 NAT

网络地址翻译 NAT 也在第 4 章介绍过，NAT 解决以太网接入网络地址短缺问题的办法是：以太网网络内部使用私有 IP 地址，当用户需要接入 IP 网时，再由 NAT 设备将私有 IP 地址转换为合法的公有 IP 地址。这样便可节省公有 IP 地址资源。

NAT 地址转换方式有 3 种：静态转换方式、动态转换方式和复用动态方式（参见第 4 章）。

（2）服务器代理方式

① 代理服务器的作用

普通的 Internet 访问是一个典型的客户机与服务器结构：用户利用计算机上的客户端程序，如浏览器发出请求，远端 Web 服务器程序响应请求并提供相应的数据。而代理服务器（Proxy Server）则处于客户机与 Web 服务器之间，其功能就是代理网络用户去取得网络信息。形象的说，它是网络信息的中转站。

有了代理服务器后，用户的浏览器不是直接到 Web 服务器去取回网页而是向代理服务器发出请求，Request 信号会先送到代理服务器，由代理服务器来取回浏览器所需要的信息并传送给用户的浏览器。而且，大部分代理服务器都具有缓冲的功能，就好像一个大的 Cache，它有很大的存储空间，不断将新取得数据储存到它本机的存储器上，如果浏览器所请求的数据在它本机的存储器上已经存在而且是最新的，那么它就不重新从 Web 服务器取数据，而直接将存储器上的数据传送给用户的浏览器，这样就能显著提高浏览速度和效率。

例如，以太网一个用户访问了 Internet 上的某一站点后，代理服务器便将访问过的内容存入 Cache 中，如果以太网的其他用户再访问同一个站点时，代理服务器便将它缓存中的内容传输给该用户。

② 代理服务器的功能

● 节省 IP 地址——以太网内的众多机器可以通过内网的一台代理服务器（代理服务器同时有一个公有 IP 地址和一个宽带小区内部私有 IP 地址）连接到外网，用户的所有处理都是通过代理服务器来完成。这样，以太网所有用户对外只占用一个公有 IP 地址，而不必租用过多的 IP 地址，即节省 IP 地址，又降低网络的维护成本，大大减少费用。所以，我们说服务器代理方式是地址管理的一种方案。

● 具有防火墙功能——代理服务器可以保护以太网内部网络不受入侵，也可以设置对某些主机的访问能力进行必要限制，这实际上起着代理防火墙的作用。

● 提高访问速度——由于代理服务器一般都设置一个较大的硬盘缓冲区（可能高达几个 GB 或更大），外界的信息通过时会将其保存到缓冲区中，当其他用户再访问相同的信息时，则直接由缓冲区中取出信息，传给用户，从而达到提高访问速度的目的。

（3）动态 IP 地址池分配

动态 IP 地址池分配是从 IP 地址池（IP Pool）动态地为用户分配 IP 地址，动态地址分配设备一般选用基于 IP 的宽带接入服务器。

宽带接入服务器对用户的 PPP 连接申请进行处理，解读用户送出的用户名、密码和域名，通过 Radius 代理将用户名和密码通过 IP 网络送到相应的 Radius 服务器进行认证。对通过认证的用户从宽带接入服务器在用户侧的 IP 地址池（IP Pool）动态为其分配 IP 地址。

从地址分配的角度看，宽带接入服务器可以节约一定的 IP 地址资源，通过账号、密码等合法性信息鉴别用户身份，实现动态地址占用，以杜绝非法用户占用网络资源。

6.3.5 FTTX+LAN 接入网络的用户广播隔离问题

接入到以太网中用户的主要目的是高速上网，用户一般都不希望自己的网络通信信息被其他的用户所获得，所以必须充分考虑用户之间的广播隔离问题。

解决用户之间的广播隔离问题的方法主要有：基于 VLAN 实现用户广播隔离、MAC 地址过滤和广播流向指定等。

1. 基于 VLAN 实现用户广播隔离

在第 3 章我们介绍了 VLAN 的相关内容。通过划分 VLAN，可以将交换式以太网络划分为不同的广播域从而实现安全和隔离的目的，有效地防止网络的广播风暴。

采用 VLAN 技术实现用户广播隔离是目前用得比较多的一种方法，但是采用 VLAN 实现用户隔离，需要划分的 VLAN 数目较多，由此存在一些问题：

● 以太网交换机对 VLAN 的支持存在着数目上的限制；
● VLAN 划分过多会增大本网出口的路由设置难度；
● VLAN 划分过多对以太网的交换效率以及其他的一些应用造成不利的影响；
● VLAN 划分过多会大量浪费地址。极端情况下，若对交换机的每一个端口划分为一个 VALN，多数厂家的设备每划分一个 VLAN 需要 4 个地址。

所以在接入用户数目较多的情况下，对于各个用户的隔离处理除了采用 VLAN 技术，一般还结合采用其他的方法，如 PVLAN 技术方案。

PVLAN（Private VLAN）技术是 Cisco 公司在 802.1QVLAN 的基础上，对一个 VLAN 进行第二层 VLAN 划分（即在第一层 VLAN 的基础上进行 PVLAN 的划分和隔离，），从而实现用户隔离方案，具体讲就是在以太网交换机上配置的能够与其他的端口在网络第二层进行隔离的一组端口。

在 LAN 接入中实现用户隔离时，采用划分 VLAN 以及 PVLAN 相结合的方法，不仅可以减少第一层 VLAN 的数目，并且配置灵活，容易满足各种用户隔离要求。遗憾的是 PVLAN 不是标准的 IEEE802.1QVLAN 技术，与其他厂家设备存在兼容性问题。

2．MAC 地址过滤

所谓 MAC 地址过滤是通过在以太网交换机上设置过滤策略来实现用户的二层广播隔离，过滤策略一般是单独针对交换机的某个端口设定，而不是对整个交换机设定。

MAC 地址过滤包括源 MAC 地址过滤和目的 MAC 地址过滤。

（1）源 MAC 地址过滤

源 MAC 地址过滤是通过二层交换机端口进行 MAC 地址的过滤，使得该交换机端口只能接收来自特定源地址的数据包，禁止接收其他非指定源 MAC 地址的广播包，这种方法使得各个接入用户之间不能接收到广播包而实现用户隔离。

（2）目的 MAC 地址过滤

基于目的 MAC 地址的过滤是在以太网交换机内指定上联出口 MAC 地址，用户只能向上联端口发送数据包而不允许向其他目的 MAC 地址发数据包，这就限制了用户间的信息广播，实现用户的隔离。

MAC 地址过滤要求过滤策略配置功能必须简单、灵活、快速（过滤功能应在 ASIC 芯片这样的硬件上实现），以提高网络系统的效率。

3．广播流向指定

广播流向指定实现用户广播隔离的原理是：在交换机上指定某些端口的广播流向，如指定用户端口的所有广播包只能发给上联端口，而不能在用户端口之间互相转发；上联端口下来的广播包则可转发给所有端口，从而实现了两个用户端口间无法知道对方的 MAC 地址，广播包又不能发送，实现了相互隔离。

以上介绍了解决用户之间的广播隔离问题的 3 种方法，MAC 地址过滤和广播流向指定分别可以和 VLAN 技术结合进行使用，以达到比较好的效果。

6.3.6　FTTX+LAN 接入业务控制管理

以太网接入方式除了要解决上述的地址管理和用户之间的广播隔离问题以外，还需要考虑实现对以太网接入方式的业务控制管理。接入业务控制管理主要包括接入带宽控制、用户接入认证和计费、接入业务的服务质量保证等。

1．接入带宽控制

本书在第 4 章 4.3 节中介绍过宽带 IP 城域网的带宽管理的方法。对于以太网接入方式，不同用户业务对带宽有不同的需求，应该能够将带宽根据用户的实际需要分成多个等级，即要进行接入带宽控制。

接入带宽控制的方法就采取第 4 章 4.3 节介绍的带宽管理的两种方法，即：

● 在分散放置的客户管理系统上对每个用户的接入带宽进行控制。
● 在用户接入点上对用户接入带宽进行控制。

2．用户接入认证和计费

以太网用户接入认证和计费方式，目前主要采用 PPPoE 技术和 DHCP+技术。有关 PPPoE 和 DHCP+技术读者可参见第 4 章 4.4 节。

另外，还有几种公司自主研制开发的适用于以太网接入的认证和计费技术，如河南月太公司研制的业务控制网关系统、Alcatel 等公司采用的本地交换机代理与认证技术、Cisco 公司的专用认证方式 URT（User Registration 和 Tool）、SSO（Service-Sing-On）。这些认证和计费方式只局限于厂商自已的设备和产品，由于篇幅所限，在此就不做具体介绍了。

3．接入业务的服务质量保证

上面介绍过，以太网可以提供的接入业务种类主要有：高速上网业务、带宽租用业务、网络互联、视频业务和 IP 电话业务等。

以太网接入业务强调良好的服务质量 QoS 保证，即在带宽、时延、时延抖动、吞吐量和包丢失率等特性的基础上提供端到端的 QoS。

以太网提供的不同的接入业务需要分配不同的带宽。利用区分服务（DiffServ）模型可针对某种服务类型，提供不同级别的服务。将区分服务与带宽保证结合起来，可以限定某个用户的确保带宽，从而将用户不同的业务进分类，提供差异化服务。

具体做法是在业务接入控制点可根据物理端口或逻辑子端口完成对接入业务的分类和三层 QoS 段标记（IP Precedence 或 EXP），并实现用户上行流量的限速和用户下行流量的限速、整形。

6.3.7　FTTX+LAN 的优缺点

1．FTTX+LAN 的优点

（1）高速传输——用户上网速率目前为 10Mbit/s 或 100Mbit/s，以后还可以根据用户需要升级。

（2）网络可靠、稳定——楼道交换机和小区中心交换机、小区中心交换机和局端交换机之间通过光纤相连，网络稳定性高、可靠性强。

（3）用户投资少价格便宜——用户只需一台带有网络接口卡（NIC）的 PC 机即可上网。

（4）安装方便——小区、大厦、写字楼内采用综合布线，用户端采用 5 类网线方式接入，即插即用。

（5）应用广泛——通过 FTTX＋LAN 方式即可实现高速上网，远程办公、VOD 点播、VPN 等多种业务。

2．FTTX+LAN 的缺点

（1）5 类线布线问题——5 类线本身只限于室内使用，限制了设备的摆设位置，致使工程建设难度已成为阻碍以太网接入的重要问题。

（2）故障定位困难——以太网接入网络层次复杂，而网络层次多导致故障点增加且难以快速判断排除，使得线路维护难度大。

（3）用户隔离方法较为烦琐且广播包较多。

6.4　光纤接入网技术

6.4.1　光纤接入网基本概念

1．光纤接入网的定义

光纤接入网（Optical Access Network，OAN）是指在接入网中用光纤作为主要传输媒介来实现信息传送的网络形式，或者说是业务节点与用户之间采用光纤通信或部分采用光纤通信的接入方式。

2．光纤接入网的功能参考配置

ITU-T G.982 建议书给出的光纤接入网（OAN）的功能参考配置如图 6-9 所示。

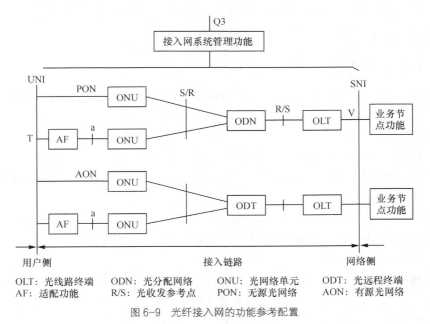

图 6-9　光纤接入网的功能参考配置

AON 主要包含如下配置。

- 4 种基本功能模块：光线路终端（OLT），光分配网络（ODN）/光远程终端（ODT），光网络单元（ONU），AN 系统管理功能块。
- 5 个参考点：光发送参考点 S，光接收参考点 R，与业务节点间的参考点 V，与用户终端间的参考点 T，AF 与 ONU 间的参考点 a。

● 3 个接口：网络维护接口 Q3，用户网络接口 UNI 和业务节点接口 SNI。

各功能块的基本功能分述如下。

（1）OLT 功能块

OLT（Optical Line Termination）的作用是为光接入网提供网络侧与本地交换机之间的接口，并经过一个或多个 ODN 与用户侧的 ONU 通信，OLT 与 ONU 的关系为主从通信关系。OLT 对来自 ONU 的信令和监控信息进行管理，从而为 ONU 和自身提供维护与供电功能。

（2）ONU 功能块

ONU（Optical Distribution Network）位于 ODN 和用户之间，ONU 的网络侧具有光接口，而用户侧为电接口，因此需要具有光/电和电/光变换功能，并能实现对各种电信号的处理与维护管理功能。

（3）ODN/ODT 功能块

ODN/ODT 为 ONU 和 OLT 提供光传输媒介作为其间的物理连接，即传输设施。

根据传输设施中是否采用有源器件，光纤接入网分为有源光网络（AON）和无源光网络（PON）。

有源光网络（AON）指的是 OAN 的传输设施中含有源器件，即为光远程终端（ODT）；而无源光网络（PON）指的是 OAN 中的传输设施全部由无源器件组成，即为光分配网络（ODN）。

（4）AN 系统管理功能块

AN 系统管理功能块是对光纤接入网进行维护管理的功能模块，其管理功能包括配置管理、性能管理、故障管理、安全管理及计费管理。

3．光纤接入网分类

前面提到，光纤接入网根据传输设施中是否采用有源器件分为有源光网络（AON）和无源光网络（PON）。

（1）有源光网络

有源光网络（AON）是传输设施中采用有源器件。有源光网络由 OLT、ONU、光远程终端（ODT）和光纤传输线路构成，ODT 可以是一个有源复用设备，远端集中器（HUB），也可以是一个环网。

AON 通常用于电话接入网，其传输体制有 PDH 和 SDH，一般采用 SDH（或 MSTP 技术）。网络结构大多为环型，ONU 兼有 SDH 环型网中 ADM 设备的功能。

（2）无源光网络

无源光网络（PON）中传输设施 ODN 是由无源光元件组成的无源光分配网，主要的无源光元件有：光纤、光连接器、无源光分路器 OBD（分光器）和光纤接头等。

根据采用的技术不同，无源光网络（PON）又可以分为以下几类。

● APON——基于 ATM 技术的无源光网络，后更名为宽带 PON（BPON）；

● EPON——基于以太网的无源光网络；

● GPON——GPON 业务是 BPON 的一种扩展。

AON 较 PON 传输距离长，传输容量大，业务配置灵活；不足之处是成本高，需要供电系统，维护复杂。而 PON 结构简单，易于扩容和维护，得到越来越广泛的应用。后面将重点介绍 PON 的相关内容。

4．光纤接入网的拓扑结构

在光纤接入网中 ODN/ODT 的配置一般是点到多点方式，即指多个 ONU 通过 ODN/ODT 与一个 OLT 相连。多个 ONU 与一个 OLT 的连接方式即决定了光纤接入网的结构。

光纤接入网采用的基本拓扑结构有星型、树型、总线型、链型和环型结构等。无源光网络（PON）与有源光网络（AON）常用的拓扑结构有所不同，下面介绍 PON 的拓扑结构。

无源光网络（PON）的拓扑结构一般采用星型、树型和总线型。

（1）星型结构

星型结构包括单星型结构和双星型结构。

① 单星型结构

单星型结构是指用户端的每一个光网络单元（ONU）分别通过一根或一对光纤与 OLT 相连，形成以光线路终端（OLT）为中心向四周辐射的星型连接结构，如图 6-10 所示。

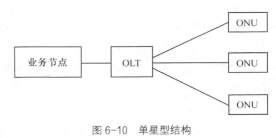

图 6-10　单星型结构

此结构的特点是：

- 在光纤连接中不使用光分路器，不存在由分路器引入的光信号衰减，网络覆盖的范围大；
- 线路中没有有源电子设备，是一个纯无源网络，线路维护简单；
- 采用相互独立的光纤信道，ONU 之间互不影响且保密性能好，易于升级；
- 光缆需要量大，光纤和光源无法共享，所以成本较高。

②双星型结构

双星型结构是单星型结构的改进，多个光网络单元（ONU）均连接到无源光分路器 OBD（分光器），然后通过一根或一对光纤再与 OLT 相连，如图 6-11 所示。

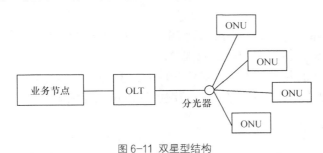

图 6-11 双星型结构

双星型结构适合网径更大的范围，而且具有维护费用低、易于扩容升级、业务变化灵活等优点，是目前采用比较广泛的一种拓扑结构。

（2）树型结构

树型结构是的光纤接入网星型结构的扩展，如图 6-12 所示。连接 OLT 的第 1 个光分路器（OBD）将光分成 n 路，下一级连接第 2 级 OBD 或直接连接 ONU，最后一级的 OBD 连接 n 个 ONU。树型结构的特点是：

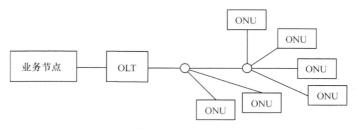

图 6-12　树型结构

- 线路维护容易；
- 不存在雷电及电磁干扰，可靠性高；
- 由于 OLT 的一个光源提供给所有 ONU 的光功率，光源的功率有限，这就限制了所连接 ONU 的数量以及光信号的传输距离。

树型结构的光分路器可以采用均匀分光（即等功率分光，分出的各路光信号功率相等）和非均匀分光（即不等功率分光，分出的各路光信号功率不相等）两种。

（3）总线型结构

总线型结构的光纤接入网如图 6-13 所示。这种结构适合于沿街道、公路线状分布的用户环境。它通常采用非均匀分光的光分路器（OBD）沿线状排列。OBD 从光总线中分出 OLT 传输的光信号，将每个 ONU 传出的光信号插入到光总线。这种结构的特点是：

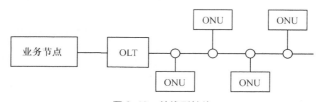

图 6-13　总线型结构

- 非均匀的光分路器只引入少量的损耗给总线，并且只从光总线中分出少量的光功率；
- 由于光纤线路存在损耗，使在靠近 OLT 和远离 OLT 处接收到的光信号强度有较大差别，因此，对 ONU 中光接收机的动态范围要求较高。

以上介绍了 PON 的几种基本拓扑结构，在实际建设光纤接入网时，采用哪一种拓扑结构，要综合考虑当地的地理环境、用户群分布情况、经济情况等因素。

5. 光纤接入网的应用类型

按照光纤接入网的参考配置，根据光网络单元（ONU）设置的位置不同，光纤接入网可分成不同种应用类型，主要包括光纤到路边（FTTC）、光纤到大楼（FTTB）、光纤到家（FTTH）或光纤到办公室（FTTO）等。图 6-14 展示了 3 种不同应用类型。

（1）光纤到路边

在 FTTC 结构中，ONU 设置在路边的人孔或电线杆上的分线盒处，即 DP 点。从 ONU 到各用户之间的部分仍用铜双绞线对。若要传送宽带图像业务，则除距离很短的情况之外，这一部分可能会需要同轴电缆。

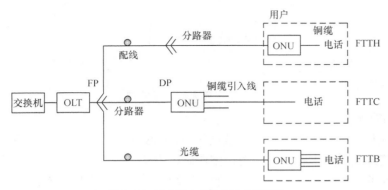

图 6-14　光纤接入网的 3 种应用类型

FTTC 结构主要适用于点到点或点到多点的树型——分支拓扑结构，用户为居民住宅用户和小企事业用户。

（2）光纤到大楼

FTTB 可以看作是 FTTC 的一种变形，不同处在于将 ONU 直接放到楼内（通常为居民住宅公寓或小企事业单位办公楼），再经多对双绞铜线将业务分送给各个用户。FTTB 是一种点到多点结构，通常不用于点到点结构。FTTB 的光纤化进程比 FTTC 更进一步，光纤已敷设到楼，因而更适合于高密度用户区，也更接近于长远发展目标。

（3）光纤到家和光纤到办公室

在前述的 FTTC 结构中，如果将设置在路边的 ONU 换成无源光分路器，然后将 ONU 移到用户房间内即为 FTTH 结构。如果将 ONU 放置在大企事业用户的大楼终端设备处并能提供一定范围的灵活的业务，则构成所谓的光纤到办公室（FTTO）结构。

FTTO 主要用于大企事业用户，业务量需求大，因而结构上适于点到点或环型结构，而 FTTH 用于居民住宅用户，业务量需求很小，因而经济的结构必须是点到多点方式。

6．光纤接入网的传输技术

（1）双向传输技术

光纤接入网的传输技术主要提供完成连接 OLT 和 ONU 的手段。这里的双向传输技术（复用技术）是指上行信道（ONU 到 OLT）和下行信道（OLT 到 ONU）的区分。光纤接入网常用的双向传输主要包括光空分复用（OSDM）、光波分复用（OWDM）、时间压缩复用方式（TCM）和光副载波复用（OSCM），其中用得最多的是光波分复用（OWDM），下面加以介绍。

光波分复用（OWDM）类似于电信号传输系统中的频分复用（FDM）。当光源发送光功率不超过一定门限时，光纤工作于线性传输状态。不同波长的信号只要有一定间隔就可以在同一根光纤上独立地进行传输而不会发生相互干扰，这就是波分复用的基本原理。对于双向传输而言，只需将两个方向的信号分别调制在不同波长上即可实现单纤双向传输的目的，称为异波长双工方式，其双向传输原理如图 6-15 所示。

WDM 的优点是双向传输使用一根光纤，可以节约光纤、光纤放大器、再生器和光终端设备。但单纤双向 WDM 需要在两端波分复用器件，来区分双向信号，从而引入至少 $6\mathrm{dB}(2\times3\mathrm{dB})$ 损耗。而且利用光纤放大器实现双工传输时会有来自反射和散射的多径干扰影响。

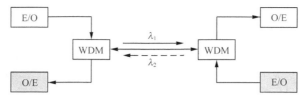

图 6-15　OWDM 双向传输原理

（2）多址接入技术

在典型的光纤接入网点到多点的系统结构中，通常只有一个 OLT 却有多个 ONU，即 OLT 与 ONU 的连接方式采用点到多点的连接方式时，为了使每个 ONU 都能正确无误地与 OLT 进行通信，反向的用户接入，即多点用户的上行接入需要采用多址接入技术。

多址接入技术主要有光时分多址（OTDMA）、光波分多址（OWDMA）、光码分多址（OCDMA）和光副载波多址（OSCMA）。目前光纤接入网一般采用光时分多址接入（OTDMA）方式，下面仅介绍此种多址接入技术。

光时分多址接入（Optical Time Division Multiple Access，OTDMA）方式是指将上行传输时间分为若干时隙，在每个时隙只安排一个 ONU 发送的信息，各 ONU 按 OLT 规定的时间顺序依次以分组的方式向 OLT 发送。为了避免与 OLT 距离不同的 ONU 所发送的上行信号在 OLT 处合成时发生重叠，OLT 需要有测距功能，不断测量每一个 ONU 与 OLT 之间的传输时延（与传输距离有关），指挥每一个 ONU 调整发送时间使之不致产生信号重叠。OTDMA 方式的原理示意图如图 6-16 所示。

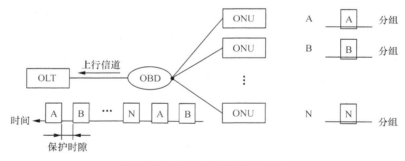

图 6-16　OTDMA 方式的原理示意图

6.4.2　ATM 无源光网络

1. APON 的概念

APON（ATM-PON）是 PON 技术和 ATM 技术相结合的产物，即在 PON 上实现基于 ATM 信元的传输。

APON 是在 20 世纪 90 年代中期由全业务接入网络组织（Full-Services Access Network，FSAN）最初运作开发的。FSAN 是一个由 21 个大型电信公司组成的集团，它们共同合作，研究和开发一种新型的支持数据、视频和语音信息的宽带接入系统。当时，ATM 是人们公认的最佳链路层协议，PON 是人们公认的最佳的物理层协议，两者理所当然的结合产生了 APON 技术。

经过 FSAN 集团的不懈努力，1998 年 10 月通过了全业务接入网采用的 APON 格式标准——ITU-T G.985.1；2000 年 4 月批准其控制通道规范的标准——ITU-T G.985.2；2001 年又发布了关于波长分配的标准——ITU-T G.985.3，利用波长分配增加业务能力的宽带光接入系统。目前在北美、日本和欧洲都有 APON 产品的实际应用。

2．APON 的特点

在无源光网络（PON）上使用 ATM，不仅可以利用光纤的巨大带宽提供宽带服务，也可以利用 ATM 进行高效的业务管理，特别是 ATM 在实现不同业务的复用以及适应不同带宽的需要方面有很大的灵活性。APON 具有以下主要特点。

（1）综合接入能力

APON 综合了 ATM 技术和无源光网络技术，可以提供现有的从窄带到宽带等各种业务。APON 的对称应用上行和下行数据率都可达到 155Mbit/s，非对称应用下行方向的数据率可达到 622Mbit/s，用户的接入速率可以从 64kbit/s～155Mbit/s 间灵活分配。

（2）高可靠性

局端至远端用户之间没有有源器件，可靠性较有源 OAN 大大提高，而且基于 ATM 技术的 APON 可以有良好的 QoS 保证。

（3）接入成本低

在 APON 系统中，运用了无源器件和资源共享方式，降低了单个用户的接入成本。

（4）资源利用率高

采用带宽动态分配技术，大大提高了资源的利用率；对下行信号采取搅动等加密措施，防止非法用户的盗用。

（5）技术复杂

APON 技术复杂、成本较高，并且带宽仍然有限。

6.4.3　以太网无源光网络

以太网无源光网络（EPON）是基于以太网的无源光网络，即采用 PON 的拓扑结构实现以太网帧的接入，EPON 的标准为 IEEE 802.3ah。

1．EPON 的网络结构

EPON 的网络结构一般采用双星型或树型，其示意图如图 6-17 所示。

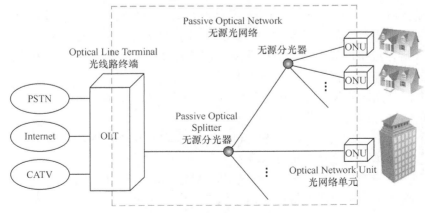

图 6-17　EPON 的网络结构示意图

EPON 中包括无源网络设备和有源网络设备。

● 无源网络设备——指的是光分配网络（ODN），包括光纤、无源分光器、连接器和光纤接头等。它一般放置于局外，称为局外设备。

● 有源网络设备——包括光线路终端（OLT）、光网络单元（ONU）和设备管理系统（EMS）。

EPON 中较为复杂的功能主要集中于 OLT，而 ONU 的功能较为简单，这主要是为了尽量降低用户端设备的成本。

2．EPON 的设备功能

（1）光线路终端

在 EPON 中，OLT 既是一个交换机或路由器，又是一个多业务提供平台（Multiple Service Providing Platform，MSPP），提供面向无源光纤网络的光纤接口。OLT 将提供多个 Gbit/s 和 10Gbit/s 的以太网口，支持 WDM 传输，与多种业务速率相兼容。

OLT 根据需要可以配置多块 OLC（Optical Line Card），OLC 与多个 ONU 通过分光器连接，分光器是一个简单设备，它不需要电源，可以置于全天候的环境中。

OLT 的具体功能如下。

① 提供 EPON 与服务提供商核心网的数据、视频和话音网络的接口，具有复用/解复用功能；

② 光/电转换、电/光转换；

③ 分配和控制信道的连接，并有实时监控、管理及维护功能；

④ 具有以太网交换机或路由器的功能。

OLT 布放位置一般有 3 种方式。

● OLT 放置于局端中心机房（交换机房、数据机房等）——这种布放方式，OLT 的覆盖范围大，便于维护和管理，节省运维成本，利于资源共享。

● OLT 放置于远端中心机房——这种布放方式，OLT 的覆盖范围适中，便于操作和管理，同时兼顾容量和资源。

● 户外机房或小区机房——这种布放方式，节省光纤，但管理和维护困难，OLT 的覆盖范围比较小，需要解决供电问题，一般不建议采用这种方式。

OLT 位置的选择，主要取决于实际的应用场景，一般建议将 OLT 放置于局端中心机房。

（2）分光器

分光器是光分配网络（ODN）中的重要部件，其作用是将 1 路光信号分为 N 路光信号。其具体功能为分发下行数据，并集中上行数据。分光器带有一个上行光接口，若干下行光接口。从上行光接口过来的光信号被分配到所有的下行光接口传输出去，从下行光接口过来的光信号被分配到唯一的上行光接口传输出去。

EPON 中，分光器的分光比一般为：1∶8/1∶16/1∶32/1∶64。

分光器的布放方式有 3 种。

① 一级分光——分光器采用一级分光时 PON 端口一次利用率高，易于维护，其典型应用于需求密集的城镇，如大型住宅区或商业区。

② 二级分光——分光器采用二级分光时，故障点增加，维护成本高，熔接点/接头增加，分布较灵活。典型应用于需求分散的城镇，如小型住宅区或中小城市。

③ 多级分光——分光器采用多级分光时，同样故障点增加，维护成本很高，熔接点/接

头增加，分布非常灵活，其典型应用于成带状分布的农村或商业街。

（3）光网络单元

① ONU 的功能

ONU 放置在用户侧，其功能如下。

● 给用户提供数据、视频和语音与 PON 之间的接口（若用户业务为模拟信号，ONU 应具有模/数、数/模转换功能）；

● 光/电（以太网帧格式）转换、电/光转换；

● 提供以太网二层、三层交换功能——ONU 采用了技术成熟的以太网协议，在中带宽和高带宽的 ONU 中，实现了成本低廉的以太网第二层第三层交换功能。此类 ONU 可以通过层叠来为多个最终用户提供共享高带宽。在通信过程中，不需要协议转换，就可实现 ONU 对用户数据透明传送。ONU 也支持其他传统的 TDM 协议，而且不增加设计和操作的复杂性。

② ONU 布放的位置

根据 ONU 布放的位置，可将 EPON 分为以下几种情况：

● 光纤到户（FTTH）——适用于用户居住比较分散且用户对带宽的要求较高的区域。

● 光纤到大楼（FTTB）——适用于在单栋商务楼用户相对数量不多、带宽要求不高的场景。

● 光纤到路边（FTTC）——是带宽与投资的折衷。

（4）设备管理系统

EPON 中的 OLT 和所有的 ONU 由设备管理系统（EMS）管理，设备管理系统（EMS）提供与业务提供者核心网络运行的接口。管理功能有故障管理、配置管理、计费管理、性能管理和安全管理。

3．EPON 的工作原理及帧结构

EPON 系统采用 WDM 技术，实现单纤双向传输。使用 2 个波长时，下行（OLT 到 ONU）使用 1510nm，上行（ONU 到 OLT）使用 1310nm，用于分配数据、语音和 IP 交换式数字视频（SDV）业务。

使用 3 个波长时，下行使用 1510nm，上行使用 1310nm，增加一个下行 1550nm 波长，携带下行 CATV 业务。

（1）下行通信

EPON 下行采用时分复用（TDM）+广播的传输方式。EPON 下行传输原理如图 6-18 所示。

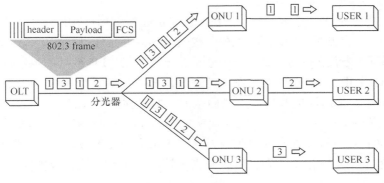

图 6-18　EPON 下行传输原理示意图

在光信号上进行的时分复用是指在发送端（OLT），将发给各支路（ONU）的电信号各自经过一个相同波长的激光器转变为支路光信号，各支路的光信号再分别经过延时调整后，经合路器合成一路高速光复用信号并馈入光纤；在接收端，收到的光复用信号首先经过光分路器分解为支路光信号，各支路的光信号再分送到各支路（ONU）的光接收机转换为各支路电信号。

具体地说，在 OLT 将时分复用后的信号发给分光器，分光器采用广播方式将信号发给所有的 ONU。在 EPON 中，根据 IEEE 802.3 以太网协议，传送的是可变长度的数据包（MAC 帧），最长可为 1518 个字节。每个数据包带有一个 EPON 包头（逻辑链路标识 LLID），唯一标识该信息包是发给 ONU-1、ONU-2 还是 ONU-3 等。也可标识为广播数据包发给所有 ONU 或发给特定的 ONU 组（多点传送数据包）。当数据包到达 ONU 时，ONU 通过地址匹配，接收并识别发给它的数据包，丢弃发给其他 ONU 的数据包。

EPON 下行传输的数据流被组成固定长度的帧，其帧结构如图 6-19 所示。

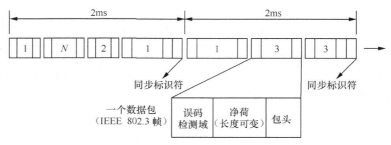

图 6-19　EPON 下行传输帧结构

EPON 下行传输速率为 1.25Gbit/s，每帧帧长为 2ms，携带多个可变长度的数据包（IEEE 802.3 帧）。含有同步标识符的时钟信息位于每帧的开头，用于 ONU 与 OLT 的同步，同步标识符占 1 个字节。从图 6-19 中可以看出，下行方向上，每帧中包含的 ONU 数据分组没有顺序，长度也是可变的。

（2）上行通信

在上行方向，EPON 采用时分多址接入（TDMA）方式，具体来说，就是每个 ONU 只能在 OLT 已分配的特定时隙中发送数据帧，每个特定时刻只能有一个 ONU 发送数据帧，否则，ONU 间将产生时隙冲突，导致 OLT 无法正确接收各个 ONU 的数据，所以要对 ONU 发送上行数据帧的时隙进行控制。每个 ONU 有一个 TDMA 控制器，它与 OLT 的定时信息一起，控制各 ONU 上行数据包的发送时刻，以避免复合时相互间发生碰撞和冲突。

EPON 上行传输原理如图 6-20 所示。

连接于分光器的各 ONU 发送上行信息流，经过分光器耦合到共用光纤，以 TDM 方式复合成一个连续的数据流，此数据流组成帧，其帧长也是 2ms，每帧有一个帧头，表示该帧的开始。每帧进一步分割成可变长度的时隙，每个时隙分配给一个 ONU。EPON 上行帧结构如图 6-21 所示。

假设一个 OLT 携带的 ONU 个数是 N 个，则在 EPON 的上行帧结构中会有 N 个时隙，每个 ONU 占用一个，但时隙的长度并不是固定的，它是根据 ONU/ONT 发送的最长消息，也就是 ONU 要求的最大带宽和 IEEE 802.3 帧来确定的，ONU 可以在一个时隙内发送多个 IEEE 802.3 帧，图 6-21 中 ONU3 在它的时隙内发送 2 个可变长度的数据包和一些时隙开销。时隙开销包括保护字节、定时指示符和信号权限指示符。当 ONU 没有数据发送时，它就用空闲字节填充自己的时隙。

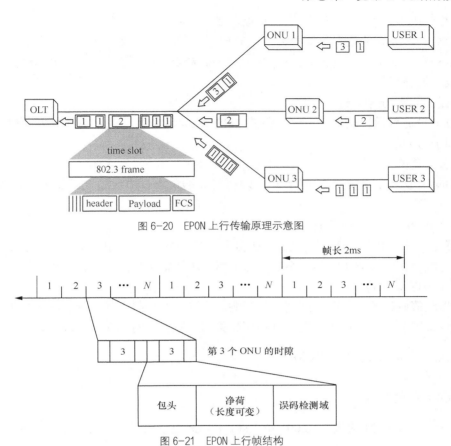

图 6-20　EPON 上行传输原理示意图

图 6-21　EPON 上行帧结构

EPON 系统中一个 OLT 携带多个 ONU，ONU 至 OLT 的距离有长有短，最短的可以是几米，最长的可以达 20km。EPON 采用 TDMA 方式接入，必须使每一个 ONU 的上行信号在公用光纤汇合后，插入指定的时隙，彼此间既不发生碰撞，也不要间隔太大。所以 OLT 必须要准确知道数据在 OLT 和每个 ONU 之间的传输往返时间（Round Trip Time，RTT），即 OLT 要不断地对每一个 ONU 与 OLT 的距离进行精确测定（即测距），以便控制每个 ONU 发送上行信号的时刻。

测距具体过程为：OLT 发出一个测距信息，此信息经过 OLT 内的电子电路和光电转换延时后，光信号进入光纤传输并产生延时到达 ONU，经过 ONU 内的光电转换和电子电路延时后，又发送光信号到光纤并再次产生延时，最后到达 OLT，OLT 把收到的传输延时信号和它发出去的信号相位进行比较，从而获得传输延时值。OLT 以距离最远的 ONU 的延时为基准，算出每个 ONU 的延时补偿值 Td，并通知 ONU。该 ONU 在收到 OLT 允许它发送信息的授权后，延时 Td 补偿值后再发送自己的信息，这样各个 ONU 采用不同的 Td 补偿时延调整自己的发送时刻，以便使所有 ONU 到达 OLT 的时间都相同。G.983.1 建议要求测距精度为±1bit。

4. EPON 的优缺点

（1）EPON 的优点
EPON 的优点主要表现在以下几个方面。

① 相对成本低，维护简单，容易扩展，易于升级

EPON 结构在传输途中不需电源，没有电子部件，因此容易铺设，基本不用维护，长期运营成本和管理成本的节省很大；EPON 系统对局端资源占用很少，模块化程度高，系统初期投入低，扩展容易，投资回报率高。

② 提供非常高的带宽

EPON 目前可以提供上、下行对称的 1.25Gbit/s 的带宽，并且随着以太网技术的发展可以升级到 10Gbit/s。

③ 服务范围大

EPON 作为一种点到多点网络，可以利用局端单个光模块及光纤资源，服务大量终端用户。

④ 带宽分配灵活，服务有保证

对带宽的分配和保证都有一套完整的体系。EPON 可以通过 DBA（动态带宽算法）、DiffServ、PQ/WFQ、WRED 等来实现对每个用户进行带宽分配，并保证每个用户的 QoS。

（2）EPON 的缺点

① 受政策制约及运营商之间竞争的影响，小区信息化接入的开展存在较多的变数。

② 设备需要一次性投入，在建设初期如果用户数较少时相对成本较高。

6.4.4　吉比特无源光网络

1．GPON 的概念

前面介绍了 APON 的概念，2001 年年底，FSAN 更新网页把 APON 更名为 BPON，即"宽带 PON"。

在 2001 年 1 月左右第一英里以太网联盟（Ethernet in the First Mile Alliance，EFMA）提出 EPON 概念的同时，FSAN 也开始进行 1 Gbit/s 以上的 PON-GPON 标准的研究。

吉比特无源光网络（GPON）业务是 BPON 的一种扩展，相对于其他的 PON 标准而言，GPON 标准提供了前所未有的高带宽（下行速率近 2.5Gbit/s），上、下行速率有对称和不对称两种，其非对称特性更能适应宽带数据业务市场。

与 EPON 直接采用以太网帧不同，GPON 标准规定了一种特殊的封装方法——GEM（GPON Encapsulation Method）。GPON 可以同时承载 ATM 信元和（或）GEM 帧，有很好的提供服务等级、支持 QoS 保证和全业务接入的能力；在承载 GEM 帧时，可以将 TDM 业务映射到 GEM 帧中，使用标准的 8kHz（125μs）帧能够直接支持 TDM 业务。作为一种电信级的技术标准，GPON 还规定了在接入网层面上的保护机制和完整的 OAM 功能。

2．GPON 的技术特点

归纳起来，GPON 具有以下技术特点。

（1）业务支持能力强，具有全业务接入能力

相对 EPON 技术，GPON 更注重对多业务的支持能力。GPON 系统用户接口丰富，可以提供包括 64kbit/s 业务、E1 电路业务、ATM 业务、IP 业务和 CATV 等在内的全业务接入能力，是提供语音、数据和视频综合业务接入的理想技术。

（2）可提供较高带宽和较远的覆盖距离

GPON 可以提供 1244Mbit/s，2488Mbit/s 的下行速率和 155Mbit/s，622Mbit/s，1244Mbit/s 和 2488Mbit/s 的上行速率，能灵活地提供对称和非对称速率。

此外，GPON 系统中一个 OLT 可以支持最多 64（或 128）个 ONU，GPON 的物理传输距离最长可达到 20 千米，逻辑传输距离最长可达到 60 千米。

（3）带宽分配灵活，有服务质量保证

GPON 系统中采用的 DBA 算法可以灵活调用带宽，能够保证各种不同类型和等级业务的服务质量。

动态带宽分配（Dynamically Bandwidth Assignment，DBA）是一种能在微秒或毫秒级的时间间隔内完成对上行带宽动态分配的机制。采用 DBA 的好处有：可以提高 PON 端口的上行线路带宽利用率，在 PON 口上增加更多的用户；用户可以享受到更高带宽的服务，特别是那些对带宽突变比较大的业务。

（4）具有保护机制和 OAM 功能

GPON 具有保护机制和完整的 OAM 功能，另外 ODN 的无源特性减少了故障点，便于维护。

（5）安全性高

GPON 系统下行采用高级加密标准 AES 加密算法，对下行帧的负载部分进行加密，可以有效地防止下行数据被非法 ONU 截取。同时，GPON 系统通过 PLOAM 通道随时维护和更新每个 ONU 的密钥。

（6）系统扩展容易，便于升级

GPON 系统模块化程度高，对局端资源占用很少，树型拓扑结构使系统扩展容易。

（7）技术相对复杂，设备成本较高

GPON 承载有 QoS 保障的多业务和强大的 OAM 能力等优势很大程度上是以技术和设备的复杂性为代价换来的，从而使得相关设备成本较高。但随着 GPON 技术的发展和大规模应用，GPON 设备的成本可能会相应地下降。

3. GPON 协议层次模型

GPON 协议层次模型如图 6-22 所示。

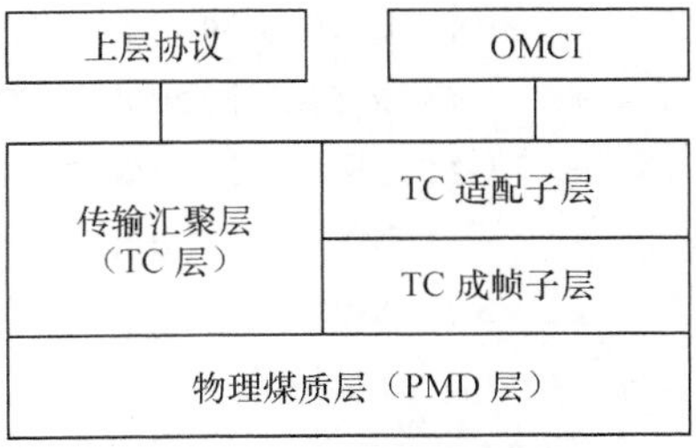

GPON 协议层次模型主要包括 3 层：物理媒质相关层（PMD 层）、传输汇聚层（TC 层）和系统管理控制接口（OMCI）层，各层主要功能如下。

图 6-22　GPON 协议层次模型

（1）PMD 层

PMD 层提供了在 GPON 物理媒质上传输信号的手段，其要求参见 G.984.2 标准，其中规定了光接口的规范，包括上下行速率、工作波长、双工方式、线路编码、链路预算及光接口的其他详细要求。

（2）TC 层

TC 层是 GPON 技术的核心，G.984.3 标准规定了帧结构、动态带宽分配 DBA、ONU 激活、OAM 功能、安全性等方面的要求。TC 层包括两个子层：成帧子层（Framing Sublayer）

和适配子层（Adaptation Sublayer）。

- 成帧子层的主要作用是提供 GPON 传输汇聚（GTC）净荷和物理层操作管理维护（PLOAM）的复用和解复用、GTC 帧头的生成和解码（即在发送端封装成 GTC 帧，在接收端进行帧拆卸），以及嵌入式 OAM 的处理；另外成帧子层还完成测距、带宽分配、保护倒换等功能。

- 适配子层的主要作用是利用 GEM 提供对上层协议和 OMCI 的适配（即 GEM 帧的封装和拆卸），同时还提供 DBA 控制等功能。

（3）OMCI 层

OMCI 提供了对 ONU 进行远程控制和管理的手段，其要求在 G.984.4 和 G.988 标准中规定。

4．GPON 的标准

2003 年 3 月 ITU-T 颁布了描述 GPON 总体特性的 G.984.1 和 ODN 物理媒质相关（PMD）子层的 G.984.2 GPON 标准；2004 年 2 月和 6 月发布了规范传输汇聚（TC）层的 G.984.3 和系统管理控制接口（OMCI）的 G.984.4 标准；2008 年 3 月 ITU-T 发布了新的 G.984.1 和 G.984.3 标准。

各种 GPON 标准的具体内容如下。

（1）G.984.1 标准

G.984.1（G.gpon.gsr）标准的名称是吉比特无源光网络的总体特性，该标准主要规范了 GPON 系统的总体要求，包括光纤接入网（OAN）的体系结构、业务类型、业务节点接口（SNI）和用户网络接口（UNI）、物理速率、逻辑传输距离及系统的性能目标。

G.984.1 标准对 GPON 提出了总体目标，要求 ONU 的最大逻辑距离差可达 20km，支持的最大分路比为 16、32 或 64，不同的分路比（分光比）对设备的要求不同。从分层结构上看，ITU 定义的 GPON 由 PMD 层和 TC 层构成，分别由 G.984.2 和 G.984.3 标准进行规范。

（2）G.984.2 标准

G.984.2（G.gpon.pmd）标准规定了 GPON 系统的上、下行速率，有对称和不对称几种，具体包括：

- 下行 1244.16Mbit/s/上行 155.52Mbit/s；
- 下行 1244.16Mbit/s/上行 622.08Mbit/s；
- 下行 1244.16Mbit/s/上行 1244.16Mbit/s；
- 下行 2488.32Mbit/s/上行 155.52Mbit/s；
- 下行 2488.32Mbit/s/上行 622.08Mbit/s；
- 下行 2488.32Mbit/s/上行 1244.16Mbit/s；
- 下行 2488.32Mbit/s/上行 2488.32Mbit/s。

（3）G.984.3 标准

G.984.3（G.gpon.gtc）标准名称为吉比特无源光网络的传输汇聚（TC）层规范，于 2003 年完成。该标准规定了 GPON 的 TC 子层的 GTC 帧格式、封装方法、适配方法、测距机制、QoS 机制、安全机制、动态带宽分配（DBA）、操作维护管理功能等。

G.984.3 标准是 GPON 系统的关键技术要求，它引入了一种新的传输汇聚子层，用于承载 ATM 业务流和 GEM 业务流。GEM 是一种新的封装结构，主要用于封装那些长度可变的数据信号和 TDM 业务。

（4）G.984.4 标准

G.984.4 标准的名称为 GPON 系统管理控制接口（OMCI）规范，2004 年 6 月正式完成。该标准提出了对 OMCI 的要求，目标是实现多厂家 OLT 和 ONT 设备的互通性。而且该标准指定了协议无关的 MIB 管理实体，模拟了 OLT 和 ONT 之间信息交换的过程。

5．GPON 的系统结构

GPON 系统与其他 PON 接入系统相同，也是由 OLT、ONU、ODN 3 部分组成。GPON 可以灵活地组成树型、星型、总线型等拓扑结构，其中典型结构为树状结构。GPON 的系统结构示意图如图 6-23 所示。

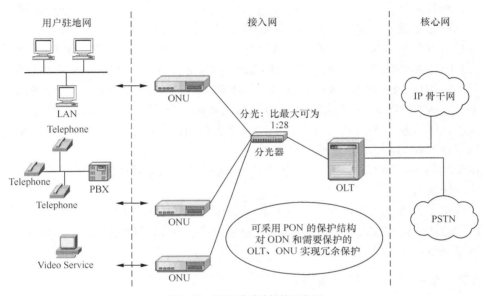

图 6-23　GPON 的系统结构示意图

GPON 的设备功能及工作原理与 EPON 一样，只是帧结构不同。

6.5　无线接入技术

6.5.1　无线接入网的概念及分类

1．无线接入网的概念

无线接入网是指从业务节点接口到用户终端全部或部分采用无线方式，即利用卫星、微波及超短波等传输手段向用户提供各种电信业务的接入系统。

2．无线接入网的分类

无线接入网可分为固定无线接入网和移动无线接入网两大类。

（1）固定无线接入网

固定无线接入网主要为固定位置的用户或仅在小区内移动的用户提供服务，其用户终端主要包括电话机、传真机或数据终端（如计算机）等。

宽带固定无线接入技术代表了宽带接入技术的一种新的不可忽视的发展趋势，不仅开通快，维护简单，用户密度较大时成本低，而且改变了本地电信业务的传统观念，最适于新的本地网竞争者与传统电信公司与有线电视公司展开有效竞争，也可以作为电信公司有线接入的重要补充而得到应有的发展。

固定无线接入网的实现方式主要包括直播卫星（DBS）系统、多路多点分配业务（MMDS）系统、本地多点分配业务（LMDS）系统、无线局域网（WLAN）及微波存取全球互通（WiMAX）系统等。

（2）移动无线接入网

移动无线接入网是为移动体用户提供各种电信业务。由于移动接入网服务的用户是移动的，因而其网络组成要比固定网复杂，需要增加相应的设备和软件等。

移动接入网使用的频段范围很宽，其中可有高频（3～30MHz）、甚高频（30～300MHz）、特高频（300～3000MHz）和微波（3～300GHz）频段等。例如，我国陆地移动电话通信系统通常采用 160MHz，450MHz，800MHz 及 900MHz 频段；地空之间的航空移动通信系统通常采用 108～136MHz 频段；岸站与航站的海上移动通信系统常采用 150MHz 频段。

实现移动无线接入的方式有许多种类，如蜂窝移动通信系统、卫星移动通信系统及微波存取全球互通（WiMAX）系统等。

值得说明的是，微波存取全球互通（WiMAX）系统既可以提供固定无线接入，也可以提供移动无线接入。

以上介绍了无线接入网的分类，在几种无线接入方式中，目前技术较新或应用较广泛的是 LMDS、WLAN 和 WiMAX 系统。WLAN 已在本书第 3 章做过详细介绍，下面重点介绍 LMDS 和 WiMAX 系统。

6.5.2　本地多点分配业务系统

1. LMDS 的概念

本地多点分配业务（Local Multipoint Distribute Service，LMDS）系统是一种崭新的宽带无线接入技术，它利用高容量点对多点微波传输，其工作频段为 24～39 GHz，可用带宽达 1.3 GHz。

LMDS 几乎可以提供任何种类的业务接入，如双向话音、数据、视频及图像等，其用户接入速率可以从 64kbit/s～2Mbit/s，甚至高达 155Mbit/s。而且 LMDS 能够支持 ATM、TCP/IP 和 MPEG-Ⅱ等标准，因此被比喻为"无线光纤"技术。

LMDS 的上行和下行根据它们所传的业务不同而具有不同的带宽，下行可以使用 TDM 接入方式，而上行使用 TDMA 方式来共享一个载波，因而使它能灵活提供更高带宽数据以及较容易地实现动态带宽分配。

2. LMDS 技术特点

（1）优点

LMDS 技术除具有一般的宽带接入技术的特性外，还具有无线系统所固有的优点，具体如下。

① 频率复用度高、系统容量大。LMDS 一般工作在 10GHz 及其以上频段上，可用频段可达 1GHz 以上。

② 可支持多种业务的接入。LMDS 的宽带特性决定了它几乎可以承载任何业务，包括话音、数据、视频和图像等业务。

③ 适合于高密度用户地区。由于 LMDS 基站的容量可能会超过其覆盖区内的用户业务总量，因此 LMDS 系统特别适于在高密度用户地区使用。

④ 扩容方便灵活。LMDS 无线网络为蜂窝覆盖，每个蜂窝的覆盖可根据该蜂窝内业务量的增大划分为多个扇区，也可在扇区内增加信道，所以扩容非常方便灵活。

（2）缺点

LMDS 具有以下一些缺点。

① LMDS 采用微波传输且频率较高，其传输质量和距离受气候等条件的影响较大。

② 由于 LMDS 采用的微波波段的直线传输，只能实现视距接入，所以在基站和用户之间不能存在障碍物。

③ 与光纤传输相比，传输质量在无线覆盖区边缘不够稳定。

④ LMDS 仍属于固定无线通信，缺乏移动灵活性。

⑤ 在我国 LMDS 的可用频谱还没有划定。

3．LMDS 接入网络结构

LMDS 接入网络包括多个小区，每个小区由一个基站和众多用户终端组成，各基站之间通过骨干网络相连，LMDS 接入网络结构如图 6-24 所示。

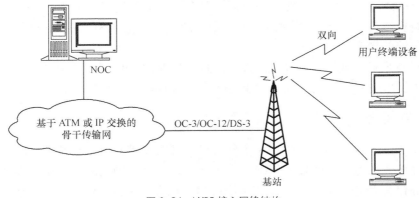

图 6-24　LMDS 接入网络结构

由图 6-24 可见，LMDS 网络系统由 4 个部分组成：骨干网络、基站、用户终端设备和网络运行中心（NOC）。先将各部分的具体情况介绍如下。

（1）骨干网络

骨干网络是用来连接基站的。它可以由光纤传输网、基于 ATM 交换或 IP 的骨干传输网等所组成。

（2）基站

基站负责进行用户端的覆盖，并提供骨干网络的接口，包括 PSTN、Internet、Frame Relay、ATM 和 ISDN 等网络的接口，具体完成编码/解码、压缩、纠错、复接/分接、路由、调制解调、合路/分路等功能。

为了更有效地利用频谱，进一步扩大系统容量。LMDS 系统的基站采用多扇区覆盖，每个基站都由若干个扇区组成（最少 4 个扇区，最多可达 24 个扇区），可容纳较多数量的用户终端。

（3）用户终端设备

用户终端设备包括室外单元（ODU）和室内单元（IDU）两部分。ODU 包括定向天线、微波收发设备。IDU 包括调制解调模块以及与用户室内设备相连的网络接口模块（NIU）。用户端网络接口单元（NIU）为各种用户、业务提供接口，并完成复用/解复用功能。

（4）网络运行中心

NOC 负责完成告警与故障诊断、系统配置、计费、系统性能分析和安全管理等功能。

6.5.3　WiMAX

1．WiMAX 的概念

微波存取全球互通（World Interoperability for Microwave Aceess，WiMAX）是一种可用于城域网的宽带无线接入技术，它是针对微波和毫米波段提出的一种新的空中接口标准。WiMAX 的频段范围为 2～11GHz。WiMAX 的主要作用是提供无线"最后一公里"接入，覆盖范围可达 50km，最大数据速率达 75Mbit/s。

WiMAX 将提供固定、移动、便携形式的无线宽带连接，并最终能够在不需要直接视距基站的情况下提供移动无线宽带连接。在典型的 4.83～15.1km 里半径单元部署中，获得 WiMAX 论坛认证的系统可以为固定和便携接入应用提供高达每信道 40Mbit/s 的容量，能够满足同时支持数百使用 T-1 连接速度的商业用户或数千使用 DSL 连接速度的家庭用户的需求，并提供足够的带宽。

WiMAX 技术目前处于试验和迅速发展阶段，它是最具代表性的宽带接入技术，以其带宽宽、容量大、多业务、组网快及投资少而受到运营商和用户的青睐。

2．WiMAX 标准

1999 年，IEEE-SA 成立了 802.16 工作组专门开发宽带固定无线技术标准，目标就是要建立一个全球统一的宽带无线接入标准。为了促进这一目的的达成，几家世界知名企业还发起成立了 WiMAX 论坛，力争在全球范围推广这一标准。WiMAX 论坛的成立很快得到了厂商和运营商的关注，并积极加入到其中，很好地促进了 802.16 标准的推广和发展。

IEEE 802.16 标准系列又称为 IEEE Wireless MAN 空中接口标准，是工作于 2～66GHz 无线频段的空中接口规范。由于它所规定的无线系统覆盖范围可高达 50km，因此 802.16 系统主要应用于城域网，符合该标准的无线接入系统被视为可与 DSL 竞争的最后一公里宽带接入解决方案。根据使用频段高低的不同，IEEE 802.16 系统可分为应用于视距和非视距两种，其中使用 2～11GHz 频段的系统应用于非视距（NLOS）范围，而使用 10～66GHz 频段的系统应用于视距（LOS）范围。

IEEE 802.16 标准系列主要包括 IEEE 802.16、IEEE 802.16a、IEEE 802.16c、IEEE 802.16d、IEEE 802.16e、IEEE 802.16f 和 IEEE 802.16g 等。下面分别加以介绍。

（1）IEEE 802.16 标准

2001 年 12 月颁布的 IEEE 802.16 标准，对使用 10～66GHz 频段的固定宽带无线接入系统的空中接口物理层和 MAC 层进行了规范，由于其使用的频段较高，因此仅能应用于视距范围内。

（2）IEEE 802.16a 标准

2003 年 1 月颁布的 IEEE 802.16a 标准对之前颁布的 IEEE 802.16 标准进行了扩展，对使用 2～11GHz 许可和免许可频段的固定宽带无线接入系统的空中接口物理层和 MAC 层进行了规范，该频段具有非视距传输的特点，覆盖范围最远可达 50km，通常小区半径为 6～10km。另外，IEEE 802.16a 的 MAC 层提供了 QoS 保证机制，可支持语音和视频等实时性业务。这些特点使得 IEEE 802.16a 标准与 IEEE 802.16 标准相比更具有市场应用价值，真正成为适合应用于城域网的无线接入手段。

（3）IEEE 802.16c 标准

2002 年正式发布的 IEEE 802.16c 标准是对 IEEE 802.16 标准的增补文件，是使用 10～66 GHz 频段 IEEE 802.16 系统的兼容性标准，它详细规定了 10～66 GHz 频段 IEEE 802.16 系统在实现上的一系列特性和功能。

（4）IEEE 802.16d 标准

IEEE 802.16d 标准是 IEEE 802.16 标准系列的一个修订版本，是相对比较成熟并且最具有实用性的一个标准版本，在 2004 年下半年正式发布。IEEE 802.16d 对 2～66 GHz 频段的空中接口物理层和 MAC 层进行了详细规定，定义了支持多种业务类型的固定宽带无线接入系统的 MAC 层和相对应的多个物理层。

该标准对前几个 IEEE 802.16 标准进行了整合和修订，但仍属于固定宽带无线接入规范。它保持了 IEEE 802.16、16a 等标准中的所有模式和主要特性同时未增加新的模式，增加或修改的内容用来提高系统性能和简化部署，或者用来更正错误、不明确或不完整的描述，其中包括对部分系统信息的增补和修订。同时，为了能够后向平滑过渡到支持用户站以车辆速度移动的 IEEE 802.16e 标准，IEEE 802.16d 增加了部分功能以支持用户的移动性。

（5）IEEE 802.16e 标准

IEEE 802.16e 标准是 IEEE 802.16 标准的增强版本，该标准后向兼容 IEEE 802.16d，规定了可同时支持固定和移动宽带无线接入的系统，工作在 2～6GHz 之间适宜于移动性的许可频段，可支持用户站以车辆速度移动，同时 IEEE 802.16a 规定的固定无线接入用户能力并不因此受到影响。同时该标准也规定了支持基站或扇区间高层切换的功能。

（6）IEEE 802.16f 标准

IEEE 802.16f 标准定义了 IEEE 802.16 系统 MAC 层和物理层的管理信息库（MIB）及相关的管理流程。

（7）IEEE 802.16g 标准

IEEE 802.16g 标准制定的目的是为了规定标准的 IEEE 802.16 系统管理流程和接口，从而能够实现 IEEE 802.16 设备的互操作性和对网络资源、移动性和频谱的有效管理。

3. WiMAX 的技术优势

WiMAX 具有以下技术优势。

（1）设备的良好互用性

由于 WiMAX 中心站与终端设备之间具有交互性，使运营商能从多个设备制造商处购买 WiMAX 相应设备，从而降低网络运营维护费用，而且一次性投资成本较小。

（2）应用频段非常宽

WiMAX 系统可使用的频段包括 10～66GHz 频段、低于 11GHz 许可频段和低于 11GHz 的免许可频段，不同频段的物理特性不同。对于 802.16e 系统而言，为了支持移动性应工作在低频段。

（3）频谱利用率高

在 IEEE 802.16 标准中定义了 3 种物理层实现方式，即单载波、OFDM 和 OFDMA。其中 OFDM 和 OFDMA 是最典型的物理层传输方式，可使系统在相同的载波带宽下提供更高的传输速率。

（4）抗干扰能力强

由于 OFDM 技术具有很强的抗多径衰落、频率选择性衰落及窄带干扰的能力，因此可实现高质量数据传输。

（5）可实现长距离下的高速接入

在 WiMAX 中可采用 Mesh 组网方式、MIMO 等技术来改善非视距覆盖问题，从而使 WiMAX 基站的每扇区最高吞吐量可达到 75Mbit/s，同时能为超过 60 个 T1 级别的商业用户和上百个 DSL 家庭用户提供接入服务。每个基站的覆盖范围最大可达 50km。典型的基站覆盖范围为 6～10km。

（6）系统容量可升级，新增扇区简易

WiMAX 灵活的信道带宽规划适应于多种频率分配情况，使容量达到最大化，新增扇区简易，允许运营商根据用户的发展随时扩容网络。

（7）提供有效的 QoS 控制

IEEE 802.16 的 MAC 层是依靠请求/授予协议来实现基于业务接入的，它支持不同服务水平的服务，如专线用户可使用 T1/E1 来完成接入，而住宅用户则可采用尽力而为服务模式。该协议能支持数据、语音及视频等对时延敏感的业务，并可以根据业务等级，提供带宽的按需分配。

4．WiMAX 无线接入的网络结构

（1）WiMAX 网络组成

WiMAX 网络是由核心网络和接入端网络构成，如图 6-25 所示。

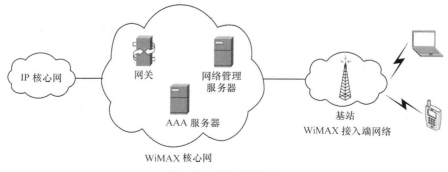

图 6-25　WiMAX 网络构成

① WiMAX 核心网络

WiMAX 的核心网络主要设备包括路由器、认证、授权、计费（AAA）代理或服务器、用户数据库、Internet 网关等。该网络可以是新建的一个网络实体，也可以是现有的通信网络为基础构建的网络。

WiMAX 核心网络具有如下功能。

● 可满足不同业务及应用的 QoS 需求，充分利用端到端的网络资源；

● 具有可扩展性、伸缩性、灵活性等，能够满足电信级组网要求；

● 支持终端用户固定式、游牧式、便携式、简单移动和全移动接入能力；

● 具有移动性管理功能，如呼叫、位置管理、异构网络间的切换、安全性管理和全移动模式下的 QoS 保障。

● 支持与现有的 3GPP/3GPP2/DSL 等系统的互联。

② WiMAX 接入端网络

WiMAX 接入端网络由基站（BS）、中继站（RS）、用户站（SS）、用户侧驻地网（CPN）设备或用户终端设备（TE）等组成，其示意图如图 6-26 所示。

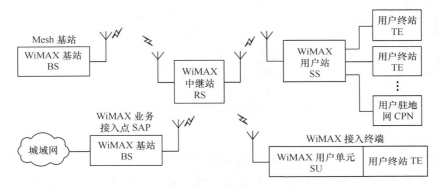

图 6-26 WiMAX 无线接入的网络组成示意图

各部分的作用如下。

● 基站（BS）采用无线方式通过 WiMAX 业务接入节点 SAP（也是一种基站）接入城域网，SAP 接入城域网既可以采用宽带有线接入，也可采用宽带无线接入。

● 中继站（RS）的作用是扩大 WiMAX 无线接入网的无线覆盖范围。

● 用户站（SS）是用户侧无线接入设备。它提供与 BS 上联的无线接口，同时还提供与用户终端设备或用户驻地网（CPN）设备相连的接口（如以太网接口、E1 接口等）。

● 用户驻地网（CPN）设备可以采用用户路由器、交换机、集线器，或者是另一种无线接入节点以组成用户专用网络。

● 用户终端设备（TE）可使用户直接接入 WiMAX 网络，必须配置符合 WiMAX 接口标准的用户单元（SU），用户单元一般是无线网卡或无线模块。

（2）WiMAX 接入端组网方式

在 WiMAX 中可支持 3 种接入端组网方式：点到点（P2P）、点到多点（PMP）和 Mesh 组网方式，如图 6-27 所示。

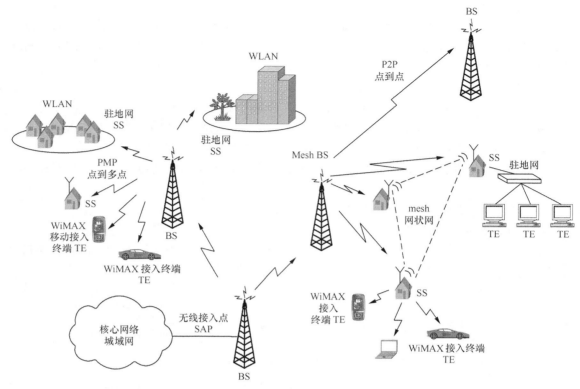

图 6-27　WiMAX 接入端组网方式示意图

① 点到点宽带无线接入方式

点到点宽带无线接入方式主要应用于基站（BS）之间点到点的无线传输和中继服务之中。这种工作方式既能使网络覆盖范围大大增加，同时又能够为运营商的 2G/3G 网络基站及 WLAN 热点提供无线中继传输，为企业网的远程接入提供宽带服务。

② 点到多点宽带无线接入方式

点到多点宽带无线接入方式可以实现基站（BS）与其他 BS、用户站（SS）、WiMAX 用户终端设备之间的无线连接。用户站（SS）与 SS 之间、或 WiMAX 用户终端设备之间不能直接通信，需经过基站（BS）才能相互通信。

该方式主要应用于固定、游牧和便携工作模式下，因为此时若采用 xDSL 或者 HFC 等有线接入技术很难实现接入，而 WiMAX 无线接入技术很少会受到距离和社区用户密度的影响，特别是一些临时聚会地，如会展中心和运动会赛场，使用 WiMAX 技术能够做到快速部署，从而保证高效、高质量的通信。

③ Mesh 组网方式

Mesh 应用模式采用多个用户站（SS）、一个基站（BS）以网状网的方式连接，以扩大无线覆盖。其中基站（BS）可以与无线接入点 SAP 相连接，进而接入城域网。这样任何一个用户站（SS）可通过 Mesh 基站（BS）实现与城域网的互联，也可以与 Mesh 基站所管辖范围内的任意其他用户站（SS）直接进行通信。该组网方式的特点在于运用网状网结构，使系统可根据实际情况进行灵活部署，从而实现网络的弹性延伸。这种应用模式非常适用于市郊等远离骨干网，并且有线网络不易覆盖到的地区。

小　　结

1. 宽带接入技术一般指接入速率大于等于 1Mbit/s 的接入。宽带 IP 网络常用的宽带接入技术主要有：ADSL、HFC、FTTX+LAN、EPON/GPON 和无线宽带接入等。

2. 不对称数字用户线（ADSL）是一种利用现有的传统电话线路高速传输数字信息的技术，其下行传输速率接近 8Mbit/s，上行传输速率理论上可达 1Mbit/s，并且在同一对双绞线上可以同时传输上、下行数据信号和传统的模拟话音信号等。

ADSL 系统采用频分复用（FDM）和回波抵消混合技术实现的全双工和非对称通信，ADSL 接入网络结构示例如图 6-5 所示。

ADSL 常用的调制技术有 QAM 调制、CAP 调制和 DMT 调制，ADSL 主要考虑采用的是 DMT 调制。

3. ADSL 的技术的主要优点是：可以充分利用现有铜线网络，只要在用户线路两端加装 ADSL 设备即可为用户提供服务；ADSL 设备随用随装，施工简单，节省时间，系统初期投资小；ADSL 设备采用先进的调制技术和数字处理技术，提供高速远程接收或发送信息，充分利用双绞线上的带宽；在一对双绞线上可同时传输高速数据和普通电话业务。

影响 ADSL 性能的因素有：衰耗、反射干扰（回波干扰）、串音干扰和噪声干扰等。

4. HFC 网是一种以模拟频分复用技术为基础，综合应用模拟和数字传输技术、光纤和同轴电缆技术、射频技术以及高度分布式智能技术的宽带接入网络。

HFC 由信号源、前端、馈线网（光纤主干网）、配线网（同轴电缆分配网）和用户引入线等组成（HFC 线路网的组成包括馈线网、配线网和用户引入线）。

5. 在 HFC 网络中光纤通道双向传输方式可采用空分复用（SDM）和波分复用（WDM）两种方式，用得比较多的是波分复用（WDM）。同轴电缆通道实现双向传输方式主要有：空间分割方式、频率分割方式和时间分割方式等。在 HFC 网络中一般采用空间分割方式和频率分割方式。

HFC 的频谱分配方案如图 6-7 所示。

HFC 采用副载波频分复用方式，下行信号所采用的调制方式（电信号的调制）主要是 64QAM 或 256QAM 方式，上行信号所采用的调制方式主要是 QPSK 和 16QAM 方式。

6. HFC 的优点主要有：成本较低；HFC 频带较宽，能适应未来一段时间内的业务需求，并能向光纤接入网发展；HFC 适合当前模拟制式为主体的视像业务及设备市场，用户使用方便；与现有铜线接入网相比，运营、维护、管理费用较低。HFC 的不足之处为：成本虽然低于光纤接入网，但要取代现存的铜线环境投入将很大；建设周期长；拓扑结构需进一步改进，以提高网络可靠性；电话信道有限，扩容难。

7. FTTX+LAN 接入网是指光纤加交换式以太网的方式（有时也称为以太网接入）实现用户高速接入互联网，其网络结构采用星型。

FTTX+LAN 接入网络业务种类主要有：高速上网业务、带宽租用业务、网络互联、视频业务和 IP 电话业务等。

8. 基于以太网的接入网公有 IP 地址当然有两种分配方式：静态分配方式和动态分配

方式。

静态公有 IP 地址分配一般用于专线接入。动态公有 IP 地址分配一般对应于账号应用，要求用户必须每次均建立连接，认证通过后才分配一个动态 IP 地址，终止连接时收回该地址。其地址管理方案有网络地址翻译 NAT 和服务器代理方式，另外还有动态 IP 地址池分配方案。

9．解决以太网接入用户之间的广播隔离问题的方法主要有：基于 VLAN 实现用户广播隔离、MAC 地址过滤和广播流向指定等。MAC 地址过滤和广播流向指定分别可以和 VLAN 技术结合进行使用，以达到比较好的效果。

10．以太网接入业务的控制管理主要包括接入带宽控制、用户接入认证和计费、接入业务的服务质量保证等。

接入带宽控制的方法有两种：在分散放置的客户管理系统上对每个用户的接入带宽进行控制和在用户接入点上对用户接入带宽进行控制。

以太网用户接入认证和计费方式主要采用 PPPoE 技术和 DHCP+技术。

以太网接入业务强调良好的服务质量 QoS 保证，即在带宽、时延、时延抖动、吞吐量和包丢失率等特性的基础上提供端到端的 QoS。

以太网提供的不同的接入业务需要分配不同的带宽，将区分服务与带宽保证结合起来，可以限定某个用户的确保带宽，从而将用户不同的业务进分类，提供差异化服务。

11．FTTX+LAN 的优点有：高速传输、网络可靠稳定、用户投资少价格便宜、安装方便和应用广泛。FTTX+LAN 的缺点为：5 类线布线问题、故障定位困难、用户隔离方法较为烦琐且广播包较多。

12．光纤接入网（OAN）是指在接入网中采用光纤作为主要传输媒介来实现信息传送的网络形式，包括 4 种基本功能块，即光线路终端（OLT）、光配线网（ODN）、光网络单元（ONU）以及适配功能块（AF）。

光纤接入网根据传输设施中是否采用有源器件分为有源光网络（AON）和无源光网络（PON）。无源光网络（PON）的拓扑结构一般采用星型、树型和总线型。

光纤接入网的应用类型主要有：光纤到路边（FTTC）、光纤到大楼（FTTB）、光纤到家（FTTH）或光纤到办公室（FTTO）等。

13．光纤接入网的双向传输技术有：光空分复用（OSDM）、光波分复用（OWDM）、时间压缩复用方式（TCM）及光副载波复用（OSCM），一般采用光波分复用（OWDM）技术。

光纤接入网的多址接入技术主要有：光时分多址（OTDMA）、光波分多址（OWDMA）、光码分多址（OCDMA）、光副载波多址（OSCMA），目前主要采用的多址接入技术是 OTDMA。

14．APON（ATM-PON）是 PON 技术和 ATM 技术相结合的产物，即在 PON 上实现基于 ATM 信元的传输。APON 具有综合接入能力、高可靠性、接入成本低、资源利用率高和技术复杂等特点。

15．EPON 是基于以太网的无源光网络，其标准为 IEEE 802.3ah。

EPON 的网络结构一般采用双星型或树型，其中无源网络设备（光分配网络 ODN）包括光纤、无源分光器、连接器和光纤接头等。有源网络设备包括光线路终端（OLT）、光网络单元（ONU）和设备管理系统（EMS）。

EPON 系统采用 WDM 技术实现单纤双向传输。EPON 下行采用时分复用（TDM）+广播的传输方式，传输速率为 1.25Gbit/s，每帧帧长为 2ms，携带多个可变长度的数据包（MAC

帧）；EPON 上行方向采用时分多址接入（TDMA）方式，其帧长也是 2ms。

16．GPON 是 BPON 的一种扩展，提供了前所未有的高带宽（下行速率近 2.5Gbit/s），上、下行速率有对称和不对称两种。GPON 标准规定了一种特殊的封装方法——GEM。

GPON 具有以下技术特点：业务支持能力强，具有全业务接入能力；可提供较高带宽和较远的覆盖距离；带宽分配灵活，有服务质量保证；具有保护机制和 OAM 功能；安全性高；系统扩展容易，便于升级；技术相对复杂、设备成本较高。

GPON 系统与其他 PON 接入系统相同，也是由 OLT、ONU、ODN 3 部分组成。GPON 可以灵活地组成树型、星型、总线型等拓扑结构，其中典型结构为树型结构。

17．无线接入网是指从业务节点接口到用户终端全部或部分采用无线方式。无线接入网分为固定无线接入网、移动无线接入网。

固定无线接入网主要包括直播卫星（DBS）系统、多路多点分配业务（MMDS）系统、本地多点分配业务（LMDS）系统、无线局域网（WLAN）。实现移动无线接入的方式有蜂窝移动通信系统、卫星移动通信系统，另外还有一种既可以提供固定无线接入也可以提供移动无线接入的宽带接入技术 WiMAX。

18．LMDS 是一种崭新的宽带无线接入技术，它利用高容量点对多点微波传输，其工作频段为 24～39 GHz，可用带宽达 1.3 GHz。

LMDS 技术的优点具体体现在：频率复用度高、系统容量大，可支持多种业务的接入，适合于高密度用户地区，扩容方便灵活。缺点有：LMDS 的传输质量和距离受气候等条件的影响较大，在基站和用户之间不能存在障碍物，传输质量在无线覆盖区边缘不够稳定，缺乏移动灵活性，在我国 LMDS 的可用频谱还没有划定等。

LMDS 接入网络包括多个小区，每个小区由一个基站和众多用户终端组成，各基站之间通过骨干网络相连。

19．WiMAX 是一种可用于城域网的宽带无线接入技术，它是针对微波和毫米波段提出的一种新的空中接口标准。WiMAX 的频段范围为 2～11GHz。WiMAX 的覆盖范围可达 50km，最大数据速率达 75Mbit/s。

IEEE 802.16 标准系列主要包括 IEEE 802.16、IEEE 802.16a、IEEE 802.16c、IEEE 802.16d、IEEE 802.16e、IEEE 802.16f 和 IEEE 802.16g 等。

WiMAX 的技术优势为：设备的良好互用性；应用频段非常宽；频谱利用率高；抗干扰能力强；可实现长距离下的高速接入；系统容量可升级，新增扇区简易；提供有效的 QoS 控制。

WiMAX 网络是由核心网络和接入端网络构成。WiMAX 接入端网络由基站（BS）、中继站（RS）、用户站（SS）、用户侧驻地网（CPN）设备或用户终端设备（TE）等组成。在 WiMAX 中可支持 3 种接入端组网方式：点到点（P2P）、点到多点（PMP）和 Mesh 组网方式。

习　　题

6-1　宽带接入技术主要有哪几种？

6-2　简述 ADSL 的概念及系统构成。

6-3　画出 ADSL 接入方式的网络结构图。

6-4 ADSL 系统实现全双工的方法是什么？

6-5 ADSL 的主要优缺点有哪些？

6-6 简述 HFC 的概念及系统构成。

6-7 在 HFC 网络中光纤通道和同轴电缆通道分别采用什么方法实现双向传输？

6-8 HFC 的优缺点有哪些？

6-9 FTTX+LAN 接入网络业务种类主要有哪些？

6-10 动态公有 IP 地址分配时，地址管理方案有哪些？

6-11 解决以太网接入用户之间的广播隔离问题的方法有哪些？

6-12 FTTX+LAN 的优缺点有哪些？

6-13 光纤接入网的应用类型有哪几种？

6-14 光纤接入网的多址接入技术有哪几种？目前主要采用哪种？

6-15 EPON 的设备有哪些？其功能分别是什么？

6-16 简述 EPON 的工作原理。

6-17 GPON 的技术特点有哪些？

6-18 说明固定无线接入网和移动无线接入网分别包括哪几种？

6-19 LMDS 技术的优缺点有哪些？

6-20 WiMAX 的国际标准有哪几种？

第7章 路由器技术和路由选择协议

IP 网是遵照 TCP/IP 将世界范围内众多计算机网络（包括各种局域网、城域网和广域网）互连在一起，而互连设备主要采用的是路由器。由此可见，路由器是 IP 网的核心设备，其主要功能要进行路由选择。

本章介绍路由器技术及路由选择协议的相关内容，主要包括：

- 路由器技术
- IP 网的路由选择协议
- IP 多播路由选择协议
- QoS 路由

7.1 路由器技术

7.1.1 路由器的层次结构及用途

1. 路由器的层次结构

路由器（Router）是在网络层实现网络互连，可实现网络层、链路层和物理层协议转换（以 OSI 参考模型为例）。路由器的层次结构如图 7-1 所示。

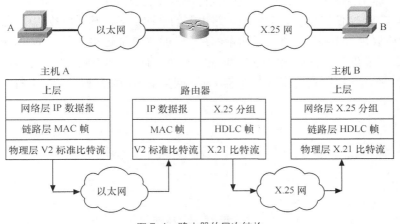

图 7-1 路由器的层次结构

设主机 A 挂在以太网上，主机 A 的网络层协议采用 IP 协议，链路层和物理层协议采用 DIX Ethernet V2 标准（图 7-1 中为了简单，称为 V2 标准），DIX Ethernet V2 标准的链路层只有 WAC 子层，没有 LLC 子层。

设主机 B 挂在 X.25 网上，主机 A 的网络层协议采用 X.25 分组级协议，链路层采用 HDLC 协议，物理层采用 X.21 协议。

802.3 网和 X.25 网之间采用路由器相连。

整个通信过程是这样的：主机 A 的上层送下来的数据单元在网络层组装成 IP 数据报，在链路层将 IP 数据报加上 DIX Ethernet V2 标准的 MAC 首部和尾部组成 MAC 帧，然后送往物理层以 DIX Ethernet V2 标准比特流的形式出现。数据经以太网传输后到达路由器，图中路由器的左侧（其实对应下述的路由器的输入端口）物理层收到比特流，在链路层的 MAC 子层识别出 MAC 帧，利用 MAC 帧的首部和尾部完成相应的控制功能后，去掉 MAC 帧的首部和尾部还原为 IP 数据报送给网络层。在网络层去掉 IP 数据报报头后将数据部分送到路由器的右侧（对应下述的路由器的输出端口）的网络层，加上 X.25 分组头构成 X.25 分组，X.25 分组下到链路层加上 HDLC 的首部和尾部组成 HDLC 帧，HDLC 帧送到物理层以 X.21 比特流的形式出现。数据再经 X.25 网传输后到达主机 B。

由上述可见，路由器进行了网络层、链路层和物理层协议转换。

2．路由器的用途

路由器主要用于以下几个方面。

（1）局域网之间的互连

① 同构型局域网的互连

利用路由器进行同构型局域网（从应用层到 LLC 子层采用相同的协议的局域网）的互连，可解决网桥所不能解决的问题，而且路由器可互连的数目比网桥的要多（现在习惯将网桥的作用称为扩展局域网）。但不足之处在于路由器互连是在网络层上实现的，会造成较大的时延。

② 不同类型的局域网的互连

利用路由器也可以互连不同类型的局域网。

（2）局域网与广域网之间的互连

局域网与广域网（WAN）互连时，使用较多的互连设备是路由器，如图 7-2 所示。路由器能完成局域网与 WAN 低三层协议的转换。路由器的档次很多，其端口数从几个到几十个不等，所支持的通信协议也可多可少。图 7-2 所示的是一个局域网通过路由器与 WAN 相连，此时的路由器 R1 和 R2 只需支持一种局域网协议和一种 WAN 协议。如果某路由器能支持多种局域网协议和一种 WAN 协议，便可利用该路由器将多种不同类型的局域网连接到某一种 WAN 上。

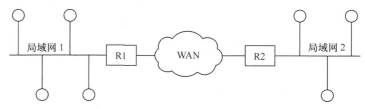

图 7-2　利用路由器实现局域网与 WAN 的互连

其实，局域网与广域网之间的互连主要为了实现是通过广域网对两个异地局域网进行互连。用于连接局域网的广域网可以是分组交换网、帧中继网或 ATM 网等。

（3）WAN 与 WAN 的互连。

利用路由器互连 WAN，要求两个 WAN 只是低三层协议不同。

7.1.2 路由器的基本构成

路由器是一种具有多个输入端口和多个输出端口的专用计算机，其任务是对传输的分组进行路由选择并转发分组（网络层的数据传送单位是 X.25 分组或 IP 数据报，以后统称为分组）。

图 7-3 给出了一种典型的路由器的基本构成框图。

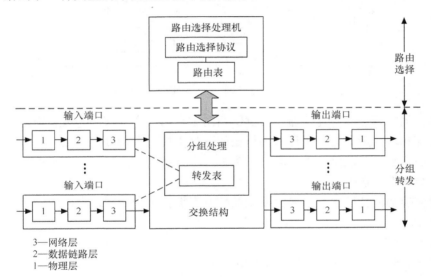

图 7-3 典型的路由器的结构

由图可见，整个路由器的结构可划分为两大部分：路由选择部分和分组转发部分。

这里首先要说明"转发"和"路由选择"的区别。

● "转发"是路由器根据转发表将用户的分组从合适的端口转发出去。"路由选择"是按照某种路由选择算法，根据网络拓扑、流量等的变化情况，动态地改变所选择的路由。

● 路由表是根据路由选择算法构造出的，而转发表是从路由表得出的。

为了简单起见，我们在讨论路由选择的原理时，一般不去区分转发表和路由表的区别。在了解了"转发"和"路由选择"的概念后，下面介绍路由器两大组成部分的作用。

1．路由选择部分

路由选择部分主要由路由选择处理机构成，其功能是根据所采取的路由选择协议建立路由表，同时经常或定期地和相邻路由器交换路由信息而不断地更新和维护路由表。

2．分组转发部分

分组转发部分包括 3 个组成：输入端口、输出端口和交换结构。

一个路由器的输入端口和输出端口就做在路由器的线路接口卡上。输入端口和输出端口的功能逻辑上均包括 3 层：物理层、数据链路层和网络层（以 OSI 参考模型为例），用图 7-3 方框中的 1，2 和 3 分别表示。

（1）输入端口

输入端口对线路上收到的分组的处理过程如图 7-4 所示（这里分组的含义是广义的，包括 X.25 分组、IP 数据报等）。

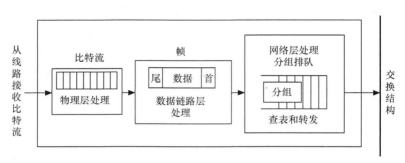

图 7-4　输入端口对线路上收到的分组的处理

输入端口的物理层收到比特流，数据链路层识别出一个个帧，完成相应的控制功能后，剥去帧的首部和尾部后，将分组送到网络层的队列中排队等待处理（当一个分组正在查找转发表时，后面又紧跟着从这个输入端口收到另一个分组，这个后到的分组就必须在队列中排队等待，这会产生一定的时延）。

为了使交换功能分散化，一般将复制的转发表放在每一个输入端口中，则输入端口具备查表转发功能。

（2）输出端口

输出端口对分组的处理过程如图 7-5 所示。

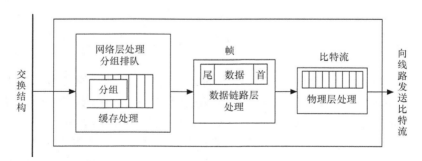

图 7-5　输出端口对分组的处理过程

输出端口对交换结构传送过来的分组（可能要进行分组格式的转换）先进行缓存处理，数据链路层处理模块将分组加上链路层的首部和尾部（相当于进行了链路层帧格式的转换），然后交给物理层后发送到外部线路（物理层也相应地进行了协议转换）。

从以上的讨论可以看出，分组在路由器的输入端口和输出端口都可能会在队列中排队等待处理。若分组处理的速率赶不上分组进入队列的速率，则队列的存储空间最终必将被占满，这就使后面再进入队列的分组由于没有存储空间而只能被丢弃（路由器中的输入或输出队列产生溢出是造成分组丢失的重要原因）。为了尽量减少排队等待时延，路由器必须以线速转发分组。

（3）交换结构

交换结构的作用是将分组从一个输入端口转移到某个合适的输出端口，其交换方式有 3 种：通过存储器、通过总线和通过纵横交换结构进行交换，如图 7-6 所示。图中假设这 3 种方式都是将输入端口 I_1 收到的分组转发到输出端口 O_2。

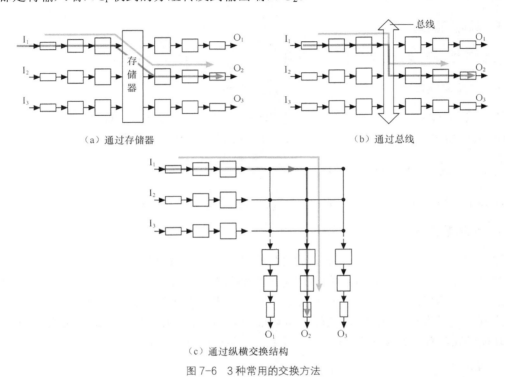

图 7-6 3 种常用的交换方法

图 7-6（a）是通过存储器进行交换的示意图。这种方式进来的分组被存储在共享存储器中，然后从分组首部提取目的地址，查找路由表（目的地址的查找和分组在存储器中的缓存都是在输入端口中进行的），再将分组转发到合适的输出端口的缓存中。此交换方式提高了交换容量，但是开关的速度受限于存储器的存取速度。

图 7-6（b）是通过总线进行交换的示意图。它是通过一条总线来连接所有输入和输出端口，分组从输入端口通过共享的总线直接传送到合适的输出端口，而不需要路由选择处理机的干预。这种方式的优点是简单方便，但缺点是其交换容量受限于总线的容量，而且可能会存在阻塞现象。因为总线是共享的，在同一时间只能有一个分组在总线上传送，当分组到达输入端口时若发现总线忙，则被阻塞而不能通过交换结构，要在输入端口排队等待。不过现代技术已经可以将总线的带宽提高到每秒吉比特的速率，相对解决了这些问题。

图 7-6（c）是通过纵横交换结构进行交换的示意图。纵横交换结构有 $2N$ 条总线，形成具备 $N \times N$ 个交叉点的交叉开关。如果某一个交叉开关是闭合的，则可以使相应的输入端口和输出端口相连接。当输入端口收到一个分组时，就将它发送到与该输入端口相连的水平总线上。若通向所要转发的输出端口的垂直总线是空闲的，则在这个结点将垂直总线与水平总线接通，然后将该分组转发到这个输出端口，这个过程是在调度器的控制下进行的。通过纵横

交换结构进行交换同样会有阻塞，假如分组想去往的垂直总线已被占用（有另一个分组正在转发到同一个输出端口），则后到达的分组就被阻塞，必须在输入端口排队。

7.1.3 路由器的接口

路由器接口将路由器连接到网络，可分为两类。

1．局域网接口

局域网接口主要包括以太网、令牌环、令牌总线、FDDI 等网络接口。

2．广域网接口

广域网接口主要包括 E1/T1、E3/T3、通用串行口（可转换成 X.21DTE/DCE、V.35DTE/DCE、RS-232DTE/DCE、RS-449DTE/DCE 等）、ATM 接口、POS 接口等网络接口。

7.1.4 路由器的基本功能

路由器具有以下一些基本功能。

1．选择最佳传输路由

路由器涉及 OSI-RM 的低三层。当分组到达路由器，先在组合队列中排队，路由器依次从队列中取出分组，查看分组中的目的地址，然后再查路由表。一般到达目的站点前可能有多条路由，路由器应按某种路由选择策略，从中选出一条最佳路由，将分组转发出去。

当网络拓扑发生变化时，路由器还可自动调整路由表，并使所选择的路由仍然是最佳的。这一功能还可很好地均衡网络中的信息流量，避免出现网络拥挤现象。

2．实现 IP、ICMP、TCP、UDP 等 IP 网协议

作为 IP 网的核心设备，路由器应该可以实现 IP、ICMP、TCP、UDP 等 IP 网协议。

3．流量控制和差错指示

在路由器中具有较大容量的缓冲区，能控制收发双方间的数据流量，使两者更加匹配。而且当分组出现差错时，路由器能够辨认差错并发送 ICMP 差错报文报告必要的差错信息。

4．分段和重新组装功能

由路由器所连接的多个网络，它们所采用的分组大小可能不同，需要分段和重组。

5．提供网络管理和系统支持机制

网络管理及系统支持包括存储/上载配置、诊断、升级、状态报告、异常情况报告及控制等。

7.1.5 路由器的基本类型

从不同的角度划分，路由器有以下几种类型。

1．按能力划分

若按能力划分，路由器可分为中高端路由器和低端路由器。背板交换能力大于等于50Gbit/s 的路由器称为中高端路由器，而背板交换能力在 50Gbit/s 以下的路由器称为低端路由器。

2．按结构划分

若按结构划分，路由器可分为模块化结构路由器和非模块化结构路由器。中高端路由器一般为模块化结构，低端路由器则为非模块化结构。

3．按位置划分

若按位置划分，路由器可分为核心路由器与接入路由器。核心路由器位于网络中心，通常使用中高端路由器，是模块化结构。它要求快速的包交换能力与高速的网络接口。接入路由器位于网络边缘，通常使用低端路由器，是非模块化结构。它要求相对低速的端口以及较强的接入控制能力。

4．按功能划分

若按功能划分，路由器可分为通用路由器与专用路由器。一般所说的路由器为通用路由器。专用路由器通常为实现某种特定功能对路由器接口、硬件等做专门优化。

5．按性能划分

若按性能划分，路由器可分为线速路由器和非线速路由器。若路由器输入端口的处理速率能够跟上线路将分组传送到路由器的速率则称为线速路由器，否则是非线速路由器。一般高端路由器是线速路由器，而低端路由器是非线速路由器。但是，目前一些新的宽带接入路由器也有线速转发能力。

7.1.6　路由器与交换机的比较

1．路由器与二层交换机的比较

路由器与二层交换机的主要区别体现在以下几个方面。

（1）工作层次不同

传统交换机即二层交换机是从网桥发展而来，工作在 OSI/RM 的第二层即链路层，其原理比较简单。

路由器工作在 OSI/RM 的第三层即网络层，它具有路由选择功能，可以做出更加智能的转发决策。

（2）数据转发所依据的对象不同

二层交换机是根据 MAC 地址（或者说物理地址）来寻址、转发数据。MAC 地址通常是硬件自带的，由网卡生产商来分配的，而且已经固化到了网卡中去，一般来说是不可更改的。二层交换机算法简单，便于 ASIC 实现，因此转发速度极高。

路由器是根据 IP 地址进行寻址，通过路由表选择路由（路由表由路由协议产生）。

IP 地址是在软件中实现的，描述的是设备所在的网络，IP 地址则通常由网络管理员或系统自动分配。路由器控制功能强，但分组转发速度较慢。

（3）避免回路的方法不同

根据交换机的地址学习和站表建立算法，交换机之间不允许存在回路。一旦存在回路，必须启动生成树算法，阻塞掉产生回路的端口。

路由器的路由协议没有这个问题，路由器之间可以有多条通路来平衡负载，提高可靠性。

（4）广播控制功能不同

由交换机连接的网段仍属于同一个广播域，所以二层交换机只能分割冲突域，不能分割广播域，广播数据包会在交换机连接的所有网段上传播，在某些情况下会导致通信拥挤和安全漏洞。

连接到路由器上的网段可以被分配成不同的广播域，广播数据不会穿过路由器。具体说路由器仅仅转发特定地址的数据包，不传送不支持路由协议的数据包和未知目标网络的数据包，从而可以防止广播风暴。

虽然二层交换机也可具有 VLAN 功能，也可以分割广播域，但是各子广播域之间是不能通信交流的，它们之间的交流仍然需要路由器。

（5）应用场合不一样

二层交换机一般用于局域网内部的连接。

路由器一般用于各种不同类型的网络之间的连接。

综上所述，二层交换机交换速度快，但控制功能弱；路由器控制功能强，但分组转发速度慢，且价格昂贵。解决这个矛盾的最新技术是三层交换，它既有交换机线速转发分组的能力，又有路由器良好的控制功能。

2．路由器与三层交换机的比较

虽然路由器和三层交换机都具备路由选择功能，但路由器与三层交换机是存在着相当大的本质区别的。

（1）主要功能不同

三层交换机尽管同时具备了数据交换和路由选择两种功能，但其路由功能通常比较简单，主要功能还是数据交换。

路由器的主要功能还是路由功能，其路由功能通常非常强大，其他功能只不过是其附加功能。路由器的优势在于选择最佳路由、负荷分担、链路备份及和其他网络进行路由信息的交换等。

（2）主要适用的环境不一样

三层交换机的接口类型少，非常简单。它主要用在局域网中及宽带 IP 城域网的汇聚层，提供快速数据交换功能。

路由器的接口类型非常丰富，可解决好各种复杂路由路径网络的连接问题，能够进行不同类型的网络连接。

（3）性能体现不一样

从技术上讲，路由器和三层交换机在数据包交换操作上存在着明显区别。

三层交换机通过硬件执行数据包交换。三层交换机在对第一个数据流进行路由后，它将会产生一个 MAC 地址与 IP 地址的映射表，当同样的数据流再次通过时，将根据此表直接从二层通过而不是再次路由，从而消除了路由器进行路由选择而造成网络的延迟，提高了数据包转发的效率。同时，三层交换机的路由查找是针对数据流的，它利用缓存技术，很容易利用 ASIC 技术来实现，所以可以大大节约成本，并实现快速转发。

路由器一般由基于微处理器的软件路由引擎执行数据包转发。路由器的转发采用最长匹配的方式，实现复杂，转发效率较低。

7.1.7　路由器技术发展趋势

为了满足宽带 IP 网络极大的带宽需求，路由器的处理能力应与宽带 IP 网络中的高速传输相匹配。目前，对提高路由器性能起关键作用的几项新技术主要有以下几个方面。

1．ASIC 技术

在路由器中，要极大地提高速度和系统性能，可以使许多功能在专用集成电路（ASIC）芯片上实现，ASIC 可以用作包转发、查路由等，ASIC 技术的应用使路由器内的包转发速度和路由查找速度有显著的提高。

2．分布式处理技术

早期的路由器采用单总线单 CPU 结构，即共享中央总线、中央 CPU、内存及挂在共享总线上的多个网络物理接口。这种单总线单 CPU 结构，由于一个 CPU 完成所有的任务，所以处理速度慢，系统的吞吐量受到限制。

现代的路由器对数据包转发采用分布式处理，在总线上可以插多个线路处理板，每个线路板独立完成转发处理工作，即做到在每个接口处都有一个独立 CPU，专门单独负责接收和发送本接口数据包，管理接收发送队列、查询路由表并做出转发决定等。通过核心交换板实现板间无阻塞交换，即一个板上输入的数据包经过寻路后被交换到另一个板上输出，实现包转发，其整机吞吐量可以成倍扩充。

可见在路由器中采用分布式处理技术，极大地提高了路由器的路由处理能力和速度。

3．交换式路由技术

为了逐渐抛弃易造成拥塞的共享式总线结构，普遍采用交换式路由技术。目前使用较多的交换结构有共享内存和 Crossbar 两种，由于 Crossbar 结构简单、扩展性好，得到了更广泛的采用。

一个 Crossbar 结构由 $N×N$ 交叉矩阵构成，可以同时提供多个数据通路，当交叉点（X,Y）闭合时，数据就从 X 输入端输出到 Y 输出端。交叉点的打开与闭合是由调度器来控制的，它在每个调度时隙内收集各输入端口有关数据包队列的信息，经过一定的调度算法得到输入端口和输出端口之间的一个匹配，提供输入端口到输出端口的通路。Crossbar 结构的速度要取决于调度器的速度。

Crossbar 结构可同时闭合多个交叉节点，多个不同的端口可以同时传输数据，它可以支持所有端口同时以最大速率传输（或称为交换）数据，因此 Crossbar 结构在内部是无阻塞的。

Crossbar 结构属于单级交换结构，适合小型系统。而当考虑大型系统时，需要采用多级交换结构。多级交换结构是由多个交换单元互联起来的，每个交换单元具有一整套输入/输出。通过互联多个小的交换单元，就可以制造一个大型的、可扩展的交换结构。

4．路由表的快速查找技术

传统的基于软件的路由查找策略，其执行过程均相当慢，而且与路由表的大小相关联，只能用于比较小的、性能较低的包转发应用。

在宽带 IP 网络中，用户对带宽的需求不断增加，路由表的快速查找则成为目前最需迫切解决的问题。

路由器完成快速路由查找或更新，最为有效的办法是采用专门的协处理器结合内容寻址寄存器（Content Addressable Memory，CAM）解决方法以及高速缓冲存储器（Cache）解决方法。但是对于核心路由器，由于其需要的转发表非常大，Cache 只是一种辅助的方法，仍然需要快速算法。

5．QoS

解决 IP 网络对 QoS 的支持是宽带 IP 网络技术发展的主要方向之一，路由器支持 QoS 的程度也成为评价路由器性能的主要指标。

解决 IP 网络 QoS 的技术方案，主要有综合服务（IntServ）模型、区分服务（DiffServ）模型、多协议标签交换（MPLS）技术等。

6．光路由器

第 1 章已经述及，宽带 IP 网络将向光互联网方向发展。全光网带宽巨大、处理速度高，必然要求路由器向着具有更高的转发速度以及更大的传输带宽的方向发展。而且还应很好地解决以往路由器中长期困扰人们的 QoS、流量控制和价格昂贵等问题，光路由器则是一个很好的解决方案。

光路由器是在网络核心各光波长通道之间设置 MPLS 协议和波长选路协议（WaRP）控制下的波长选择器件，实现选路交换，快速形成新的光路径。波长的选路路由由内部交叉矩阵决定，一个 $N \times N$ 的交叉矩阵可以同时建立 $N \times N$ 条路由，波长变换交叉连接可将任何光纤上的任何波长交叉连接到使用不同波长的任何光纤上，具有很高的灵活性。

7.2 IP 网的路由选择协议

7.2.1 IP 网的路由选择协议概述

1．路由选择算法分类

路由选择算法即路由选择的方法或策略。若按照其能否随网络的拓扑结构或通信量自适应地进行调整变化进行分类，路由选择算法可分为静态路由选择算法和动态路由选择算法。

（1）静态路由选择算法

静态路由选择策略就是非自适应路由选择算法，这是一种不测量、不利用网络状态信息，仅按照某种固定规律进行决策的简单的路由选择算法。

静态路由选择算法的特点是简单和开销较小，但不能适应网络状态的变化。

静态路由选择算法主要包括扩散法和固定路由表法等。

（2）动态路由选择算法

动态路由选择算法即自适应式路由选择算法，是依靠当前网络的状态信息进行决策，从而使路由选择结果在一定程度上适应网络拓扑与网络通信量的变化。

动态路由选择算法的特点是能较好地适应网络状态的变化，但实现起来较为复杂，开销也比较大。

动态路由选择算法主要包括分布式路由选择算法和集中式路由选择算法等。

● 分布式路由选择算法是每一节点通过定期地与相邻节点交换路由选择的状态信息来修改各自的路由表，这样使整个网络的路由选择经常处于一种动态变化的状况。

● 集中式路由选择算法是网络中设置一个节点，专门收集各节点定期发送的状态信息，然后由该节点根据网络状态信息，动态地计算出每个节点的路由表，再将新的路由表发送给各个节点。

2．IP 网的路由选择协议的特点及分类

（1）自治系统

由于 IP 网规模庞大，为了路由选择的方便和简化，一般将整个 IP 网划分为许多较小的区域，称为自治系统（AS）。

每个自治系统内部采用的路由选择协议可以不同，自治系统根据自身的情况有权决定采用哪种路由选择协议。

（2）IP 网的路由选择协议的特点

IP 网的路由选择协议具有以下几个特点：

① 属于自适应的（即动态的）；

② 是分布式路由选择协议；

③ IP 网采用分层次的路由选择协议，即分自治系统内部和自治系统外部路由选择协议。

（3）IP 网的路由选择协议分类

IP 网的路由选择协议划分为两大类，即：

● 内部网关协议（IGP）——在一个自治系统内部使用的路由选择协议。具体的协议有 RIP、OSPF 和 IS-IS 等。

● 外部网关协议（EGP）——两个自治系统（使用不同的内部网关协议）之间使用的路由选择协议。目前使用最多的是 BGP（即 BGP-4）。注意此处的网关实际指的是路由器。

图 7-7 显示了自治系统和内部网关协议、外部网关协议的关系。为了简单起见，图中自治系统内部各路由器之间的网络用一条链路表示。

图 7-7 示意了 3 个自治系统相连，各自治系统内部使用内部网关协议（IGP），如自治系统 A 使用的是 RIP，自治系统 B 使用的是 OSPF。自治系统之间则采用外部网关协议（EGP），如 BGP-4。每个自治系统均有至少一个路由器除运行本自治系统内部网关协议外，还运行自治系统间的外部网关协议，如图 7-7 中路由器 R_1、R_2、R_3。

下面分别介绍几种常用的内部网关协议及外部网关协议。

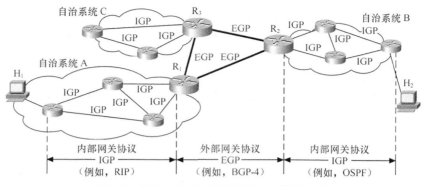

图 7-7　自治系统和内部网关协议、外部网关协议

7.2.2　内部网关协议 RIP

1．RIP 的工作原理

（1）RIP 的概念

路由信息协议（RIP）是一种分布式的基于距离向量的路由选择协议，它要求网络中的每一个路由器都要维护从自己到其他每一个目的网络的最短距离记录。

RIP 中"距离"（也称为"跳数"）的定义为：

●　从一个路由器到直接连接的网络的距离定义为 1。

●　从一个路由器到非直接连接的网络的距离定义为所经过的路由器数加 1（每经过一个路由器，跳数就加 1）。

RIP 所谓的"最短距离"指的是选择具有最少路由器的路由。RIP 允许一条路径最多只能包含 15 个路由器。"距离"的最大值为 16 时即相当于不可达。这个问题可借助于图 7-8 来说明。

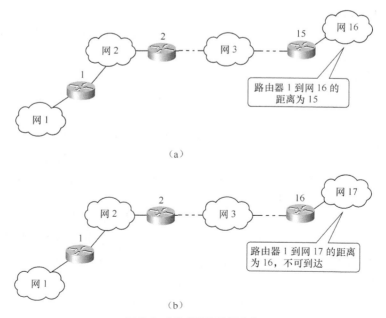

图 7-8　RIP 的距离的最大值

图 7-8（a）设网 1 和网 16 之间有 15 个路由器，即从路由器 1 到网 16 的距离为 15。图 7-8（b）设网 1 和网 17 之间有 16 个路由器，则从路由器 1 到网 17 的距离为 16。可见，一条路径最多只能包含 15 个路由器时，"距离"的最大值为 15，"距离"为 16 时即相当于不可达。

（2）路由表的建立和更新

RIP 路由表中的主要信息是到某个网络的最短距离及应经过的下一跳路由器地址。

路由器在刚刚开始启动工作时，只知道到直接连接的网络的距离（此距离定义为 1）。以后，每一个路由器只和相邻路由器交换并更新路由信息，交换的信息是当前本路由器所知道的全部信息，即自己的路由表（具体是到本自治系统中所有网络的最短距离，以及沿此最短路径到每个网络应经过的下一跳路由器）。路由表更新的原则是找出到达某个网络的最短距离。

网络中所有的路由器经过路由表的若干次更新后，他们最终都会知道到达本自治系统中任何一个网络的最短距离和哪一个路由器是下一跳路由器。

另外，为了适应网络拓扑等情况的变化，路由器应按固定的时间间隔交换路由信息（如每隔 30 秒），以及时修改更新路由表。

路由器之间是借助于传递 RIP 报文交换并更新路由信息，为了说明路由器之间具体是如何交换和更新路由信息的，下面先介绍 RIP 的报文格式。

2．RIP2 的报文格式

目前较新的 RIP 版本是 1998 年 11 月公布的 RIP2，它已经成为因特网标准协议。RIP2 的报文格式如图 7-9 所示。

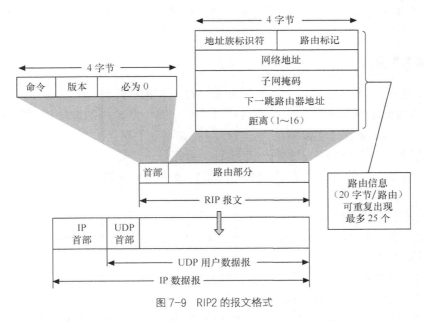

图 7-9 RIP2 的报文格式

RIP2 的报文由首部和路由部分组成。

（1）RIP2 报文的首部

RIP2 报文的首部有 4 个字节：命令字段占 1 个字节，用于指出报文的意义；版本字段占

1 字节，指出 RIP 的版本；填充字段的作用是填 "0" 使首部补齐 4 字节。

（2）RIP2 报文的路由部分

RIP2 报文中的路由部分由若干个路由信息组成，每个路由信息需要 20 字节，用于描述到某一目的网络的一些信息。RIP 规定路由信息最多可重复出现 25 个。每个路由信息中各部分的作用如下。

① 地址族标识符（AFI，2 字节）

用来标志所使用的地址协议，IP 的 AFI 为 2。

② 路由标记（2 字节）

路由标记填入自治系统的号码，这是考虑使 RIP 有可能收到本自治系统以外的路由选择信息。

③ 网络地址（4 字节）

表示目的网络的 IP 地址。

④ 子网掩码（4 字节）

表示目的网络的子网掩码。

⑤ 下一跳路由器地址（4 字节）

表示要到达目的网络的下一跳路由器的 IP 地址。

⑥ 距离（4 字节）

表示到目的网络的距离。

由图 7-9 可见，RIP 报文使用运输层的 UDP 用户数据报进行传送（使用 UDP 的端口 520）。因此，RIP 的位置应当在应用层。但转发 IP 数据报的过程是在网络层完成的。

在学习了 RIP 的报文格式后，下面我们来看看路由器之间具体是如何交换和更新路由信息的。

3．距离向量算法

设某路由器收到相邻路由器（其地址为 X）的一个 RIP 报文。

（1）先修改此 RIP 报文中的所有项目：将 "下一跳" 字段中的地址都改为 X，并将所有的 "距离" 字段的值加 1（这样做是为了便于进行路由表的更新）。

（2）对修改后的 RIP 报文中的每一个项目，重复以下步骤。

① 若项目中的目的网络不在路由表中，则将该项目加到路由表中（表明这是新的目的网络）。

② 若项目中的目的网络在路由表中：

● 若下一跳字段给出的路由器地址是同样的，则将收到的项目替换原路由表中的项目（因为要以最新的消息为准）。

● 否则 { 若收到项目中的距离小于路由表中的距离，则进行更新。
         否则，什么也不做。

（3）若 3 分钟还没有收到相邻路由器的更新路由表，则将此相邻路由器记为不可达的路由器，即将距离置为 16（距离为 16 表示不可达）。

（4）返回。

以上过程可用图 7-10 表示。

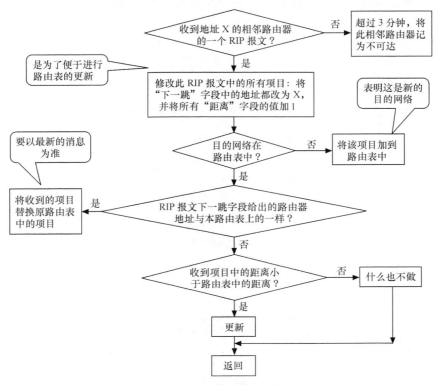

图 7-10　RIP 的距离向量算法

利用上述距离向量算法，互联网中的所有路由器都和自己的相邻路由器不断交换路由信息，并不断更新其路由表，这样，每一个路由器都知道到各个目的网络的最短路由。

下面举例说明 IP 网内部网关协议采用 RIP 时，各路由器路由表的建立、交换和更新情况。

例如，几个用路由器互连的网络结构如图 7-11 所示。

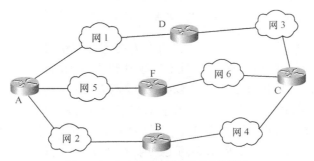

图 7-11　几个用路由器互连的网络结构

各路由器的初始路由表如图 7-12（a）所示，表中的每一行都包括 3 个字符，它们从左到右分别代表：目的网络、从本路由器到目的网络的跳数（即最短距离），下一跳路由器（"–"表示直接交付）。

收到了相邻路由器的路由信息更新后的路由表如图 7-12（b）所示。下面以路由器 D 为例说明路由器更新的过程：路由器 D 收到相邻路由器 A 和 C 的路由表。

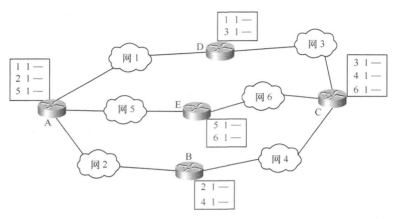

（a）各路由器的初始路由表

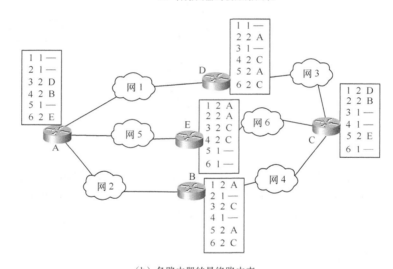

（b）各路由器的最终路由表

图 7-12　各路由器的路由表

A 说："我到网 1 的距离是 1"，但 D 没有必要绕道经过路由器 A 到达网 1，因此这一项目不变。A 说："我到网 2 的距离是 1"，因此 D 现在也可以到网 2，距离是 2，经过 A。A 说："我到网 5 的距离是 1"，因此 D 现在也可以到网 5，距离是 2，经过 A。

C 说："我到网 3 的距离是 1"，但 D 没有必要绕道经过路由器 C 再到达网 3，因此这一项目不变。C 说："我到网 4 的距离是 1"，因此 D 现在也可以到网 4，距离是 2，经过 C。C 说："我到网 6 的距离是 1"，因此 D 现在也可以到网 6，距离是 2，经过 C。

由于此网络比较简单，图 7-12（b）也就是最终路由表。但当网络比较复杂时，要经过几次更新后才能得出最终路由表，请读者注意这一点。

4．RIP 的优缺点

RIP 的优点是实现简单，开销较小。但其存在以下一些缺点。

（1）当网络出现故障时，要经过比较长的时间才能将此信息传送到所有的路由器，即坏消息传播得慢。

（2）因为 RIP "距离" 的最大值限制为 15，所以也影响了网络的规模。

（3）由于路由器之间交换的路由信息是路由器中的完整路由表，随着网络规模的扩大，开销必然会增加。

总之，RIP 适合规模较小的网络。为了克服 RIP 的缺点，1989 年开发了另一种内部网关协议——OSPF 协议。

7.2.3 内部网关协议 OSPF

1. OSPF 基本概念

（1）OSPF 的要点

开放最短路径优先（OSPF）是分布式的链路状态协议。"链路状态" 是说明本路由器都和哪些路由器相邻，以及该链路的 "度量"。"度量" 的含义是广泛的，它可表示距离、时延、费用、带宽等。

归纳起来，OSPF 有以下几个要点。

① OSPF 路由器收集其所在网络区域上各路由器的链路状态信息，生成链路状态数据库（Link State DataBase，LSDB）。路由器掌握了该区域上所有路由器的链路状态信息，也就等于了解了整个网络的拓扑状况。OSPF 路由器利用最短路径优先算法（Shortest Path First，SPF），独立地计算出到达任意目的地的路由。

② 当链路状态发生变化时，OSPF 使用洪泛法向本自治系统中的所有路由器发送信息，即每个路由器向所有其他相邻路由器发送信息（但不再发送给刚刚发来信息的那个路由器）。所发送的信息就是与本路由器相邻的所有路由器的链路状态。

③ 各路由器之间频繁地交换链路状态信息,所有的路由器最终都能建立一个链路状态数据库，它与全网的拓扑结构图相对应。每一个路由器使用链路状态数据库中的数据可构造出自己的路由表。

④ OSPF 还规定每隔一段时间，如 30 分钟，要刷新一次数据库中的链路状态。以确保链路状态数据库的同步（即每个路由器所具有的全网拓扑结构图都是一样的）。

（2）OSPF 的区域

OSPF 可将一个自治系统划分为若干区域，将利用洪泛法交换链路状态信息的范围局限于每一个区域而不是整个的自治系统，减少了整个网络上的通信量。而且该区域的 OSPF 路由器只保存该区域的链路状态，每个路由器的链路状态数据库都可以保持合理的大小，路由计算的时间、报文数量也都不会过大。

（3）OSPF 支持的网络类型

OSPF 支持的网络类型有 4 种，即：

- 广播多路访问型（Broadcast Multi Access，BMA）——如 Ethernet、Token Ring、FDDI；
- 非广播多路访问型（None Broadcast Multi Access，NBMA）——如帧中继网、X.25 网等；
- 点到点型（Point to Point）；

- 点至多点型（Point to Multi-Point）。

（4）指派路由器和备份指派路由器

在多路访问网络上可能存在多个路由器，为了避免路由器之间建立完全相邻关系而引起的大量开销，OSPF 要求在区域中选举一个指派路由器（DR）。每个路由器都与之建立完全相邻关系。DR 负责收集所有的链路状态信息，并发布给其他路由器。选举 DR 的同时也选举出一个备份指派路由器（BDR），在 DR 失效的时候，BDR 担负起 DR 的职责。点对点型网络不需要 DR，因为只存在两个节点，彼此间完全相邻。

2．OSPF 路由表的建立

（1）最短路径优先算法

OSPF 路由表的建立过程采用最短路径优先（SPF）算法，也称为 Dijkstra 算法，它是寻找从源节点到网络中其他各节点最短通路的算法。

方法：设一节点为源节点，然后逐步寻找，每次找一个节点到源节点的最短通路，直至将所有的节点都找到为止。

Dijkstra 算法的步骤如下。

① 初始化

假设节点 1 为源节点，L（W，V）为节点 V 到 W 的距离。

令 N 为网络节点集合，$N = \{1\}$。

对所有不在 N 中的节点 V，有：

$$D（V）= \begin{cases} L（1，V） & \text{若节点 V 与节点 1 直接相连} \\ \infty & \text{若节点 V 与节点 1 不直接相连} \end{cases}$$

② 寻找一个不在 N 中的节点 W，其 D（W）值为最小。把 W 加入到 N 中，然后对所有不在 N 中的节点，用 [D（V），D（W）+L（W，V）] 中的较小的值去更新原有的 D（V）值，即：

D（V）←MIN [D（V），D（W）+L（W，V）]

③ 重复步骤②，直至所有的网络节点都在 N 中为止。

下面举例说明如何用 Dijkstra 算法求最短通路。

例 7-1：对于图 7-13 所示网络，设节点 1 为源节点，用 Dijkstra 算法求其最短通路。

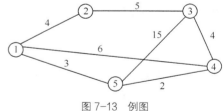

图 7-13 例图

答：设节点 1 为源节点，用 Dijkstra 算法计算图示网络的最短通路如表 7-1 所示。

表 7-1

步骤	N	D（2）	D（3）	D（4）	D（5）
初始化	{1}	4	∞	6	3
1	{1，5}	4	18	5	③
2	{1，2，5}	④	9	5	3
3	{1，2，4，5}	4	9	⑤	3
4	{1，2，3，4，5}	4	⑨	5	3

例 7-1 求解的详细步骤如下。

● 初始化：设节点 1 为源节点，节点 1 在 N 中。节点 2、4、5 与节点 1 直接相连，表 7-1 中写直接相连的距离；节点 3 与节点 1 不直接相连，表 7-1 中的距离暂写为∞。

● 步骤 1：观察表 7-1 中的第 1 行，节点 5 与节点 1 的距离最短，为 3，将其圈中，并将节点 5 归在 N 中。

然后观察节点 2、3、4 能否通过节点 5 到达节点 1，且距离比初始化（表 7-1 中第 1 行）的距离更短，若是则替代初始化的距离；否则初始化的距离保持不变。经观察节点 2 的距离不变；节点 3 若通过节点 5 到达节点 1 的距离为 18，比初始化的距离∞短，则替代初始化的距离；节点 4 若通过节点 5 到达节点 1 的距离为 5，比初始化的距离 6 短，也替代初始化的距离。

● 步骤 2：观察表 7-1 中的第 2 行，节点 2 与节点 1 的距离最短（不包括圈过的距离），为 4，将其圈中，并将节点 2 归在 N 中。

然后观察节点 3、4 能否通过节点 2 到达节点 1，且距离比步骤 1（表 7-1 中第 2 行）的距离更短。经观察节点 3 若通过节点 2 到达节点 1 的距离为 9，比步骤 1 的距离 18 短，则替代步骤 1 的距离；节点 4 的距离不变。

● 步骤 3：观察表 7-1 中的第 3 行，节点 4 与节点 1 的距离最短（不包括圈过的距离），为 5，将其圈中，并将节点 4 归在 N 中。

然后观察节点 3 能否通过节点 4 等到达节点 1，且距离比步骤 2（表 7-1 中第 3 行）的距离更短。经观察节点 3 的距离不变。

● 步骤 4：将节点 3 到达节点 1 的距离 9 圈中，并将节点 3 归在 N 中。

至此，所有的节点都已包含在 N 之中，即找到了源节点 1 到网络中所有其他节点的最短通路。表 7-1 中带圈的数字是在每次执行步骤②时，所寻找的具有最小值的 D（W）值，此题步骤②共执行了 4 次。

由表 7-1 可以得到图 7-13 的所示网络节点 1 到其他节点的最短通路图（树），如图 7-14 所示。

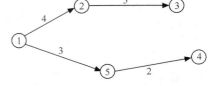

图 7-14　图 7-13 节点 1 到其他节点的最短通路图

以上介绍了采用 Dijkstra 算法求某个网络的最短通路。这里还有两点需要说明：

● 距离的含义是广泛的，可以是链路长度、时延、费用等。

● Dijkstra 算法首先强调最短通路（最短距离），其次再考虑转接段数。

（2）OSPF 路由表的建立

下面举例说明 OSPF 路由表的建立。图 7-15（a）是一个自治系统的网络结构图。

通过各路由器之间交换链路状态信息，图中所有的路由器最终将建立起一个链路状态数据库。实际的链路状态数据库是一个表，我们可以用一个有向图表示，如图 7-15（b）所示。其中每一个局域网或广域网都抽象为一个节点，每条链路用两条不同方向的边表示（最边缘的网络 W₃、W₄、W₅ 与路由器之间的链路只用一条边表示），边旁标出了这条边的代价（可以是链路长度、时延、费用、带宽等）。

图 7-15（b*）（就是图 7-15（b））中曲线圈内的各节点之间可能有多条路径，而曲线圈外的各节点之间都只有一条路径，所以要寻找以 F 路由器为根的最短路径树，只需求出曲线圈内 F 路由器为根的最短路径树，再加上曲线圈外的各节点之间的路径即可。

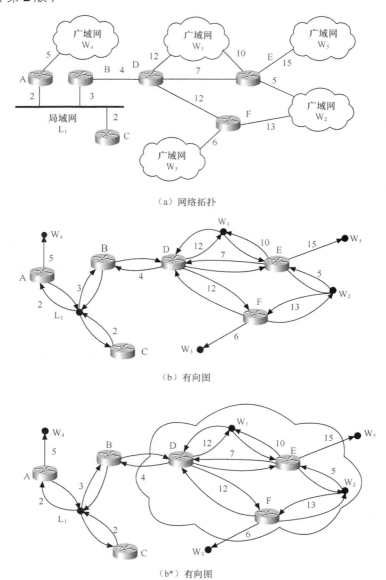

（a）网络拓扑

（b）有向图

（b*）有向图

图 7-15　OSPF 路由表的建立过程示例

图 7-15（b*）中曲线圈内的各节点之间的连接图如图 7-16（a）所示，可改画成图 7-16（b）所示的无向图。

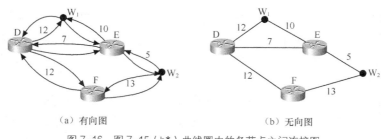

（a）有向图　　　　　　　　　　（b）无向图

图 7-16　图 7-15（b*）曲线圈内的各节点之间连接图

可用上述最短通路路由选择 Dijkstra 算法求图 7-16（b）中 F 到其他节点的最短路径（每个网络和路由器都看作是一个节点），如表 7-2 所示。

表 7-2　　　　　　　　**用 Dijkstra 算法计算 7-16（b）网络的最短路径**

步骤	N	D（W₂）	D（D）	D（E）	D（W₁）
初始化	{F}	13	12	∞	∞
1	{F，D}	13	⑫	19	24
2	{F，D，W₂}	⑬	12	18	24
3	{F，D，W₂，E}	13	12	⑱	24
4	{F，D，W₂，E，W₁}	13	12	18	㉔

由表 7-2 可得出图 7-16（b）（即图 7-15（b*）中曲线圈内）以 F 路由器为根的最短路径树，如图 7-17 所示。再加上图 7-15（b*）中曲线圈外的各节点可得到图 7-15（a）所示网络的以 F 路由器为根的最短路径树，如图 7-18 所示。

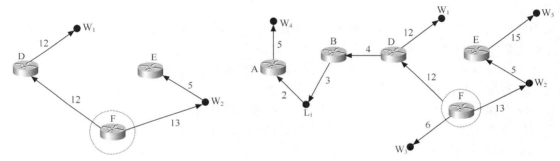

图 7-17　图 7-16（b）以 F 路由器为根的最短路径树　　　　图 7-18　　以 F 为根的最短路径树

F 路由器根据此最短路径树即可构造出自己的路由表，如表 7-3 所示（此路由表只是一个示意）。

表 7-3　　　　　　　　　　　**F 路由器的路由表**

目的网络	链路代价（最短路径）	下一个路由器
W₁	24	D
W₂	13	直接交付
W₃	6	直接交付
W₄	26	D
W₅	33	E
L₁	19	D

按照同样的方法，其他路由器均可得出各自的路由表。

3．OSPF 分组（OSPF 数据报）

（1）OSPF 分组格式

OSPF 分组格式如图 7-19 所示。

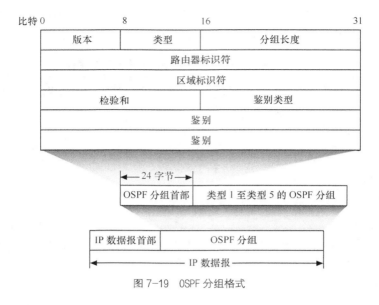

图 7-19　OSPF 分组格式

OSPF 分组由 24 字节固定长度的首部字段和数据部分组成。数据部分可以是 5 种类型分组（后述）中的一种。下面先简单介绍 OSPF 首部各字段的作用。

① 版本（1 字节）——表示协议的版本，当前的版本号是 2；

② 类型（1 字节）——表示 OSPF 的分组类型；

③ 分组长度（2 字节）——以字节为单位指示 OSPF 的分组长度；

④ 路由器标识符（4 字节）——标志发送该分组的路由器的接口的 IP 地址；

⑤ 区域标识符（4 字节）——标识分组属于的区域；

⑥ 校验和（2 字节）——检测分组中的差错；

⑦ 鉴别类型（2 字节）——用于定义区域内使用的鉴别方法，目前只有两种类型的鉴别：0（没有鉴别）和 1（口令）；

⑧ 鉴别（8 字节）——用于鉴别数据真正的值。鉴别类型为 0 时填 0，鉴别类型为 1 时填 8 个字符的口令。

由图 7-19 可以看到，与 RIP 报文不同，OSPF 分组不用 UDP 用户数据报传送，而是直接用 IP 数据报传送。

（2）OSPF 的 5 种分组类型

① 类型 1，问候（Hello）分组，用来发现和维持邻站的可达性。OSPF 协议规定：两个相邻路由器每隔 10s 就要交换一次问候分组，若间隔 40s 没有收到某个相邻路由器发来的问候分组，就认为这个相邻路由器是不可达的。

② 类型 2，数据库描述（Database Description）分组，向邻站给出自己的链路状态数据库中的所有链路状态项目的摘要信息。

③ 类型 3，链路状态请求（Link State Request）分组，向对方请求发送某些链路状态项目的详细信息。

④ 类型 4，链路状态更新（Link State Update）分组，用洪泛法对全网更新链路状态。

⑤ 类型 5，链路状态确认（Link State Acknowledgment）分组，对链路状态更新分组

的确认。

类型 3、4、5 这 3 种分组是当链路状态发生变化时，各路由器之间交换的分组，以达到链路状态数据库的同步。

4．OSPF 的特点

（1）由于一个路由器的链路状态只涉及到与相邻路由器的连通状态，与整个互联网的规模并无直接关系，因此 OSPF 适合规模较大的网络。

（2）OSPF 是动态算法，能自动和快速地适应网络环境的变化。具体说就是链路状态数据库能较快地进行更新，使各个路由器能及时更新其路由表。

（3）OSPF 没有"坏消息传播得慢"的问题，其响应网络变化的时间小于 100ms。

（4）OSPF 支持基于服务类型的路由选择。OSPF 可根据 IP 数据报的不同服务类型将不同的链路设置成不同的代价，即对于不同类型的业务可计算出不同的路由。

（5）如果到同一个目的网络有多条相同代价的路径，OSPF 可以将通信量分配给这几条路径——多路径间的负载平衡。

（6）有良好的安全性。OSPF 规定，路由器之间交换的任何信息都必须经过鉴别，OSPF 支持多种认证机制，而且允许各个区域间的认证机制可以不同，这样就保证了只有可依赖的路由器才能广播路由信息。

（7）支持可变长度的可变长子网掩码（Variable Length Subnet Mask，VLSM）和无分类编址 CIDR。

7.2.4 内部网关协议 IS-IS

1．IS-IS 的产生及发展

中间系统到中间系统（IS-IS）的路由选择协议最早是 ISO 为 CLNP（Connectionless Network Protocol）而设计的动态路由协议（ISO/IEC 10589 或 RFC 1142），即 IS-IS 是 ISO 定义的 OSI 协议栈中无连接网络服务 CLNS（Connectionless Network Service）的一部分。

CLNS 由以下 3 个协议构成：

- CLNP——类似于 TCP/IP 中的 IP；
- IS-IS——中间系统（相当于 TCP/IP 中的路由器）间的路由协议；
- ES-IS——终端系统（ES，相当于 TCP/IP 中的主机系统）与中间系统间的协议，就像 IP 中的 ARP，ICMP 等。

早期的 IS-IS 仅支持 CLNS 网络环境，而不支持 IP 网络环境中的路由信息交换。为了提供对 IP 的路由支持，IETF 在 RFC 1195 中对 IS-IS 进行了修改和扩展，称为集成 IS-IS（Integrated IS-IS）或双重 IS-IS（Dual IS-IS）。集成 IS-IS 的制定是为了使其能够同时应用在 TCP/IP 网络和 OSI 网络中，能够为 IP 网络提供动态的路由信息交换。

集成 IS-IS 是一个能够同时处理多个网络层协议（如 IP 和 CLNP）的路由选择协议（而 OSPF 只支持 IP 一种网络层协议，即 OSPF 仅支持 IP 路由），也就是说集成 IS-IS 可以支持纯 CLNP 网络或纯 IP 网络，或者同时支持 CLNP 和 IP 两种网络环境，并为其提供路由选择功能。

集成 IS-IS 协议经过多年的发展，已经成为一个可扩展的、功能强大的 IGP 路由选择协议。该协议占用内存资源和链路带宽更少，路由效率更高，且实现与部署相对简单，因而常被用于大型骨干网络的路由部署。

2．IS-IS 基本概念

与 OSPF 一样，IS-IS 也是一种链路状态路由协议，由路由器收集其所在网络区域上各路由器的链路状态信息，生成链路状态数据库（LSDB），利用最短路径优先算法（SPF），计算到网络中每个目的地的最短路径。

（1）IS-IS 的地址结构

IS-IS 在交换 IP 路由信息时，使用的还是 ISO 数据包。IP 路由选择信息承载在 ISO 数据包中，并且使用 CLNP 地址来标识路由器并建立拓扑表和链路状态数据库，所以一个运行 IS-IS 协议的路由器必须拥有一个 CLNP 地址。

CLNP 地址与 IP 地址有着很大的区别。首先，CLNP 地址是一种基于节点（路由器）的编址方案，也就是说一个节点只需要一个 CLNP 地址，而 IP 地址是一种基于链路或者说是基于接口的编址方案，路由器中每一个接口都需要一个 IP 地址以进行不同子网间的数据包路由。另外，在地址结构上，CLNP 地址与 IP 地址也有着很大的差别。

IS-IS 将 CLNP 地址称作网络服务访问点（Network Service Access Point，NSAP），结构如图 7-20 所示。

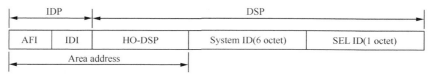

图 7-20　IS-IS 的地址结构

NSAP 由 IDP（Initial Domain Part）和 DSP（Domain Specific Part）组成。

① IDP 相当于 IP 地址中的网络号，它由 AFI（Authority and Format Identifier）与 IDI（Initial Domain Identifier）组成，AFI 表示地址分配机构和地址格式，IDI 用来标识初始路由域。

② DSP 相当于 IP 地址中的子网号和主机地址，它由 HO-DSP（High Order Part of DSP）、System ID 和 SE 3 个部分组成。HO-DSP 用来分割区域，System ID 用来区分主机，SEL 指示服务类型。

IDP 和 DSP 的长度都是可变的，NSAP 总长最多是 20 字节，最少 8 字节。

（2）IS-IS 的分层路由域

IS-IS 允许将整个路由域分为多个区域，其路由选择是分层次（区域）的，IS-IS 的分层路由域如图 7-21 所示。

IS-IS 的路由选择分如下两个区域等级：

● Level-1：普通区域（Area）叫 Level-1（L1），由 L1 路由器组成；

● Level-2：骨干区域（Backbone）叫 Level-2（L2），由所有的 L2（含 L1/L2-L12）路由器组成。

L1 路由选择负责区域内的路由选择，在同一个路由选择区域中，所有设备的区域地址都相同。区域内的路由选择是通过查看地址中的系统 ID 后，然后选择最短的路径来完成的。

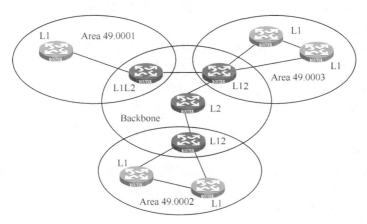

图 7-21 IS-IS 的分层路由域

L2 路由选择是在 IS-IS 区域之间进行的，路由器通过 L2 路由选择获悉 L1 路由选择区域的位置信息，并建立一个到达其他区域的路由表。当路由器收到数据包后，通过查看数据包的目标区域地址（非本区域的区域地址），选择一条最短的路径来传路由数据包。

值得说明的是，一个 IS-IS 的路由域可以包含多个 Level-1 区域，但只有一个 Level-2 区域。

（3）IS-IS 路由器类型

由于 IS-IS 负责 L1 和 L2 等级的路由，IS-IS 路由器等级（或称 IS-IS 路由器类型）可以分为 3 种：L1 路由器、L2 路由器和 L1/2 路由器。

① L1 路由器

属于同一个区域并参与 Level-1 路由选择的路由器称为 L1 路由器，类似于 OSPF 中的非骨干内部路由器。在 CLNP 网络环境中，L1 路由器负责收集本区域内所有主机和路由器的信息，L1 路由器只关心本区域的拓扑结构。L1 路由器将去往其他区域的数据包发送到最近的 L1/2 路由器上。

② L2 路由器

属于不同区域的路由器通过实现 Level-2 路由选择来交换路由信息，这些路由器成为 L2 路由器或骨干路由器，类似于 OSPF 中的骨干路由器，即 L2 路由器负责收集区域间的路径信息。

③ L1/2 路由器

同时执行 L1 路和 L2 路由选择功能的路由器为 L1/2 路由器，L1/2 路由器类似于 OSPF 中的区域边界路由器（ABR），它的主要职责是搜集本区域内的路由信息，然后将其发送给其他区域的 L1/2 路由器或 L2 路由器。同样，它也负责接收从其他区域的 L2 路由器或 L1/2 路由器发来的区域外信息。

所有 L1/2 路由器与 L2 路由器组成了整个网络的骨干（Backbone）。需要注意的是，对于 IS-IS 来说，骨干必须是连续的，也就是说具有 L2 路由选择功能的路由器（L1 路由器或 L1/2 路由器）必须是物理上相连的。

值得说明的是，我们在设计 IS-IS 区域和路由器类型时，可以遵循以下原则：

● 不与骨干相连的路由器可以配置为 L1 路由器。

- 与骨干相连的路由器必须配置为 L2 路由器或 L1/2 路由器。
- 不与 L1 路由器相连的骨干路由器可以配置为 L2 路由器。

（4）IS-IS 协议数据包

IS-IS 协议借助于数据包交换路由信息，其数据包分为如下 3 大类。

① Hello 数据包

Hello 数据包用于路由器建立和维护 IS-IS 邻居的邻接关系。

② 链路状态数据包

链路状态数据包（Link State PDU，LSP）用于在 IS-IS 路由器间发布路由选择信息，即传输链路状态信息。

两台运行 IS-IS 的路由器在交互协议报文实现路由功能之前必须首先建立邻接关系。IS-IS 邻接关系建立需要遵循的基本原则：只有同一层次的相邻路由器才有可能成为邻接体，而且对于 Level-1 路由器来说要求区域号一致。

在不同类型的网络上，IS-IS 的邻接建立方式并不相同。

③ 序列号数据包

序列号数据包（Sequence Number PDU，SNP）用于控制链路状态数据包的发布，提供 IS-IS 路由域内所有路由器的分布式链路状态数据库的同步机制。

SNP 包括完全序列号数据包（CSNP）和部分序列号数据包（PSNP）。CSNP 一般用于协议初始运行时发布完整链路状态数据库（通告链路状态数据库（LSDB）中所有摘要信息）。PSNP 一般用于在协议运行期间确认和请求链路状态请求信息。

（5）IS-IS 协议适用的网络类型

IS-IS 协议适用两种网络类型：

- P-2-P 网络——如 PPP 等；
- 广播网络——如 Ethernet，Token Ring 等。

IS-IS 协议不能真正支持 NBMA 网络，可以将 NBMA 链路配置成子接口来支持。IS-IS 子接口类型为 P-2-P 或者广播网络。

3．IS-IS 原理概述

IS-IS 原理归纳如下几点。

- 当接口启动 IS-IS 路由选择时，路由器立即发送 Hello 数据包，同时开始监听 Hello 数据包，寻找任何连接的邻接体，并与它们形成邻接关系。
- 若 IS-IS 是在 LAN（广播网络）接口上启动的，路由器启动 DIS（Designated IS，相当于 OSPF 的 DR）选举进程，根据路由器的优先级和 SNAP（MAC）地址来决定可否选举为 DIS。DIS 代表整个 LAN 上所有路由器向外界通告关于内部路由的 LSP，外界 IS 认为 LAN 是一台路由器（伪节点），但实际是由多台路由器构成的 LAN。
- 邻接关系建立后，链路状态信息开始交换（也就是 LSP 扩散）。
- LSP 扩散是在 IS-IS 路由器间交换动态路由选择信息的基础。IS-IS 路由器产生一个 LSP，该 LSP 通过运行 IS-IS 协议的接口又扩散到所有邻接路由器中。同样，这台路由器也接收并处理从其他路由器扩散出来的 LSP。通过 LSP 的扩散，区域内的每台路由器都保存着链路状态数据库，根据链路状态数据库的信息运行 SPF 算法，找到网络中每个目的地的最短路径。

综上所述，IS-IS 中的路由器主要完成以下工作。

（1）发送 Hello 数据包并建立邻居的邻接关系（adjacencies）；

（2）产生 LSP 并将其洪泛到任何地方；

（3）从邻居处收到所有的 LSPs；

（4）运行 Dijkstra 算法计算路由；

（5）等待其他 LSPs，或当邻接关系发生变化时创建并洪泛新的 LSP；

（6）当新的 LSPs 被产生或收到时，运行 Dijkstra 算法并重新计算新路由。

4．IS-IS 与 OSPF 对比

（1）IS-IS 与 OSPF 的相同点

虽然 IS-IS 与 OSPF 在结构上有着差异，但从 IS-IS 与 OSPF 的功能上讲，它们之间存在着许多相似之处。

① IS-IS 与 OSPF 同属于链路状态路由协议。作为链路状态路由协议，IS-IS 与 OSPF 都是为了满足加快网络的收敛速度，提高网络的稳定性、灵活性、扩展性等这些需求而开发出来的高性能的路由选择协议。

② IS-IS 与 OSPF 都使用链路状态数据库收集网络中的链路状态信息，链路状态数据库存放的是网络的拓扑结构图，而且区域中的所有路由器都共享一个完全一致的链路状态数据库。IS-IS 与 OSPF 都使用泛洪的机制来扩散路由器的链路状态信息。

③ IS-IS 与 OSPF 都使用相同的报文（OSPF 中的 LSA 与 IS-IS 中的 LSP）来承载链路状态信息。

④ IS-IS 与 OSPF 都分别定义了不同的网络类型，而且在广播网络中都使用指定路由器（OSPF 中的 DR，IS-IS 中的 DIS）来控制和管理广播介质中的链路状态信息的泛洪。

⑤ IS-IS 与 OSPF 同样都是采用 SPF 算法（Dijkstra 算法）来根据链路状态数据库计算最佳路径。

⑥ IS-IS 与 OSPF 同样都采用了分层区域结构来描述整个路由域，即骨干区域和非骨干区域（普通区域）。

⑦ 基于两层的分级区域结构，所有非骨干区域间的数据流都要通过骨干区域进行传输。

⑧ IS-IS 与 OSPF 都是支持可变长子网掩码（VLSM）和 CIDR 的 IP 无类别路由选择协议。

（2）IS-IS 与 OSPF 的不同点

OSPF 的骨干区域就是区域 0（Area 0），是一个实际的区域。IS-IS 与 OSPF 最大的区别就是 IS-IS 的区域边界位于链路上，OSPF 的区域边界位于路由器上，也就是 ABR 上。ABR 负责维护与其相连的每一个区域各自的数据库，也就是 Area 0 骨干区域数据库和 Area 1 非骨干区域数据库，如图 7-22 所示。

图 7-22　OSPF 的区域设计

IS-IS 的骨干区域是由所有的具有 L2 路由选择功能的路由器（L2 路由器或 L1/2 路由器）组成的，而且必须是物理上连续的，可以说 IS-IS 的骨干区域是一个虚拟的区域。这点与 OSPF 不同，虽然 IS-IS 中的 L1/2 路由器的功能相似于 OSPF 中的 ABR，但是对于 L1/2 路由器来说，它只属于某一个区域中，并且同时维护一个 L1 链路状态数据库和一个 L2 链路状态数据库，而且 L1/2 路由器不像 OSPF 中的的 ABR，可以同时属于多个区域中。与 OSPF 相同的是，IS-IS 区域间的通信都必须经过 L2 区域（或者骨干区域），以便防止区域间路由选择的环路，这与 OSPF 非骨干区域间的流量都要经过骨干区域（Area 0）的操作是一样的。

IS-IS 的区域设计如图 7-23 所示。

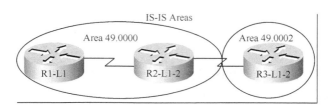

图 7-23　IS-IS 的区域设计

通过图 7-23 所示的 IS-IS 区域可以看出，由于 IS-IS 的骨干区域是虚拟的，所以更加利于扩展，灵活性更强。当需要扩展骨干时，只需添加 L1/2 路由器或 L2 路由器即可。

IS-IS 与 OSPF 的邻接关系、路由结构、链路状态操作、使用的算法等都存在着许多相似之处，但也存在着很多的不同点。表 7-4 列出了 IS-IS 与 OSPF 之间的主要区别。

表 7-4　　　　　　　　　　　　　IS-IS 与 OSPF 之间的主要区别

IS-IS	OSPF
IS-IS 可以支持 CLNP 和 IP 两种网络环境	OSPF 仅支持 IP 网络环境
IS-IS 所使用的数据包被直接封装到数据链路层帧中	OSPF 数据包被封装在 IP 数据报中
IS-IS 是 ISO CLNS 中的一个网络层协议	OSPF 不是网络层协议，它运行在 IP 之上
IS-IS 使用链路状态数据包（LSP）承载所有的路由选择信息	OSPF 使用不同类型的链路状态广播（LSA）分组承载路由选择信息
IS-IS 仅支持广播类型链路与点到点类型链路	OSPF 可以支持多种网络类型：广播、点到点、非广播多路访问网络（NBMA）、点到多点和按需电路（Demand Circuit）
S-IS 邻接关系建立过程简单	OSPF 需要通过多种状态建立邻接关系
IS-IS 路由器只属于一个区域，基于节点分配区域	OSPF 路由器可以属于多个区域，典型的是 ABR，OSPF 基于接口分配区域
IS-IS 的区域边界在链路上	OSPF 的区域边界在路由器上
IS-IS 仅在点到点链路上的扩散是可靠的，在广播链路中通过 DIS 周期性的发送 CSNP 来实现可靠性	OSPF 在所有链路上的扩散都是可靠的
IS-IS 中没有备份 DIS，DIS 可以被抢占	OSPF 中要选举 BDR，以接替 DR 的角色，DR 不能被抢占

7.2.5　外部网关协议 BGP

1. BGP 的概念

边界网关协议（BGP）是不同自治系统的路由器之间交换路由信息的协议，它是一种路径向量路由选择协议。

BGP 的路由度量方法可以是一个任意单位的数，它指明某一个特定路径中供参考的程度。可参考的程度可以基于任何数字准则，例如最终系统计数（计数越小时路径越佳）、数据链路的类型（链路是否稳定、速度快和可靠性高等）及其他一些因素。

因为 Internet 的规模庞大，自治系统之间的路由选择非常复杂，要寻找最佳路由很不容易实现。而且，自治系统之间的路由选择还要考虑一些与政治、经济和安全有关的策略。所以 BGP 与内部网关协议 RIP 和 OSPF 等不同，它只能是力求寻找一条能够到达目的网络且比较好的路由，而并非要寻找一条最佳路由。

2. BGP 基本原理

（1）BGP 的基本功能

BGP 的基本功能是：

① 交换网络的可达性信息；

② 建立 AS 路径列表，从而构建出一幅 AS 和 AS 间的网络连接图。

BGP 是通过 BGP 路由器来交换自治系统之间网络的可达性信息的。每一个自治系统要确定至少一个路由器作为该自治系统的 BGP 路由器，一般就是自治系统边界路由器。

BGP 路由器和自治系统 AS 的关系如图 7-24 所示。

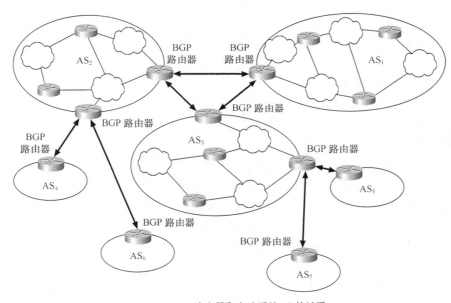

图 7-24　BGP 路由器和自治系统 AS 的关系

由图可见，一个自治系统可能会有几个 BGP 路由器，且一个自治系统的某个 BGP 路由器可能会与其他几个自治系统相连。每个 BGP 路由器除了运行 BGP 外，还要运行该系统所使用的内部网关协议。

（2）BGP 交换路由信息的过程

一个 BGP 路由器与其他自治系统中的 BGP 路由器要交换路由信息，步骤为：

- 首先建立 TCP 连接（端口号 179）。
- 在此连接上交换 BGP 报文以建立 BGP 会话。
- 利用 BGP 会话交换路由信息，如增加了新的路由、撤销了过时的路由及报告出差错的情况等。

使用 TCP 连接交换路由信息的两个 BGP 路由器，彼此成为对方的邻站或对等站。

BGP 虽然基本上也是距离矢量路由协议，但它与 RIP 不同。每个 BGP 路由器记录的是使用的确切路由，而不是到某个目的地的开销。同样，每个 BGP 路由器不是定期地向它的邻站提供到每个可能目的地的开销，而是向邻站说明它正在使用的确切路由。图 7-25 是若干个 BGP 路由器（A、B、C 等）互连的拓扑图。

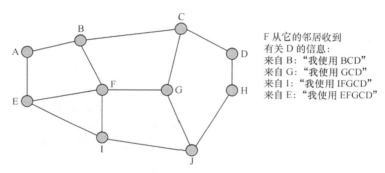

图 7-25　若干个 BGP 路由器互连的拓扑图

以 BGP 路由器 F 为例，它要找一条到达 D 的路由。F 从各邻站收到可到达 D 的路由信息，即

- 来自 B："我使用 BCD"；
- 来自 G："我使用 GCD"；
- 来自 I："我使用 IFGCD"；
- 来自 E："我使用 EFGCD"。

从各邻站来的所有路由信息都到达后，F 检测一下哪条路径是最佳的。因为从 I 和 E 来的路径经过 F 自身，F 将这两条路径丢弃。只能在 B 和 G 提供的路径中作选择。假如综合考虑其他因素，F 最终选择的到达 D 的路由信息是 FGCD。依此类推，F 还可找到到达其他 BGP 路由器的最佳路由。同样，各 BGP 路由器均可照此办法找到到达某个 BGP 路由器（即到达某个自治系统）的最佳路由（严格地说是比较好的路由）。

BGP 路由器互相交换网络可达性的信息（就是要到达某个网络所要经过的一系列自治系统）后，各 BGP 路由器根据所采用的策略就可从收到的路由信息中找出到达各自治系统的比较好的路由，即构造出自治系统的连通图，图 7-26 所示的是对应图 7-24 的自治系统连通图。

3．BGP-4 报文

（1）BGP-4 报文类型

BGP-4 共使用 4 种报文，即：

● 打开（Open）报文，用来与相邻的另一个 BGP 路由器建立关系。

● 更新（Update）报文，用来发送某一路由的信息，以及列出要撤销的多条路由。

● 保活（Keepalive）报文，用来确认打开报文和周期性地证实邻站关系。

● 通知（Notificaton）报文，用来发送检测到的差错。

（2）BGP 报文的格式

① BGP 报文通用的格式

BGP 报文通用的格式如图 7-27 所示。

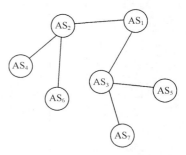

图 7-26 自治系统的连通图

图 7-27 BGP 报文通用的格式

BGP 报文由首部和数据部分组成。

4 种类型的 BGP 报文的首部都是一样的，长度为 19 字节，分为 3 个字段。

● 标记字段（16 字节）——将来用来鉴别收到的 BGP 报文。当不使用鉴别时，标记字段要置为全 1。

● 长度字段（2 字节）——以字节为单位指示整个 BGP 报文的长度。

● 类型字段（1 字节）——BGP 报文的类型，上述 4 种 BGP 报文的类型字段的值分别为 1～4。

BGP 报文的数据部分长度可变，4 种类型 BGP 报文的数据部分各有其自己的格式，分别介绍如下。

② BGP 打开报文的数据部分格式

打开报文的格式如图 7-28 所示。

打开报文的数据部分共有 6 个字段。

● 版本号（1 字节）——提供所使用 BGP 的版本号，现在的值是 4。

● 本自治系统编号（2 字节）——提供消息发送者的 AS 号。

● 保持时间（2 字节）——以秒为单位指明最大的接收等待时间，如该时间内收不到分组，则认为发送者出故障。

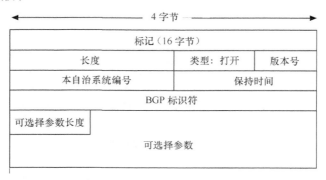

图 7-28　打开报文的格式

- BGP 标识符（4 字节）——提供消息发送者的 BGP 识别号，通常就是发送路由器的 IP 地址。

- 可选参数长度（1 字节）——指明可选参数域的长度（如果有的话）。

- 可选参数——包含一个可选参数的列表（如果有多个的话），目前只定义了一个可选参数，就是认证信息参数。认证信息参数由两部分组成：认证码（表明被使用的认证类型）和认证数据（认证机制要使用的数据）。

③ BGP 更新报文的数据部分格式

更新报文的数据部分格式如图 7-29 所示。

图 7-29　更新报文的格式

更新报文的数据部分共有 5 个字段。

- 不可用路由长度（2 字节）——指明要取消路由域的总长度。

- 取消的路由（长度可变）——列出所有要从路由表中撤销的路由器 IP 地址。

- 总路径属性长度（2 字节）——指明路径属性区域的总长度。

- 路径属性（长度可变）——描述被广播路径的特性，BGP 目前支持几种路径属性（略）。

- 网络层可达信息（长度可变）——是一系列广播路由的 IP 地址前缀的列表。

④ 保活报文的数据部分格式

保活报文只有 BGP 的 19 字节长的首部，没有数据部分。

⑤ BGP 通知报文的数据部分格式

通知报文的格式如图 7-30 所示。

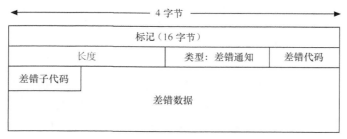

图 7-30　通知报文的格式

通知报文有 3 个字段。

- 差错代码（1 字节）——指明发生差错的类型。
- 差错子代码（1 字节）——提供更多关于错误事件的规则消息。
- 差错数据（长度可变）——包含有基于差错代码和差错子代码域指定的差错数据。

这个域常用于诊断差错的原因。

4．BGP 的特点

（1）BGP 是在自治系统中 BGP 路由器之间交换路由信息，而 BGP 路由器的数目是很少的，这就使得自治系统之间的路由选择不致过分复杂。

（2）BGP 支持 CIDR，因此 BGP 的路由表也就应当包括目的网络前缀、下一跳路由器，以及到达该目的网络所要经过的各个自治系统序列。

（3）在 BGP 刚刚运行时，BGP 的邻站是交换整个的 BGP 路由表。以后只需要在发生变化时更新有变化的部分，即 BGP 不要求对整个路由表进行周期性刷新。这样做对节省网络带宽和减少路由器的处理开销方面都有好处。

（4）BGP 寻找的只是一条能够到达目的网络且比较好的路由（不能兜圈子），而并非是最佳路由。

7.3　IP 多播路由选择协议

本书第 2 章 2.2.4 小节中介绍了有关 IP 多播的基本概念及 Internet 组管理协议 IGMP。我们知道 IP 多播需要两种协议：IGMP 和多播路由选择协议。本节具体介绍多播路由选择协议的相关内容。

7.3.1　多播路由选择的需求

多播路由选择包含了两个方面的内容：一方面是在不同网络之间转发多播数据报，以确保多播组中的每个成员都能正确收到多播数据报的一个副本；另一方面是路由器为了实现上述功能需要相互交换多播组成员信息，以建立高效的多播转发路由。

多播路由选择要比单播路由选择复杂得多，它应该满足以下的需求。

（1）多播语义的正确性

多播机制的实现首先必须满足语义正确性的需求，即首先保证多播数据报能够被正确地传输到所有的多播组成员。

（2）多播组成员信息的迅速传播

Internet 中多播组的成员关系是动态的、迅速变化的，可能分布在 Internet 中的任何位置，多播数据报的作用域也可能跨越相当大的范围，因此组成员的信息必须能够在整个 Internet 中迅速地传播，以保证各个路由器及时获得每一个多播组成员的分布。

（3）减少多播转发的开销，提高效率

多播转发应尽量避免不必要的通信量。只有当网络中存在组成员，或通过该网络可到达某个组成员时，路由器才会将多播数据报转发到该网络。否则，就不应该向这个网络中转发多播数据报。

（4）多播路由选择的动态性

多播路由选择的协议必须具有动态性，除了拓扑结构改变或设备出故障时会发生路由改变外，主机加入或退出一个多播组也可能需要进行多播路由的调整。

（5）避免多播环路

最佳的多播转发系统将使数据报到达该多播组中的所有站点，防止出现环路，减少不必要的数据报复制，同时避免数据报在不必要的路径中传播以及数据报多次通过同一个网络。

（6）发送站点的任意性

Internet 上的任意站点都可能向一个多播组发送数据，这个站点并不一定是该多播组的成员，而且这个站点可能离所有的组成员有相当大的距离。

7.3.2 多播路由选择算法

各种多播路由选择算法都是在考虑多种因素下进行的某种折衷，既要保证相对较高的多播转发效率，又要降低路由选择算法所带来的通信开销，且防止出现多播环路。

避免多播环路的有效方法是在进行路由选择时，将数据报的源地址考虑进来，最终形成一个从源站点到所有目的站点的树状数据报转发路径——称为转发树。

例如，图 7-31 中，主机 A～E、H、K 属于同一个多播组 G。设源主机 S 和 T 都向 G 发送多播数据报。从图中可见，来自 S 的数据报应该被 R_1 转发到 R_3 和 R_4；来自 T 的多播数据报应该被 R_7 转发到 R_6 和 R_2；依此类推。我们观察 R_3，R_3 上可能收到来自 S 和 T 的多播数据报，且数据报目的地址都等于 G 的组播地址，但为了避免形成多播环路，R_3 对两种数据报的转发方法不同：来自 S 的数据报需要被转发到 R_6 和 R_2；而来自 T 的数据报仅需被转发到 R_1。可见，多播转发除了需要识别数据报目的地址（即 G 的组地址）以外，还需要识别数据报的源地址，才能进行最佳通路选择。这是多播选路与常规单播选路之间的重要差别之一。

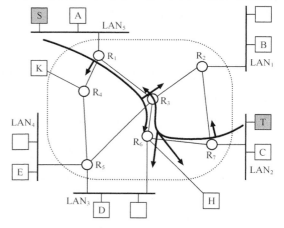

图 7-31　多播路由选择需要考虑源地址

多播路由选择的实质就是对每一个多播组和每一个源站点建立一个最优（或接近最优）的多播转发树。不同的多播组对应于不同的多播转发树；同一个多播组，对不同的源点也会有不同的多播转发树。

不同的多播路由选择算法建立多播转发树的方式不同。通常，根据建立多播转发树方法的不同，可以将多播路由选择算法分成两大类：广播修剪算法和基于核心的树算法。

1. 广播修剪算法

一开始，路由器转发多播数据报使用洪泛的方法（这就是广播）。为了避免兜圈子，采用了叫作反向路径广播（Reverse Path Broadcasting，RPB）的策略。

RPB 的要点如下。

● 路由器收到多播数据报时，先检查是否从源点经最短路径传送来的。检查方法是确认从本路由器到源点的最短路径上的第一个路由器是否就是刚才把多播数据报发送过来的路由器。

- 若是，就向所有其他方向转发刚才收到的多播数据报（但进入的方向除外），否则就丢弃而不转发。
- 如果存在几条同样长度的最短路径，那么只能选择一条最短路径，选择的准则就是看这几条最短路径中的相邻路由器谁的 IP 地址最小。

图 7-32 所示是 RPB 的一个例子。

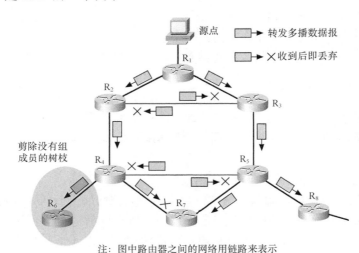

注：图中路由器之间的网络用链路来表示

图 7-32　反向路径广播 RPB 和剪除的例子

假定图 7-32 中各路由器之间的距离均为 1，RPB 建立多播转发树的过程如下。

第 1 步——路由器 R_1 收到源点发来的多播数据报后，向 R_2 和 R_3 转发。

第 2 步——R_2 发现 R_1 就在自己到源点的最短路径上，所以将收到的数据报向 R_3 和 R_4 转发；R_3 发现 R_1 就在自己到源点的最短路径上，所以将收到的数据报向 R_2 和 R_5 转发。

第 3 步——R_2 发现 R_3 不在自己到源点的最短路径上，丢弃 R_3 发来的数据报；同样，R_3 发现 R_2 不在自己到源点的最短路径上，丢弃 R_2 发来的数据报。

第 4 步——R_4 收到 R_2 发来的数据报后，发现 R_2 就在自己到源点的最短路径上，因此将数据报向 R_5、R_6 和 R_7 转发；R_5 收到 R_3 发来的数据报后，发现 R_3 就在自己到源点的最短路径上，因此将数据报向 R_4、R_7 和 R_8 转发。

第 5 步——R_4 发现 R_5 不在自己到源点的最短路径上，丢弃 R_5 发来的数据报；同样，R_5 发现 R_4 不在自己到源点的最短路径上，丢弃 R_4 发来的数据报。

第 6 步——R_7 收到 R_4 和 R_5 发来的数据报后，发现 R_4 和 R_5 都在自己到源点的最短路径上。由此可见，R_7 到源点有两条最短路径：$R_7 \rightarrow R_4 \rightarrow R_2 \rightarrow R_1 \rightarrow$ 源点；$R_7 \rightarrow R_5 \rightarrow R_3 \rightarrow R_1 \rightarrow$ 源点。现在假定 R_5 的 IP 地址比 R_4 的 IP 地址小，所以使用后一条最短路径，R_7 只转发 R_5 发来的数据报，而丢弃 R_4 发来的数据报。

依此类推。最后就得出了用来转发多播数据报的多播转发树（图中用粗线表示），以后就可以按这个多播转发树来转发多播数据报。

为了防止多播数据报被传播到那些既没有多播组成员也不通向任何多播组成员的网络中，造成不必要的转发和带宽的浪费。可利用组成员的关系对 RPB 进行修改，称为截尾 RPB

（Truncated Reverse Path Broadcasting，TRPB），即将没有多播组成员也不通向任何多播组成员的网络截掉（即剪除）。

例如，图 7-32 中，假设 R_6 发现它的下游树枝已经没有该多播组的成员，就把它和下游树枝一起剪除（图 7-32 中椭圆表示剪除的部分）。

另外，当某个树枝有新增加的多播组成员时，可以再接入到多播转发树上。

广播修剪算法的主要缺点是广播的开销过大，而且由于每一个多播组的各个源站点都需要分别建立一个多播转发树，路由表规模正比于源站点和多播组的数量，因此广播修剪算法在扩展性上存在问题，不适于应用在大型网络中。

为解决扩展性问题，提出了另一种建立多播转发树的算法——基于核心的树算法。

2．基于核心的树算法

基于核心的树或核心基础树（Core Based Tree，CBT）算法的优点在于避免了广播，并且允许同一个多播组的所有源站点共享同一个转发树，因此具有良好的扩展性，并且适应大型的网络环境。

CBT 与 RPB 算法采用了截然不同的思路。

RPB 的思路是在多播数据到来时路由器首先向所有通路转发分组，直到路由器收到否定性信息（如通路上不存在多播组成员）时才停止向该通路转发。

而 CBT 的思路是直到收到肯定性信息，即确认通路上存在多播组成员时才沿该通路转发。CBT 的这种形式意味着，主机使用 IGMP 加入某个多播组时，本地路由器在能够进行多播分组转发之前必须通知其他路由器，以建立多播路由。

简而言之，CBT 算法不是在多播数据到来的时候才触发多播转发树的建立或调整，而是在主机加入或退出多播组时建立和调整多播转发树。在多播组的转发树建立之前，CBT 将不能转发该多播组的任何数据报。

CBT 算法是如何建立多播转发树的呢？

CBT 把互联网划分成若干区域，在每个区域内部指定一个路由器作为核心路由器。在区域中为每一个多播组建立一个以核心路由器为根站点的共享的多播转发树，该转发树分支到区域中每一个具有多播组成员的网络中。初始状况下，共享树只包含一个根站点（即静态的核心路由器本身）。随着多播组成员的加入，转发树不断动态扩展分支到整个区域中所有具有组成员的网络中。

共享的多播转发树的建立过程如下。

主机 A 加入某个多播组后，通过 IGMP 通知本地路由器 L，路由器 L 立即产生一个 CBT 加入请求，并将加入请求发送给核心路由器 C。发送加入请求时，L 将使用单播地址，因此加入请求将采用常规选路方式传送到 C。在从 L 到 C 的传输通路上，每一个中间路由器都对该请求进行检查。若中间路由器自身不在该多播组的共享树上，就继续转发请求报文。若请求报文到达的中间路由器 R 自身已经加入了共享树，R 将向 L 返回一个确认，并把组成员信息传给上层路由器。确认报文（使用单播）在返回过程中，R-L 通路上的每个路由器（包括 L）将检查该报文，并将自身也加入到共享树上（更新多播路由表，允许转发该多播组的数据报）。这样，分支 R-L 在路由器 R 上被链接到共享转发树上，形成了一个新的多播转发树。R 就可以开始向 L 转发该多播组的数据报了。

通过以上的过程，CBT 为一个多播组建立一个单一的、根为核心路由器、且分支到（也只分支到）具有组成员的下行路由器上的多播转发树。同一多播组内的所有发送源共享该多播转发树。

图 7-33 所示是 CBT 建立共享的多播转发树的例子。设 R_3 为核心路由器，经过一段时间已经建立起一个多播转发树如图 7-33（a）粗箭头线所示。

主机 A 加入某个多播组后，通过 IGMP 通知本地路由器 R_6，路由器 R_6 立即产生一个 CBT 加入请求，并将加入请求以单播数据报往核心路由器 R_3 方向发送。加入请求传送到 R_4，如图 7-33（a）所示。

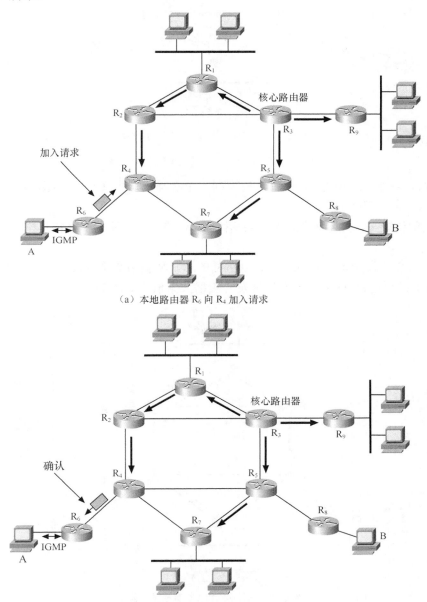

（a）本地路由器 R_6 向 R_4 加入请求

（b）R_4 向 R_6 返回一个单播确认报文

图 7-33 CBT 建立共享的多播转发树的例子

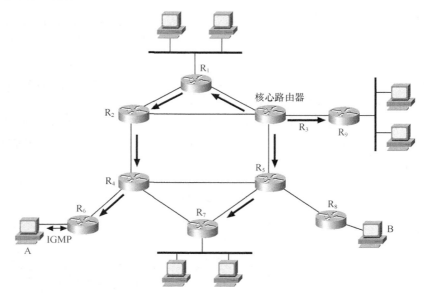

（c）R₆ 加入到共享树上，形成了一个新的多播转发树

图 7-33　CBT 建立共享的多播转发树的例子（续）

由于 R_4 已经加入了共享树，便向 R_6 返回一个单播确认报文，并把组成员信息传给上层路由器，如图 7-33（b）所示。

R_6 收到确认报文，将自身也加入到共享树上，形成了一个新的多播转发树，如图 7-33（c）所示。

假设主机 B 要发送多播数据报，它以单播的形式将多播数据报发送给核心路由器，然后核心路由器 R_3 沿着共享的多播转发树转发此多播数据报。如图 7-34 所示。

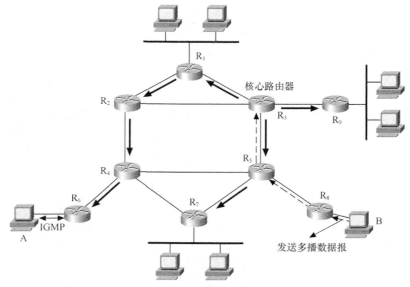

图 7-34　主机 B 以单播的形式将多播数据报发送给核心路由器

上述介绍的建立和加入多播转发树的过程与发送源或多播数据报的存在无关，多播转发

树的建立和更新只有在多播成员发生变化的时候进行，因此可保证多播数据不会沿着不必要的通路进行转发。所以 CBT 算法的优势在于其良好的扩展性，能够在大型网络和用户分散分布的网络环境中使用。而且由于路由器只需为每个多播组维护一棵多播转发树，路由表的空间复杂度仅取决于多播组的数量，与源节点的数量无关，这也大大低于 RPB 算法。

CBT 算法的缺陷主要表现在核心路由器上数据流过于集中。此外，与基于源的转发树相比，对各个发送源来说共享多播转发树并不是一个最短通路树，在转发过程中可能引入额外的时延或跳数。但是我们通过合理选择核心路由器，可以尽量得到对各发送源的一个较优化的共享多播转发树。

7.3.3 多播路由选择协议

目前多播路由选择协议尚未标准化，有几种建议使用的多播路由选择协议，下面分别介绍。

1. 距离向量多播路由选择协议

（1）DVMRP 的要点

距离向量多播路由选择协议（Distance Vector Multicast Routing Protocol，DVMRP）是在距离向量路由算法（即 RIP）的基础上进行了多播功能扩展，允许多播路由器相互之间传递多播组的成员关系和选路信息。

DVMRP 采用截尾广播修剪（TRPB）算法来建立多播树。

DVMRP 在各个路由器之间传播的多播路由选择信息包括多播组成员关系信息和距离向量算法中路由器之间的路由选择信息。多播路由器利用成员信息和路由选择信息构建多播路由表，其中每一表项指定一个（源站点，多播组）二元组以及一系列相应的转发接口。对应于每一个（源站点，多播组）二元组，路由器维护一个多播转发树，当收到发往某个多播组的数据报时，将其副本沿着转发树发向各分支网络。

（2）多播隧道技术

由于 Internet 中并非所有网络和路由器都能支持多播数据报的转发，当多播数据报需要通过这些网络和路由器时，DVMRP 采用了一种多播隧道技术（Multicast tunneling）。

隧道技术在多播中的应用如图 7-35 所示。

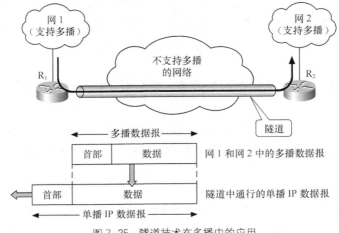

图 7-35 隧道技术在多播中的应用

图 7-35 假设网 1 和网 2 支持多播，而路由器 R_1 和 R_2 之间的网络不支持多播。现在网 1 中的主机要向网 2 中的一些主机进行多播。

隧道技术是这样的：路由器 R_1 对来自网 1 的多播数据报进行再次封装，即加上普通 IP 数据报的首部，使之成为向单一目的站发送的单播数据报，然后通过路由器 R_1 和 R_2 之间的网络（相当于"隧道"从 R_1 发送到 R_2。R_2 收到单播数据报后，剥去其首部恢复成原来的多播数据报后，向网 2 的多个目的站转发。

（3）DVMRP 的优缺点

① DVMRP 的优点

● 在 RPB 计算最短通路时，基于 RIP 路由表进行，因而实现简单。

● DVMRP 构造的多播转发树有最小的传送时延，因为从发送源到所有多播组成员的转发通路都是最短通路（从转发跳数来看）。

● 由于 DVMRP 采用了隧道方式通过不支持 DVMRP 功能的路由器，所以允许原有单播网络平滑过渡到支持多播。

② DVMRP 的缺点

● 开销较大，尤其是发送源对多播数据报的第一次"广播"发送时，网络中所有的路由器都会收到。

● 由于采用了类似 RIP 的距离向量算法来传送多播组成员和路由信息，导致 DVMRP 信息的传播速度非常慢。

● DVMRP 还要求路由器维护较多的状态。例如多播转发树被修剪后，主机加入多播组时，路由器必须知道把由此产生的嫁接分支的请求应发送到哪里去。这要求路由器必须为每一个（源站点，多播组）保存更多以前的状态信息。

● 与 RIP 一样 DVMRP 采用距离矢量算法可能会形成循环路由。

由此可见，DVMRP 的局限性意味着其从规模上无法适应大型的网络环境（大量路由器、大量多播组和组成员）和成员关系的迅速变化，需要新的替代协议。

2．协议无关多播

我们知道 DVMRP 在计算多播路由时必须依赖于 RIP 的路由表。协议无关多播（Protocol Independent Multicast，PIM）的协议无关性是指多播路由选择不依赖于某一种特定的单播路由选择协议。虽然 PIM 路由器也要存在正确的一个单播选路表，但并不依赖于某一个特定的单播路由协议（如 RIP 或 OSPF 等），即 PIM 路由器可以使用任何一个单播路由选择协议产生和维护单播路由表。

PIM 使用单播路由表，但并不需要传播单播路由，这些单播路由可被多播路由选择所使用。

PIM 包括两种模式：协议无关多播-密集模式（Protocol Independent Multicast-Dense Mode，PIM-DM）和协议无关多播-稀疏模式（Protocol Independent Multicast-Sparse Mode，PIM-SM），它们分别适用于不同的网络环境中。

（1）PIM-DM

PIM-DM 的设计首要目标是保证交付的正确性，而不是降低开销和优化。因此，PIM-DM 采用了类似 DVMRP 的广播修剪算法。PIM-DM 适用于大带宽、低时延的网络。

（2）PIM-SM

PIM-SM 采用的路由选择算法是 CBT 算法的扩展。

PIM-SM 指定了一个称为汇聚点（Rendezvous Point，RP）的路由器，其功能等价于 CBT 的核心路由器。当主机加入一个多播组时，本地路由器将向 RP 单播发送一个加入请求。沿着请求消息的转发通路上的所有路由器检查该报文，若自身已经是转发树的一部分，路由器将会截断请求的转发并给予应答。这个过程与 CBT 十分类似。最终为每一个多播组建立了一个共享的多播转发树，并且这些多播转发树的根站点都在 RP。当某个发送源需要向一个多播组发送数据时，多播数据报将以隧道方式被发送到 RP 上，然后由 RP 将多播数据报沿着共享转发树向下发送。

PIM-SM 采用的路由选择算法与 CBT 算法的主要区别有以下两点。

● PIM-SM 不是仅维护一个单一的 RP，而是维护着一个潜在 RP 路由器集合，在任何时刻选择其中的一个。若当前选定的路由器由于某种原因不可达，PIM-SM 可从 RP 路由器集合中选择另一个 RP，并开始为每个多播群组重建转发树。

● PIM-SM 还提供了一个工具，允许动态地从共享树转换到基于源的最短通路树（SPT），以便提高多播数据报的转发效率。

3．开放最短路径优先的多播扩展

开放最短路径优先的多播扩展（Multicast Extensions to OSPF，MOSPF）是在开放最短路径优先路由算法（即 OSPF）的基础上进行了多播功能扩展。归纳起来，MOSPF 具有以下几个特点。

（1）为每个源站建立一个转发树

MOSPF 使用 OSPF 的拓扑数据库为每个源站形成一个转发树。

（2）MOSPF 采用需求驱动方式

MOSPF 是路由器只有在需要时（如主机加入多播组）才开始转发多播数据报。

（3）开销较大

MOSPF 要求一个区域中的所有路由器必须维护关于每个多播组的成员信息，而且该信息必须是同步的，以确保每个路由器的数据库完全一致。由此造成了 MOSPF 为传播选路信息而带来的开销较大。

（4）MOSPF 定义了区域之间的多播选路方法

最初的 MOSPF 只允许向区域内所有路由器发送所有多播组信息，不能跨越区域，因而限制了网络规模。

为了改进这一点，MOSPF 定义了区域之间的多播选路方法，具体为：在每个区域中指定一个或多个路由器作为区域边界路由器（ABR）。ABR 的作用是负责将选路信息传播给其他区域，但并不充当多播通信量的接收器。MOSPF 还在每个区域中指定一个路由器作为多播适配接收器，由它代表该区域接收多播数据报。即当多播数据报从区域外传入时，都被发给多播适配接收器，然后再进行区域内转发。

7.4　QoS 路由

第 1 章介绍过 QoS 路由的概念，在此复习一下。QoS 路由是能够依据网络上可用的实际资源和用户业务的 QoS 参数需求进行路径计算、选择的路由机制。其主要目标是为接入的业务选择满足其服务质量要求的传输路径，同时保证网络资源的有效利用。

QoS 路由的主要内容包括 QoS 路由协议和 QoS 路由计算。

● QoS 路由协议用于完成网络中路由器之间收集和发布网络状态信息的功能。

● QoS 路由计算则是依据路由器维护的网络状态信息和业务流的 QoS 需求计算获得一条优化的可行路径。

7.4.1　QoS 路由状态信息分类和更新

由 QoS 路由的两个主要内容可以看出，路由状态信息在 QoS 路由中起着重要的作用。

1．QoS 路由状态信息分类

路由状态信息包括本地状态信息、全局状态信息和汇聚/局部的全局状态信息 3 种。

（1）本地状态信息

路由器及与其直接连接的链路所具有的状态信息称为本地状态。本地状态信息具体可能包括可用带宽、时延、时延抖动、包丢失率链路开销等信息。

（2）全局状态信息

网络中所有路由器的本地状态信息的组合称为全局状态信息。许多 QoS 路由研究都是基于全局状态信息，但随着网络规模的不断扩大，网络全局状态信息数量将急剧增加，要求一个路由器保存大量的全局状态信息并据此计算路由，这是很难实现的。

（3）汇聚（或局部）的全局状态信息

为了减小网络全局状态信息的信息量，提高可扩展性，可以将网络进行结构分层，首先将同一分层结构中的路由器本地状态信息进行汇聚，再将低层网络的汇聚内部状态信息向高层传播。在此过程中，路由器所获得的汇聚后的全局状态，称为汇聚（或局部）的全局状态信息。

2．QoS 路由状态信息的更新

IP 网的路由选择都是自适应的，当网络状态变化时，各路由器的状态信息必须进行实时更新。但是频繁地更新网络状态信息，可能会带来很大开销。所以在保证信息正确的同时，还需要控制更新信息的频率，否则会大量占用网络资源，使得开销过大。

由此可见，在设计路由状态信息更新策略时，力争在确保及时更新状态信息的同时，尽量减少网络和其他开销，以保证二者之间的平衡。

通常使用的更新策略可以分为基于时间变化和基于带宽变化两类，具体划分为以下 3 种主要的更新策略。

（1）周期型更新策略

周期型更新策略是基于时间变化来进行信息更新。即每隔一个固定的时间，发送一次路由器状态信息。

（2）变化触发型更新策略

变化触发型更新策略是基于带宽变化来进行信息更新。即每当网络状态（一般指带宽）发生显著变化时，发送一次路由器状态信息。

（3）复合控制型更新策略

复合控制型更新策略是周期型更新策略和变化触发型更新策略的结合，即在变化触发型更新策略的基础上又加入了时间控制。即限制两次连续触发状态更新的最小时间间隔，以适当减少状态信息的发送频率。

7.4.2 QoS 路由计算

1．QoS 路由计算的度量参数

依据哪些度量参数作为路由选择标准是 QoS 路由的一个主要问题。常用的度量参数包括：代价、跳数、时延、时延抖动、带宽、丢包率等，这些参数可以分为加性度量参数、乘性度量参数和最小性度量参数 3 类。

（1）加性度量参数

假设某条路径包括若干个链路，加性度量参数是该路径的度量参数值等于所经过的各个链路的度量参数之和。常用的加性度量参数有时延、跳数和代价等。例如，计算某条路径的时延，它的值等于该条路径上所有链路的时延之和。

（2）乘性度量参数

某条路径的乘性度量参数值等于该路径所经过的各个链路的度量参数之积。常用的乘性度量参数是包丢失率。例如，计算某条路径的包丢失率，它的值等于该条路径上面所有链路上包丢失率的乘积。

（3）最小性度量参数

某条路径的最小性度量参数值等于该路径所经过各个链路的最小度量参数。常用的最小性度量参数是带宽。例如，计算某条路径的带宽，它的值等于该条路径上所有链路的带宽的最小值。

2．QoS 路由策略

网络中的每个路由器根据收集到的网络状态信息，需要采用某种路由策略选择路由。路由策略可以分为源路由、分布式路由和层次化路由 3 类。

（1）源端路由

源端路由相当于是集中式路由，由源端路由器（即业务接入点）在本地基于全局信息，计算出一条符合该业务 QoS 要求的路径，然后向这条选定的路径上的各个路由器发出控制信息（即路由选择由源端路由器完成）。而且源端路由器使用链路状态协议，在每个路由器上进行全局状态的更新。

① 源端路由的优点

源端路由具有以下优点。

- 路由计算工作全部在本地（源端路由器）完成，算法简单灵活，易于实现和评价。
- 可以避免分布式路由计算中的环路问题。

② 源端路由的缺点

源端路由也存在以下一些问题。

- 源端路由的计算开销（包括更新协议的传递开销、路径计算开销、建立链路的协议

开销和预约延时开销等）较大，而且随着网络路由器数目增加而增大，所以扩展性较差。

● 由于网络状态是实时变化的，每个路由器很难实时获得其他路由器的准确的状态信息（在某一时刻只能够提供近似的全局信息），这将导致所选路由的可靠性下降。

（2）分布式路由

分布式路由是各个路由器之间交换控制信息，存储在各个路由器的状态信息集合起来一起计算路径，大部分分布式路由算法需要一个距离向量协议（或链路状态协议），来为各个路由器维护全局状态信息（距离向量）。

① 分布式路由的优点

● 路由建立的响应时间比源端选路要快。

● 路由算法具有较强的可扩展性。

② 分布式路由的缺点

● 如果各个路由器的状态信息不一致或者某个路由器的状态信息不准确，就有可能使得数据包传输时进入死循环（称为环路问题），将会导致网络负荷的增加甚至网络出现拥塞。

● 由于计算路由的过程是分布的，所以要求多个路由器之间有效协同工作，否则会影响整个网络的性能。

（3）层次路由

在层次路由中，将路由器逻辑地分成若干层，每一层相当于是一个路由器群（看作是一个逻辑节点，包括若干路由器）。源结点采用源瑞选路的方法找到一条合适的路径，并沿着这条路径发送控制信息，来建立连接。当某个群（逻辑结点）的边缘路由器收到这条控制信息时，也利用源端选路的方法在群内找到适合向通路，从而建立了从源结点到目的结点的一条完整的通路。

其实，层次路由就是源端路由和分布式路由的结合，因而兼有源端路由和分布式路由的优点。但是，由于各群内部情况和各链路的状态信息对外是封闭的，因此给群之外的路由器的路由选择带来了许多不确定性。

3. QoS 单播路由

QoS 单播路由的研究涉及 4 种基本的 QoS 路由问题。

● 链路最优化路由问题——链路最优化路由是基于最小性度量参数进行的路由选择，如寻找最大带宽的路径。

● 链路约束路由问题——链路约束路由也是基于最小性度量参数进行的路由选择，寻找带宽大于某一个值的路径。

● 路径最优化路由问题——路径最优化路由是基于加性度量参数或者乘性度量参数进行的路由选择，如寻找时延最小的路径。

● 路径约束路由问题——路径约束路由也是基于加性度量参数或者乘性度量参数进行的路由选择，如寻找时延小于某一个值的路径。

以上 4 种 QoS 路由问题都可以通过 Dijkstra 算法或 Bell-Ford 算法进行求解。

有关 QoS 单播路由的大部分问题，都可以从以上 4 个基本问题组合演化而来。常用的 QoS 单播路由算法有：最短路径算法、分级路由算法、启发式路由算法和基于某种调度策略的路由算法（由于篇幅所限不再详细介绍）。

4．QoS 多播路由

与 QoS 单播路由类似，QoS 多播路由也分成 4 种基本的类型：

- 链路最优化路由问题。
- 链路约束路由问题。
- 树最优化路由问题。
- 树约束路由问题。

同样，QoS 多播路由的大部分问题，也都可以从以上 4 个基本问题组合演化而来。常用的 QoS 多播路由算法有：最小生成树算法、Steiner 树算法、约束 Steiner 树算法和最大带宽树算法（由于篇幅所限不再详细介绍）。

5．QoS 路由的特点

QoS 路由具有以下几个特点。

（1）能够支持利用多种路由度量参数（如带宽、成本、每一跳开销、时延、可靠性等）建立多重路由，以满足多种服务类型的需求。

（2）能够避免路由的振荡问题，所谓路由的振荡是指业务流频繁地从一条路由跳转至另一条"更好"的路由。

（3）QoS 路由的计算比较复杂，因为不同的业务对于 QoS 参数（如时延、带宽等）有着不同的要求。

（4）当网络同时承载多种 QoS 要求不同的业务时，QoS 路由的性能优化将十分困难。

小　　结

1．路由器是 IP 网的核心设备，它是在网络层实现网络互连，可实现网络层、链路层和物理层协议转换。

路由器可用于局域网之间的互连、局域网与广域网之间的互连、广域网与广域网的互连。

2．路由器的结构可划分为两大部分：路由选择部分和分组转发部分。分组转发部分包括 3 个组成：输入端口、输出端口和交换结构。其交换方式有 3 种：通过存储器、通过总线和通过纵横交换结构进行交换。

3．路由器的基本功能有：选择最佳传输路由、实现 IP、TCP、UDP、ICMP 等互联网协议、流量控制和差错指示、分段和重新组装功能、提供网络管理和系统支持机制等。

4．路由器可从不同的角度分类：按能力可分为中高端路由器和低端路由器；按结构可分为模块化结构路由器和非模块化结构路由器；按位置可分为核心路由器与接入路由器；按功能可分为通用路由器与专用路由器；按性能可分为线速路由器和非线速路由器。

5．路由器与二层交换机的主要区别体现在以下几个方面：工作层次不同、数据转发所依据的对象不同、避免回路的方法不同、广播控制功能不同、应用场合不一样。

路由器与三层交换机的主要区别为：主要功能不同、主要适用的环境不一样、性能体现不一样。

6．对提高路由器性能起关键作用的几项新技术主要有：ASIC 技术、分布式处理技术、交换式路由技术、路由表的快速查找技术、QoS 和光路由器等。

7. IP 网的路由选择协议的特点是：属于自适应的（即动态的）、分布式路由选择协议、采用分层次的路由选择协议。IP 网的路由选择协议划分为两大类，即：内部网关协议 IGP（具体有 RIP、OSPF 和 IS-IS 等）和外部网关协议 EGP。

8. RIP 是一种分布式的基于距离向量的路由选择协议，它要求网络中的每一个路由器都要维护从自己到其他每一个目的网络的最短距离记录。

RIP 路由表中的主要信息是到某个网络的最短距离及应经过的下一跳地址。

RIP 的距离向量算法如图 7-10 所示。

RIP 的优点是实现简单，开销较小。但缺点为：当网络出现故障时，要经过比较长的时间才能将此信息传送到所有的路由器；由于路由器之间交换的路由信息是路由器中的完整路由表，随着网络规模的扩大，开销也就增加，所以 RIP 限制了网络的规模。

9. OSPF 是分布式的链路状态协议。"链路状态"是说明本路由器都和哪些路由器相邻，以及该链路的"度量"（表示距离、时延、费用等）。

OSPF 协议有以下几个要点：OSPF 路由器收集其所在网络区域上各路由器的链路状态信息，生成链路状态数据库（LSDB）；当链路状态发生变化时，OSPF 使用洪泛法向本自治系统中的所有路由器发送信息；各路由器之间频繁地交换链路状态信息，所有的路由器最终都能建立一个链路状态数据库，它与全网的拓扑结构图相对应，每一个路由器使用链路状态数据库中的数据可构造出自己的路由表；定期刷新一次数据库中的链路状态。

10. OSPF 可将一个自治系统划分为若干区域，利用洪泛法交换链路状态信息的范围则局限于每一个区域而不是整个的自治系统，减少了整个网络上的通信量。

OSPF 支持的网络类型有 4 种：广播多路访问型、非广播多路访问型、点到点型和点至多点型。

OSPF 路由表的建立过程采用 SPF 算法（也称为 Dijkstra 算法）。

11. OSPF 的特点有：适合规模较大的网络，能自动和快速地适应网络环境的变化，没有"坏消息传播得慢"的问题，OSPF 对于不同类型的业务可计算出不同的路由，可以进行多路径间的负载平衡，OSPF 有分级支持能力，有良好的安全性，支持可变长度的子网划分和无分类编址 CIDR。

12. IS-IS 是一种链路状态路由协议，由路由器收集其所在网络区域上各路由器的链路状态信息，生成链路状态数据库（LSDB），利用最短路径优先算法（SPF），计算到网络中每个目的地的最短路径。

IS-IS 的路由选择分两个区域等级：普通区域（Level-1）和骨干区域（Level-2）。Level-1 由 L1 路由器组成；Level-2 由所有的 L2（含 L1/L2-L12）路由器组成。

IS-IS 路由器类型可以分为 3 种：L1 路由器、L2 路由器和 L1/2 路由器。L1 路由器参与 Level-1 路由选择；L2 路由器实现 Level-2 路由选择；L1/2 路由器同时执行 L1 和 L2 路由选择功能。

IS-IS 协议数据包分为 3 大类：Hello 数据包、链路状态数据包（LSP）和序列号数据包（SNP）。IS-IS 协议适用的网络类型有 P-2-P 网络和广播网络。

13. IS-IS 和 OSPF 的相同点：它们都是链路状态路由选择协议，基于邻居的 LSA/LSP 机制来形成 LSDB，使用 SPF 算法，能用于 ISP 大型网络，能快速收敛。

IS-IS 与 OSPF 的主要不同点参见表 7-4。

14．BGP 是不同自治系统的路由器之间交换路由信息的协议，它是一种路径向量路由选择协议。BGP 只能是力求寻找一条能够到达目的网络且比较好的路由，而并非要寻找一条最佳路由。

BGP 的基本功能是：交换网络的可达性信息；建立 AS 路径列表，从而构建出一幅 AS 和 AS 间的网络连接图。

BGP 是通过 BGP 路由器来交换自治系统之间网络的可达性信息的。每一个自治系统要确定至少一个路由器作为该自治系统的 BGP 路由器，一般就是自治系统边界路由器。

15．BGP-4 共使用 4 种报文，即：打开报文、更新报文、保活报文、通知报文。

BGP 的特点有：只是在自治系统中 BGP 路由器之间交换路由信息；BGP 支持 CIDR；BGP 不要求对整个路由表进行周期性刷新，可节省网络带宽和减少路由器的处理开销；BGP 寻找的只是一条能够到达目的网络且比较好的路由（不能兜圈子），而并非是最佳路由。

16．IP 多播路由选择应该满足以下的需求：①多播语义的正确性；②多播组成员信息的迅速传播；③减少多播转发的开销，提高效率；④多播路由选择的动态性；⑤避免多播环路；⑥发送站点的任意性。

多播路由选择算法分成两大类：广播修剪算法和基于核心的树算法。

广播修剪算法是每一个多播组的各个源站点都需要分别建立一个多播转发树，在扩展性上存在问题，不适于应用在大型网络中。

基于核心的树算法是同一个多播组的所有源站点共享同一个转发树，具有良好的扩展性，并且适应大型的网络环境。

建议使用的多播路由选择协议有：距离向量多播路由选择协议 DVMRP、协议无关多播 PIM 和开放最短路径优先的多播扩展 MOSPF。

17．QoS 路由的主要内容包括 QoS 路由协议和 QoS 路由计算。QoS 路由协议用于完成网络中路由器之间收集和发布网络状态信息的功能；QoS 路由计算则是依据路由器维护的网络状态信息和业务流的 QoS 需求计算获得一条优化的可行路径。

路由状态信息包括本地状态信息、全局状态信息和汇聚/局部的全局状态信息 3 种。

QoS 路由的更新策略有：周期型更新策略、变化触发型更新策略和复合控制型更新策略。

QoS 路由的度量参数包括代价、跳数、时延、时延抖动、带宽、丢包率等，这些参数可以分为加性度量参数、乘性度量参数和最小性度量参数 3 类。

QoS 路由策略可以分为源路由、分布式路由和层次化路由 3 类。

QoS 单播路由的研究涉及 4 种基本的 QoS 路由问题：链路最优化路由问题、链路约束路由问题、路径最优化路由问题和路径约束路由问题。

QoS 多播路由也分成 4 种基本的类型：链路最优化路由问题、链路约束路由问题、树最优化路由问题和树约束路由问题。

QoS 路由具有以下几个特点：能够支持利用多种路由度量参数建立多重路由；能够避免路由的振荡问题；QoS 路由的计算比较复杂；当网络同时承载多种 QoS 要求不同的业务时，QoS 路由的性能优化将十分困难。

习　题

7-1　说明路由器的结构组成。

7-2　路由器的基本功能有哪些？

7-3　路由器的用途有哪些？

7-4　Internet 的路由选择协议划分为哪几类？

7-5　路由器与二层交换机的主要区别体现在哪几个方面？

7-6　路由器与三层交换机的主要区别体现在哪几个方面？

7-7　RIP 距离的含义是什么？

7-8　几个用路由器互连的网络结构如题图 1 所示，路由选择协议采用 RIP，分别标出各路由器的初始路由表和最终路由表。

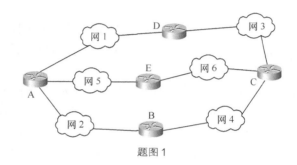

题图 1

7-9　RIP 的优缺点有哪些？

7-10　OSPF 的"链路状态"说明什么？

7-11　OSPF 的特点是什么？

7-12　简述 IS-IS 路由器的类型及作用。

7-13　BGP-4 使用哪几种报文？各自的作用是什么？

7-14　BGP 的特点是什么？

7-15　IP 多播路由选择应该满足哪些需求？

7-16　比较广播修剪算法和基于核心的树算法的主要区别和使用场合。

7-17　建议使用的多播路由选择协议有哪几种？

7-18　QoS 路由的度量参数分为哪几类？

7-19　QoS 路由具有哪些特点？

第 8 章 宽带 IP 网络的安全

IP 网络的覆盖范围如此广泛、网络规模如此庞大、用户数量如此之多、业务传输如此频繁，保障其安全性显然是至关重要的。本章探讨与宽带 IP 网络安全有关的问题，主要内容包括：

- 宽带 IP 网络安全的基本概念
- VPN 的实现

8.1 宽带 IP 网络安全的基本概念

8.1.1 宽带 IP 网络面临的安全性威胁

1．网络安全的含义

网络安全是指网络系统的硬件、软件及其系统中的数据受到保护，不受偶然的或者恶意的原因而遭到破坏、更改、泄露，系统连续可靠正常地运行，网络服务不中断。

网络安全从其本质上来讲主要就是网络上的信息安全，即要保障网络上信息的保密性、完整性、可用性、可控性和真实性。

从内容看，网络安全大致包括 4 个方面。

- 网络实体安全：如计算机机房的物理条件、物理环境及设施的安全，计算机硬件、附属设备及网络传输线路的安装及配置等。
- 软件安全：如保护网络系统不被非法侵入，系统软件与应用软件不被非法复制、篡改、不受病毒的侵害等。
- 数据安全：保护数据不被非法截获、篡改，确保完整性、一致性、机密性等。
- 安全管理：运行时对突发事件的安全处理等，包括采取计算机安全技术，建立安全管理制度等。

对于网络安全的具体含义，从不同的角度来看有不同的解释。

从用户（个人、企业等）的角度来说，他们希望涉及个人隐私或商业利益的信息在网络上传输时能够保证其机密性、完整性和真实性，避免其他人或对手利用窃听、冒充、篡改等手段侵犯用户的利益和隐私，同时也避免其他用户的非授权访问和破坏。

从网络运行和管理者角度来说，他们希望对本地网络信息的访问、读写等操作受到保护和控制，避免出现病毒、非法存取、拒绝服务以及网络资源非法占用和非法控制等威胁，制止和防御网络黑客的攻击。

对安全保密部门来说，他们希望对非法的、有害的或涉及国家机密的信息进行过滤和防堵，避免机要信息泄露，避免对社会产生危害，对国家造成巨大损失。

2. 宽带 IP 网络面临的安全性威胁

宽带 IP 网络面临的安全性威胁分为两类：被动攻击和主动攻击。

（1）被动攻击

在被动攻击中，攻击者只是观察和分析某一个协议数据单元（PDU），不对数据信息做任何修改。截获信息的攻击属于被动攻击，如图 8-1 所示。

截获信息是指攻击者在未经用户同意和认可的情况下获得信息或相关数据，即从网络上窃听他人的通信内容。

由于被动攻击不会对被攻击的信息做任何修改，根本不留下痕迹或留下的痕迹很少，因而一般检测不出来。对付被动攻击可以采取数据加密技术。

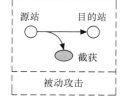

图 8-1　被动攻击（截获信息）

（2）主动攻击

主动攻击是更改信息和拒绝用户使用资源的攻击，攻击者对某个连接中通过的协议数据单元（PDU）进行各种处理。这类攻击可分为篡改、伪造、中断和抵赖，如图 8-2 所示。

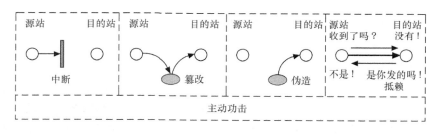

图 8-2　主动攻击

① 篡改

篡改是指一个合法协议数据单元（PDU）的某些部分被非法改变、删除，或者协议数据单元（PDU）被延迟等。

② 伪造

伪造是指某个实体（人或系统）发出含有其他实体身份信息的数据信息，即假扮成其他实体伪造一些信息在网络上传送。

③ 中断

中断也称为拒绝服务，有意中断他人在网络上的通信，会导致对通信设备的正常使用或管理被无条件地中断。中断可能是对整个网络实施破坏，以达到降低性能、中断服务的目的；也可能是针对某一个特定的目标，使应到达的所有数据包都被阻止。

④ 抵赖

抵赖是发送端不承认发送了信息或接收端不承认收到了信息。

主动攻击可采取适当措施检测出来，而要有效地防止是十分困难的。对付主动攻击需要将数据加密技术与适当的鉴别技术相结合。

另外还有一种特殊的主动攻击就是恶意程序。恶意程序种类繁多，主要有：

- 计算机蠕虫——通过网络的通信功能将自身从一个站点发送到另一个站点并启动运行的程序。
- 特洛伊木马——是一种程序，它执行的功能超出所声称的功能。
- 逻辑炸弹——是一种当运行环境满足某种特定条件时执行其他特殊功能的程序。

8.1.2　宽带 IP 网络安全服务的基本需求

网络安全的基本需求包括以下几个方面。

1．保密性

保密性指信息不泄露给未授权的用户，不被非法利用。被动攻击中的截获信息（即监听）就是对系统的保密性进行攻击。

采用数据加密技术可以满足保密性的基本需求。数据经过加密变换后明文转换成密文，只有经过授权的合法用户，使用被授予的正确密钥，通过解密算法才能将密文还原成明文。所以加密后的数据能够保证在传输、使用和转换过程中不被第三方非法获取。

2．完整性

完整性就是保证信息系统上的数据处于一种完整和未受损的状态，不会因有意或无意的事件而被改变或丢失，即防止信息被未授权的人进行篡改。主动攻击中的篡改即是对系统的完整性进行破坏。

可采用数据加密、数字签名等技术手段来保护数据的完整性。

3．可用性

可用性指可被授权者访问并按需求使用的特性，即当需要时授权者总能够存取所需的信息，攻击者不能占用所有的资源而妨碍授权者的使用。网络环境下拒绝服务、破坏网络和有关系统的正常运行等（即主动攻击中的中断）属于对可用性的攻击。

可用性中的按需使用可通过鉴别技术来实现，即每个实体都的确是它们所宣称的那个实体。但要保证系统和网络中能提供正常的服务，除了备份和冗余配置外，目前没有特别有效的措施。

4．可控性

可控性指对信息及信息系统应实施安全监控管理，可以控制授权范围内的信息流向及行为方式，对信息的传播及内容具有控制能力。主动攻击中的伪造即是对系统的可控性进行破坏。

保证可控性的措施有：

- 系统通过访问控制列表等方法控制谁能够访问系统或网络上的数据，以及如何访问（是只读还是可以修改等）；
- 通过握手协议和鉴别对网络上的用户进行身份验证；
- 将用户的所有活动记录下来便于查询审计。

5．不可否认性

不可否认性指信息的行为人要对自己的信息行为负责，不能抵赖自己曾做出的行为，也不能否认曾经接到对方的信息。主动攻击中的抵赖即是对系统的不可否认性进行破坏。

通常将数字签名和公证技术一同使用来保证不可否认性。数字签名是手写签名的功能模拟，其实是一个函数，输入为所保护的消息的所有比特及一个秘密密钥，输出为一个数值，接收端通过检验数字签名来达到不可否认的效果。

8.1.3　宽带 IP 网络安全的措施

为了满足网络信息系统安全的基本需求，加强网络信息系统安全性，对抗安全攻击，采取了一系列措施，主要包括数据加密、数字签名、鉴别、设置防火墙等。

1．数据加密

为了保证数据信息的保密性和完整性，要对数据信息进行加密。

（1）一般的数据加密模型

一般的数据加密模型如图 8-3 所示。

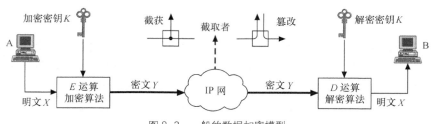

图 8-3　一般的数据加密模型

原始的数据称为明文 X，在发送端利用加密密钥、采用某种加密算法对数据经过加密变换后明文转换成密文 Y。密文在 IP 网络中传输到达接收端后，经过授权的合法用户使用被授予的正确解密密钥通过解密算法将密文还原成明文。

（2）常用的密码体制

常用的密码体制有两种：常规密钥密码体制和公开密钥密码体制。

① 常规密钥密码体制

常规密钥密码体制是加密密钥与解密密钥相同的密码体制，这种加密系统又称为对称密钥系统。

常规密钥密码体制需要注意密钥的保密，而算法是公开的。常规密钥密码体制常用的算法（称为对称密钥算法）有两种。

● 数据加密标准

数据加密标准（Data Encryption Standard，DES）是世界上第一个公认的实用密码算法标准，它是 1977 年由美国 IBM 公司研制出的一种分组密码，属于常规密钥密码体制。DES 使用的密钥为 64 位（实际密钥长度为 56 位，有 8 位用于奇偶校验）。在加密前，先对整个明文进行分组，每一个组长为 64 位，然后对每一个 64 位二进制数据进行加密处理，产生一组 64

位密文数据，最后将各组密文串接起来，即得出整个的密文。

DES 的缺点是密钥的长度还不够长。虽然过去许多年来，破译 DES 密钥不是轻而易举的。可现在已经设计出来搜索 DES 密钥的专用芯片，却使得破译 DES 密钥成为可能。

● 国际数据加密算法

在 DES 之后出现了国际数据加密算法（International Data Encryption Algorithm，IDEA）。IDEA 比 DES 的优势是其密钥为 128 位，更不容易破译。

常规密钥密码体制加解密的双方使用相同的密钥，如何让接收端知道密钥呢？这是一个难以解决的问题。如果事先约定密钥，不安全，而且密钥更换也不方便；若使用高度安全的密钥分配中心（Key Distribution Center，KDC），会使网络成本增加。为了解决这个问题产生了公开密钥密码体制。

② 公开密钥密码体制

公开密钥密码体制使用不同的加密密钥与解密密钥，即解密密钥与加密密钥不同。

现有最著名的公开密钥密码体制是 RSA 体制，它基于数论中大数分解问题的体制，由美国 3 位科学家 Rivest，Shamir 和 Adleman 于 1976 年提出，并在 1978 年正式发表的。

公开密钥密码体制数据加密与解密过程示意图如图 8-4 所示。

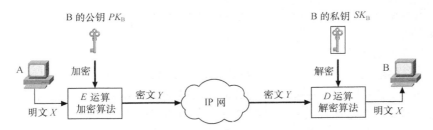

图 8-4　公开密钥密码体制数据加密与解密过程示意图

在公开密钥密码体制中，加密密钥 PK 是公开的，称为公钥；而解密密钥 SK 是需要保密的，称为私钥或秘钥；加密算法 E 和解密算法 D 也都是公开的。公开密钥密码体制的算法称为公钥算法。

发送者 A 用 B 的公钥 PK_B 对明文 X 加密（E 运算）后，接收者 B 用自己的私钥 SK_B 解密（D 运算），即可恢复出明文。

归纳起来，公开密钥密码体制数据加密与解密过程具有以下特点。

● 加密密钥是公开的，但不能用它来解密；解密密钥是接收者专用的秘钥，对其他人都保密。

● 在计算机上可容易地产生成对的 PK_B 和 SK_B，虽然秘钥 SK_B 是由公钥 PK_B 决定的，但却不能根据 PK_B 计算出 SK_B。

● 加密和解密的运算可以对调，即先后对 X 进行 D 运算和 E 运算或进行 E 运算和 D 运算，结果都是一样的。

以上介绍了常规密钥密码体制和公开密钥密码体制，因为任何加密方法的安全性取决于密钥的长度，以及攻破密文所需的计算量，所以在加密方法的安全性方面，公开密钥密码体制并不比常规密钥密码体制优越多少。另外，公开密钥密码体制加密算法的开销较大，而且还需要密钥分配协议，具体的分配过程并不比常规密钥密码体制更简单。所以目前公开密钥密码体制还不能取代常规密钥密码体制。

（3）加密策略

从网络传输的角度看，有两种不同的加密策略：链路加密和端到端加密。

① 链路加密

链路加密是每条通信链路上的加密是独立实现的，每条链路可以使用不同的加密密钥。链路加密示意图如图 8-5 所示。

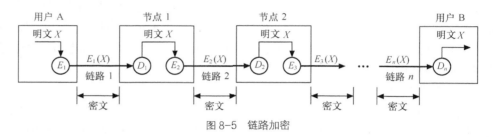

图 8-5　链路加密

用户 A 采用加密密钥 E_1 将明文 X 加密成密文在链路 1 中传输，在节点 1 采用解密密钥 D_1 将收到的密文还原成明文 X；节点 1 采用加密密钥 E_2 将明文 X 加密成密文在链路 2 中传输，在节点 2 采用解密密钥 D_2 将收到的密文还原成明文 X；……用户 B 采用解密密钥 D_n 将收到的密文还原成明文 X。

链路加密具有以下特点。

● 万一某条链路遭到破坏，不会影响其他链路上传送的信息。

● 报文是以明文形式在各节点（包括可能经过的路由器）内加密的，即在中间节点暴露了信息的内容。所以必须要采取有效措施保证节点本身的安全性。

由此可见，在网络互连的情况下，仅采用链路加密是不能实现通信安全的，链路加密只适用于局部数据的加密。

② 端到端加密

端到端加密是在源点和终点中对传送的数据单元（PDU）进行加密和解密。端到端加密示意图如图 8-6 所示。

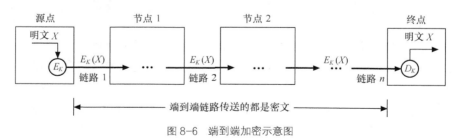

图 8-6　端到端加密示意图

端到端加密具有以下特点。

● 端到端传送的都是密文，假如中间节点不可靠也不会影响报文的安全性，适用于互联网环境。

● 在端到端加密的情况下，数据单元（PDU）的控制信息部分（如源点地址、终点地址、路由信息等）不能被加密，否则中间节点就不能正确选择路由。

以上介绍了链路加密和端到端加密两种加密策略，它们各有优缺点。一般将链路加密和端到端加密结合起来使用，以获得更好的安全性。

2．数字签名

数字签名是手写签名的功能模拟，就是在 IP 网络中所传送的文件中盖章，一般采用公钥算法。数字签名的实现过程如图 8-7 所示。

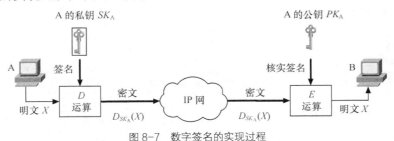

图 8-7　数字签名的实现过程

A 用其私钥 SK_A 对报文 X 进行 D 运算得到密文（相当于进行了数字签名），然后传送给 B。B 用 A 的公钥 PK_A 进行 E 运算，还原出明文 X，由此核实了签名。因为除 A 外没有别人能具有 A 的私钥，所以除 A 外没有别人能产生这个密文。因此 B 相信报文 X 是 A 签名发送的。

由此可见，数字签名的作用有以下几点。

● 报文鉴别——接收者能够核实发送者对报文的签名；

● 保证报文的完整性——接收者能够确信所收到的报文和发送者发送的完全一样而没有被篡改过；

● 保证不可否认性——发送者事后不能抵赖对报文的签名。

图 8-7 所示过程只对报文进行了数字签名，但并未对报文加密，所以不能保证报文的保密性。因为如果沿途有人截获报文而又查到了 A 的公钥 PK_A，便可将密文还原出明文 X，自然知道了 A 所发送的报文的内容。

具有保密性的数字签名如图 8-8 所示。

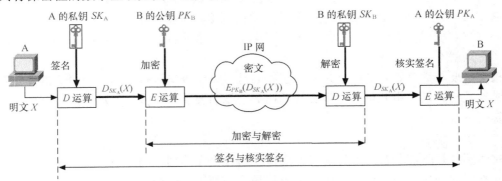

图 8-8　具有保密性的数字签名

3．鉴别

鉴别是要验证通信的对方的确是自己所需要的对象，而不是其他的冒充者。鉴别分为报文鉴别和实体鉴别，下面分别加以介绍。

（1）报文鉴别

报文鉴别使得通信的接收方能够验证所收到的报文（发送者和报文内容等）的真伪，可以对付主动攻击中的篡改和伪造。

为了减少开销，当报文不需要加密时，报文鉴别一般采用的简单而有效的方法是报文摘要（Message Digest，MD），即对报文摘要进行数字签名。

报文摘要的实现过程如图 8-9 所示。

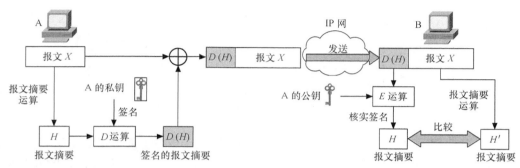

图 8-9 报文摘要的实现过程

发送端：

● 得到报文摘要——A 首先将报文 X 经过报文摘要算法运算后得出很短的报文摘要 H；

● A 对报文摘 H 要进行数字签名——A 用自己的私钥对 H 进行 D 运算得到签名的报文摘要 $D((H)$；

● 将已签名的报文摘要 $D(H)$ 加在报文 X 后面发送给 B。

接收端：

● B 收到报文后首先把已签名的 $D(H)$ 和报文 X 分离；

● 还原报文摘要——B 用 A 的公钥对接收到的 $D(H)$ 进行 E 运算，得出报文摘要 H，同时 B 对收到的报文 X 进行报文摘要算法运算得到报文摘要 H'；

● 将报文摘要 H 与报文摘要 H' 进行比较，若二者相等，就可以断定收到的报文是 A 产生的；否则就不是。

报文摘要与数字签名的区别是，数字签名是对整个报文进行签名，而报文摘要是对报文摘要进行数字签名。由此可见，报文摘要比数字签名要简单得多，所耗费的计算资源也要比数字签名小得多。

（2）实体鉴别

实体鉴别是验证和自己通信的对方实体。它和报文鉴别不同，报文鉴别是对每一个收到的报文都要鉴别报文的发送者，而实体鉴别是在系统接入的全部持续时间内对和自己通信的对方实体只需验证一次。

最简单的实体鉴别过程如图 8-10 所示。

A 发送给 B 的报文被加密，使用的是对称密钥 K_{AB}，B 收到此报文后，用共享对称密钥 K_{AB} 进行解密，因而鉴别了实体 A 的身份。

4．防火墙

保证网络安全的另外一个措施就是设置防火墙。

（1）防火墙的功能

防火墙是一种位于两个网络间、实施网络之间访问控制的组件集合（防火墙由软件、硬件构成）。

防火墙在互联网络中的位置如图 8-11 所示。

图 8-10　使用对称密钥传送鉴别实体身份的报文　　　　图 8-11　防火墙在互联网络中的位置

防火墙内的网络称为"可信赖的网络"，而将外部的因特网称为"不可信赖的网络"。

防火墙具有以下功能。

① 防止非法用户进入内部网络。

② 阻止某种类型的通信量通过防火墙（从外部网络到内部网络，或反过来）。

③ 监视网络的安全性，并报警。

④ 作为部署网络地址变换（Network Address Translation，NAT）的地点，利用 NAT 技术，将有限的公有 IP 地址动态或静态地与内部的私有 IP 地址对应起来，用来缓解地址空间短缺的问题。

⑤ 防火墙是审计和记录 Internet 使用费用的一个最佳地点。网络管理员可以在此向管理部门提供 Internet 连接的费用情况，查出潜在的带宽瓶颈位置，并能够依据本机构的核算模式提供部门级的计费。

（2）防火墙的分类

防火墙可以从不同的角度分类。

① 根据物理特性分

根据物理特性，防火墙分为两大类：硬件防火墙和软件防火墙。

● 软件防火墙是一种安装在负责内外网络转换的网关服务器或者独立的个人计算机上的特殊程序，它是以逻辑形式存在的。防火墙程序跟随系统启动，通过一种特殊驱动模块把防御机制插入系统关于网络的处理部分和网络接口设备驱动之间，形成一种逻辑上的防御体系。

软件防火墙工作于系统接口与网络入侵检测系统（Network Intrusion Detection System，NDIS）之间，用于检查过滤由 NDIS 发送过来的数据，在无需改动硬件的前提下便能实现一定强度的安全保障，但是由于软件防火墙自身属于运行于系统上的程序，不可避免的需要占用一部分 CPU 资源维持工作，而且由于数据判断处理需要一定的时间，在一些数据流量大的网络里，软件防火墙会使整个系统工作效率和数据吞吐速度下降，甚至有些软件防火墙会存在漏洞，导致有害数据可以绕过它的防御体系，给数据安全带来损失。因此，许多网络更侧重于使用硬件防火墙作为防御措施。

● 硬件防火墙是一种以物理形式存在的专用设备，通常架设于两个网络的接口处，通过网线连接于外部网络接口与内部网络服务器或其他设备。硬件防火墙直接从网络设备上检查过滤有害的数据报文，位于防火墙设备后端的网络或者服务器接收到的是经过防火墙处理的相对安全的数据，不必另外分出 CPU 资源去进行基于软件架构的 NDIS 数据检测，可以大大提高工作效率。

硬件防火墙有两种结构：普通硬件级别防火墙和“芯片”级硬件防火墙。

普通硬件级别防火墙拥有标准计算机的硬件平台和一些功能经过简化处理的 UNIX 系列操作系统和防火墙软件，这种防火墙措施相当于专门拿出一台计算机安装了软件防火墙，除了不需要处理其他事务以外，它毕竟还是一般的操作系统，因此有可能会存在漏洞和不稳定因素，安全性并不能做到最好。

“芯片”级硬件防火墙采用专门设计的硬件平台，在上面搭建的软件也是专门开发的，并非流行的操作系统，因而可以达到较好的安全性能保障。对于一些大企业的网络而言，一般选用芯片级的硬件防火墙。

② 从技术上分

从技术上分，防火墙可分为包过滤型防火墙、应用代理型防火墙和状态监测防火墙 3 类。

● 包过滤防火墙是用一个软件查看所流经的数据包的包头，由此做出允许或拒绝的决定。具体地讲，它针对每一个数据包的包头，按照包过滤规则进行判定，与规则相匹配的包依据路由信息继续转发，否则就丢弃。包过滤是在网络层实现的，包过滤根据数据包的源 IP 地址、目的 IP 地址、协议类型（TCP 包、UDP 包、ICMP 包）、源端口、目的端口等报头信息及数据包传输方向等信息来判断是否允许数据包通过。

包过滤也包括与服务相关的过滤，这是指基于特定的服务进行包过滤，由于绝大多数服务的监听都驻留在特定 TCP/UDP 端口，因此，为阻断所有进入特定服务的链接，防火墙只需将所有包含特定 TCP/UDP 目的端口的包丢弃即可。

● 应用代理型防火墙也可以被称为代理服务器，它的安全性要高于包过滤型产品，并已经开始向应用层发展。代理服务器位于客户机与服务器之间，完全阻挡了二者间的数据交流。从客户机来看，代理服务器相当于一台真正的服务器；而从服务器来看，代理服务器又是一台真正的客户机。当客户机需要使用服务器上的数据时，首先将数据请求发给代理服务器，代理服务器再根据这一请求向服务器索取数据，然后再由代理服务器将数据传输给客户机。由于外部系统与内部服务器之间没有直接的数据通道，外部的恶意侵害也就很难伤害到企业内部网络系统。

● 状态检测防火墙是改进的新一代包过滤防火墙，具有非常好的安全特性。它使用了一个在网关上执行网络安全策略的软件模块，称之为监测引擎。监测引擎在不影响网络正常运行的前提下，采用抽取有关数据的方法对网络通信的各层实施监测，抽取状态信息，并动态地保存起来作为以后执行安全策略的参考。监测引擎支持多种协议和应用程序，并可以很容易地实现应用和服务的扩充。

③ 从结构上分

从结构上分，防火墙可分为单-主机防火墙、路由集成式防火墙和分布式防火墙 3 种。

● 单-主机防火墙——就是我们最常见的一般的硬件防火墙；

- 路由集成式防火墙——直接把防火墙功能嵌进路由设备里；
- 分布式防火墙——是由安全策略管理服务器以及客户端防火墙组成。客户端防火墙工作在各个从服务器、个人计算机上，根据安全策略文件的内容，依靠包过滤、特洛伊木马过滤和脚本过滤的三层过滤检查，保护计算机在正常使用网络时不会受到恶意的攻击，提高了网络安全性。而安全策略管理服务器则负责安全策略、用户、日志、审计等的管理。

④ 按工作位置分

按工作位置分，防火墙可分为边界防火墙、个人防火墙和混合防火墙。

- 边界防火墙——工作于两个网络之间的接口处的防火墙就被称为边界防火墙；
- 个人防火墙——是基于软件的防火墙，只处理一台计算机的数据而不是整个网络的数据，现在一般家庭用户使用的软件防火墙就是个人防火墙；
- 混合防火墙——可以说就是分布式防火墙，它是一整套防火墙系统，由若干个软、硬件组件组成，分布于内、外部网络边界和内部各主机之间，既对内、外部网络之间通信进行过滤，又对网络内部各主机间的通信进行过滤。它属于最新的防火墙技术之一，性能最好，价格也最贵。

⑤ 按防火墙性能分

按防火墙性能可分为百兆级防火墙和吉比特级防火墙两类。

- 百兆级防火墙——是指防火墙的通道带宽或者说吞吐率为百兆；
- 吉比特级防火墙——是指防火墙的通道带宽或者说吞吐率为吉比特。

8.2　VPN 的实现

上面介绍了保障 IP 网络安全的一些措施，在不安全的公共网络上建立一个安全的专用通信网络 VPN 也称得上是实现网络安全性的一项举措。

8.2.1　VPN 的概念

虚拟专网是虚拟私有网络（Virtual Private Network，VPN）的简称，它是一种利用公共网络（如公共分组交换网、帧中继网、ISDN 或 Internet 等）来构建的私有专用网络，VPN 将给企业提供集安全性、可靠性和可管理性于一身的私有专用网络。

VPN 有以下两层含义。

- 它是虚拟的网，虚拟（Virtual）的概念是指网络没有固定的物理连接，而是利用共享的通信基础设施，仿真出专用网络的效果。任意两个节点之间的连接并不是传统专网中的端到端的物理链路，而是利用某种公众网网络的资源动态组成的。
- 专用（Private）的含义是用户可以为自己制定一个最符合自己需求的网络，使网内业务独立于网外的业务流，且具有独立的寻址空间和路由空间，使得用户获得等同于专用网络的通信体验。

VPN 的目标是在不安全的公共网络上建立一个安全的专用通信网络，在降低费用的同时保障通信的安全性，即构建在公共数据网络上的 VPN 将像当前企业私有的网络一样提供安全性、可靠性和可管理性。VPN 利用严密的安全措施和隧道技术来确保数据专有、安全地在公网上传输。

目前，IP 网已成为全球最大的网络基础设施，几乎延伸到世界的各个角落，于是基于 IP 网的 IP VPN 技术越来越受到关注，IETF 对基于 IP 的 VPN 定义为"使用 IP 机制仿真出一个私有的广域网"。本节主要讨论 IP VPN。

8.2.2 IP VPN

1. IP VPN 分类

IP VPN 可以从不同的角度进行分类。

（1）按接入方式划分

IP VPN 按接入方式可划分为专线 VPN 和拨号 VPN。

① 专线 VPN

专线 VPN 是为已经通过专线接入 ISP 边缘路由器的用户提供的 VPN 解决方案，是一种"永远在线"的 VPN。

② 拨号 VPN

拨号 VPN 又称 VPDN，它是向利用拨号 PSTN 或 ISDN 接入 ISP 的用户提供的 VPN 业务，是一种"按需连接"的 VPN。因为这种 VPN 的用户一般是漫游用户，因此 VPDN 通常需要做身份认证。

（2）按协议实现类型划分

IP VPN 按协议实现类型可划分为采用第二层隧道协议的 VPN 和采用第三层隧道协议的 VPN。

① 采用第二层隧道协议的 VPN

采用第二层隧道协议的 VPN 是用公用 IP 网络来封装和传输二层（数据链路层）协议，在隧道内传输的是数据链路层的帧（详情后述）。

第二层隧道协议包括点到点隧道协议（PPTP）、第二层隧道协议（L2TP）、多协议标签交换（MPLS）等。

采用 MPLS 协议的 VPN 称为 MPLS VPN。

② 采用第三层隧道协议的 VPN

采用第三层隧道协议的 VPN 是用公用 IP 网络来封装和传输三层（网络层）协议（如 IP、IPX、AppleTalk 等），此时在隧道内传输的是网络层的数据包。

通常采用的第三层隧道协议有通用路由封装协议（GRE）、IP 安全（IPSec）。

第二层和第三层隧道协议的区别主要在于用户数据在网络协议栈的第几层被封装，其中 GRE、IPSec 和 MPLS 主要用于实现专线 VPN 业务，L2TP 主要用于实现拨号 VPN 业务（但也可以用于实现专线 VPN 业务），当然这些协议之间本身不是冲突的，而是可以结合使用的。

（3）按 VPN 的发起方式划分

IP VPN 按发起方式可划分为基于客户的 VPN 和基于网络的 VPN。

① 基于客户的 VPN

基于客户的 VPN 是由客户发起的，VPN 服务提供的其始点和终止点是面向客户的，其内部技术构成、实施和管理对 VPN 客户可见。需要客户和隧道服务器（或网关）方安装隧道软件。客户方的软件发起隧道，在隧道服务器处终止隧道。此时 ISP 不需要做支持建立隧道的任何工作。经过对用户身份符（ID）和口令的验证，客户方和隧道服务器极易建立隧道。双方也可以用加密的方式通信。隧道一经建立，用户就会感觉到 ISP 不在参与通信。

② 基于网络的 VPN

基于网络的 VPN（也称客户透明方式）是由服务器发起的，在 ISP 处安装 VPN 软件，客户无须安装任何特殊软件。主要为 ISP 提供全面管理的 VPN 服务，服务提供的起始点和终止点是 ISP 的 POP，其内部构成、实施和管理对 VPN 客户完全透明。

MPLS VPN 只能用于服务器发起的 VPN 方式。

（4）按 VPN 的服务类型划分

IP VPN 按 VPN 的服务类型可划分为接入 VPN、内联网 VPN 和外联网 VPN。

① 接入 VPN

接入 VPN 是企业员工或企业的分支机构通过公网远程访问企业内部网络的 VPN 方式。远程用户一般是一台计算机，而不是网络，因此组成的 VPN 是一种主机到网络的拓扑模型。

需要指出的是，接入 VPN 不同于前面的拨号 VPN。远程接入可以是专线方式接入的，也可以是拨号方式接入的。

② 内联网 VPN

内联网 VPN 是企业的总部与分支机构之间通过公网构筑的虚拟网，这是一种网络到网络以对等的方式连接起来所组成的 VPN。通常情况下内联网 VPN 是专线 VPN。

③ 外联网 VPN

外联网 VPN 是企业在发生收购、兼并或企业间建立战略联盟后，使不同企业间通过公网来构筑的虚拟网。这是一种网络到网络以不对等的方式连接起来所组成的 VPN。

（5）按承载主体划分

IP VPN 按承载主体可划分为自建 VPN 和外包 VPN。

① 自建 VPN

自建 VPN 是一种客户发起的 VPN。企业在驻地安装 VPN 的客户端软件，在企业网边缘安装 VPN 网关软件，完全独立于运营商建设自己的 VPN 网络，运营商不需要做任何对 VPN 的支持工作。

企业自建 VPN 的好处是它可以直接控制 VPN 网络，与运营商独立，并且 VPN 接入设备也是独立的。但缺点是 VPN 技术非常复杂，这样组建的 VPN 成本很高，QoS 也很难保证。

② 外包 VPN

外包 VPN 是企业把 VPN 服务外包给运营商，运营商根据企业的要求规划、设计、实施和运维客户的 VPN 业务。企业可以因此降低组建和运维 VPN 的费用，而运营商也可以因此开拓新的 IP 业务增值服务市场，获得更高的收益，并提高客户的保持力和忠诚度。

2. IP VPN 的工作过程

（1）IP VPN 的网络组成

IP VPN 的网络组成如图 8-12 所示。

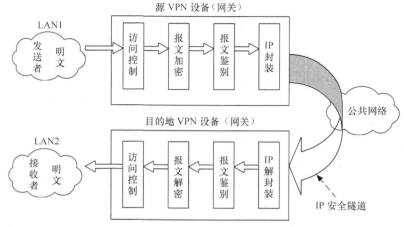

图 8-12　IP VPN 的网络组成

由图 8-12 可见，构建 IP VPN 的主要设备有：IP 安全隧道和 VPN 设备（网关）。

① IP 安全隧道

IP 安全隧道是根据隧道协议通过公共 IP 网络建立的虚拟的专用隧道。

② VPN 设备

VPN 设备也叫 VPN 节点，可由许多网络设备和软件来实现。例如，ISP 接入服务器、企业网防火墙，或者其他支持 VPN 的设备主机等。

从功能上看，VPN 设备由访问控制、报文加密/解密、报文鉴别、IP 封装/解封几个模块组成，采用的主要技术为：隧道技术、数据加密技术和身份鉴别技术。各模块的作用如下。

● 访问控制

发端访问控制——确定是否需要对数据进行加密或让数据直接通过或拒绝通过。

收端访问控制——对解密后的数据进行核对。

● 报文加密/解密

报文加密——在网络层对整个 IP 数据报进行加密。

报文解密——对 IP 数据报进行解密还原成原明文。

● 报文鉴别

发端——对加密的 IP 数据报进行数字签名。

收端——核对数字签名。

● IP 封装/解封

IP 封装——这里的封装有两层作用：一是依据所使用的隧道协议，将加密后的数据报封装成隧道协议规定的帧格式；二是加上新的数据报头（源 VPN 设备的 IP 地址作为源 IP 地址，目的地 VPN 设备的 IP 地址作为目的 IP 地址）封装成新的 IP 数据报送往 IP 安全隧道中传输。

IP 解封——对数据报解除封装，还原为原来的 IP 数据报。

（2）IP VPN 工作过程

归纳起来，IP VPN 工作过程如下。

① 内部网 LAN1 的发送者发送明文信息到连接公共网络的源 VPN 设备。

② 源 VPN 设备首先进行访问控制，确定是否需要对数据进行加密或让数据直接通过或

拒绝通过；对需要加密的 IP 数据报进行加密，并附上数字签名以提供数据报鉴别；VPN 设备依据所使用的隧道协议，重新封装加密后的数据。

③ 重新封装后的 IP 数据报通过 IP 安全隧道在公众网络上传输。

④ 当数据报到达目的 VPN 设备时，首先根据隧道协议数据报被解除封装，数字签名被核对无误后数据报被解密还原成原明文，然后目的 VPN 设备根据明文中的目的地址对内部网 LAN2 中的主机进行访问控制，在核对无误后将明文传送给 LAN2 中的接收者。

3．VPN 的隧道技术

隧道技术是构建 VPN 的关键技术。它用来在 IP 公网中仿真一条点到点的通路，实现两个节点间（VPN 网关之间或 VPN 网关与 VPN 远程用户之间）的安全通信，使数据报在公共网络上的专用隧道内传输。

（1）隧道的基本组成

隧道的基本组成如图 8-13 所示。

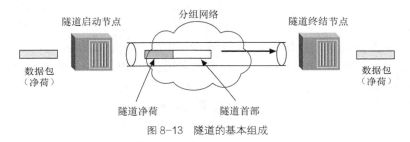

图 8-13　隧道的基本组成

由图 8-13 可见，广义的隧道包括：隧道启动节点、隧道终止节点和承载隧道的 IP 网络。

● 　隧道的启动和终止节点其实就是上面介绍的图 8-12 中的 VPN 设备（也叫 VPN 节点）；

● 　通过公共 IP 网络建立虚拟的专用隧道，这是狭义隧道，其实就是图 8-12 所示的 IP 安全隧道。隧道本身是封装数据经过的逻辑数据路径。对原始的源和目的端，隧道是不可见的，而只能看到网络路径中的点对点连接。连接双方并不关心隧道起点和终点之间的任何路由器、交换机、代理服务器或其他安全网关。

隧道技术的实质是利用一种网络层协议来传输另一种网络层协议，其基本功能是封装和加密，主要利用网络隧道协议来实现。

封装是构建隧道的基本手段。从隧道的两端来看，通过封装来创建、维持和撤销一个隧道，以实现信息的隐蔽和抽象。

加密是使公共网络中的隧道具有隐秘性，以实现 VPN 的安全性和私有性。

网络隧道技术涉及了 3 种网络协议：隧道协议、隧道协议下面的承载协议（提供隧道传输的底层协议）和隧道协议所承载的被承载协议（使用隧道进行传输的高层协议）。

按照工作的层次，隧道协议可分为两类：二层隧道协议和三层隧道协议。

为了便于理解，下面首先探讨三层隧道协议，然后再介绍二层隧道协议。

（2）三层隧道协议

三层隧道协议是用公用 IP 网络来封装和传输三层（网络层）协议（如 IP、IPX、AppleTalk 等），此时在隧道内传输的是网络层的数据报。

三层隧道协议的协议栈如图 8-14 所示。

由图 8-14 可见，隧道协议作为 VPN IP 层的底层，将 VPN IP 数据报进行安全封装，隧道协议同时作为公用 IP 网的一种特殊应用形式，即利用隧道协议封装的数据报再封装成 IP 数据报、链路层的帧，这种双层封装方法形成的数据报在公用 IP 网络中传输，以实现隧道的功能。隧道协议在这个协议体系中起着承上启下的作用。

图 8-14　三层隧道协议的协议栈

三层隧道协议主要有两种：

● RFC 1701 通用路由封装（Generic Routing Encapsulation，GRE）协议。

● IETF 制定的 IP 层加密标准协议 IPSec。

① 通用路由封装协议

通用路由封装（GRE）协议是由 Cisco 和 Net Smiths 等公司 1994 年提交给 IETF 的，标号为 RFC1701 和 RFC1702。目前有多数厂商的网络设备均支持 GRE 隧道协议。

GRE 规定了如何用一种网络协议去封装另一种网络协议的方法。GRE 的隧道由两端的源 IP 和目的 IP 来定义，允许用户使用 IP 包封装 IP、IPX、AppleTalk 包，并支持全部的路由协议（如 RIP2、OSPF 等）。通过 GRE，用户可以利用公共 IP 网络连接 IPX 网络、AppleTalk 网络，还可以使用保留地址进行网络互连，或者对公网隐藏企业网的 IP 地址。

图 8-15　GRE 封装的格式

GRE 封装的格式如图 8-15 所示。

GRE 在包头中包含了以下字段：

● 协议类型——用于标明载荷的类型，如 PPP 帧等；

● 校验和——对 GRE 包（包括包头和载荷）进行差错校验；

● 密钥——用于接收端验证接收的数据；

● 序列号——用于接收端数据包的排序和差错控制；

● 路由——用于本数据包的路由。

GRE 只提供了数据包的封装，它并没有加密功能来防止网络侦听和攻击。所以在实际环境中它常和 IPsec 在一起使用，由 IPsec 提供用户数据的加密，从而给用户提供更好的安全性。

GRE 的实施策略及网络结构与 IPSec 非常相似，只需要网络边缘的接入设备支持 GRE 协议即可。

后面我们将会看到，GRE 往往与二层隧道协议 PPTP 结合使用，GRE 作为 PPTP 的隧道封装格式，即将 PPP 帧作封装为 GRE 包。

② IPSec 协议

IPSec 是专门为 IP 设计提供安全服务的一种协议（其实是一种协议族）。IPSec 可有效保护 IP 数据报的安全，所采取的具体保护形式包括：数据源验证、无连接数据的完整性验证、数据内容的机密性保护、抗重播保护等。

IPSec 主要由 AH（认证头）、ESP（封装安全载荷）、IKE（IP 网密钥交换）3 个协议组成，各协议之间的关系如图 8-16 所示。

● AH 为 IP 数据报提供无连接的数据完整性和数据源身份认证，同时具有防重放攻击的能力。数据完整性校验通过消息认证码（如 MD5）产生的校验来保证；数据源身份认证通过在待认证数据中加入一个共享密钥来实现；AH 报头中的序列号可以防止重放攻击。

● ESP 为 IP 数据报提供数据的保密性（加密）、无连接的数据完整性、数据源身份认证以及防重放攻击保护。其中的数据保密性是 ESP 的基本功能，而数据源身份证、数据完整性检验以及重放保护都是可选的。

● AH 和 ESP 可以单独使用，也可以结合使用，甚至嵌套使用。通过这些组合方式，可以在两台主机、两台安全网关（防火墙和路由器），或者主机与安全网关之间使用。

● 解释域（DOI）将所有的 IPSec 协议捆绑在一起，是 IPSec 安全参数的主要数据库。

● 密钥管理包括 IKE 协议和安全联盟（SA）等部分。IKE 提供密钥确定、密钥管理。它在通信系统之间建立安全联盟，是一个产生和交换密钥材料并协调 IPSec 参数的框架。

IPSec 可以在主机、路由器/防火墙（创建一个安全网关）或两者中同时实施和部署。用户可以根据对安全服务的要求决定究竟在什么地方实施。

（3）二层隧道协议

二层隧道协议指用公用 IP 网络来封装和传输二层（数据链路层）协议，在隧道内传输的是数据链路层的帧，二层隧道协议的协议栈如图 8-17 所示。

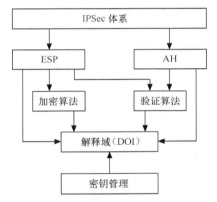

图 8-16　IPSec 体系结构

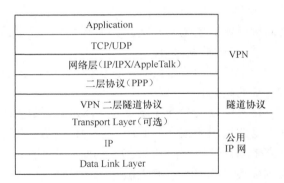

图 8-17　二层隧道协议的协议栈

在点到点的二层链路上，最常用的链路层协议是 PPP，隧道协议实现中，首先将 IP 数据报封装在二层的 PPP 帧中，然后再把 PPP 帧装入二层隧道协议的包中（即利用隧道协议对 PPP 帧进行封装），最后再将二层隧道协议的包封装成运输层报文（可选）、IP 数据报、链路层的帧，送往承载隧道的公用 IP 网络中传输。

二层隧道协议主要有 3 种：

● 微软、Ascend、3COM 等公司支持的点对点隧道协议（Point to Point Tunneling Protocol，PPTP）。

● Cisco、北方电信等公司支持的二层转发协议（Layer 2 Forwarding，L2F）。

● 由 IETF 起草，微软 Ascend、Cisco、3COM 等公司参与的二层隧道协议（Layer 2 Tunneling Protocol，L2TP）。

① 点对点隧道协议

点对点隧道协议（PPTP）是一种用于让远程用户拨号连接到本地 ISP，通过因特网安全远程访问公司网络资源的新型技术。PPTP 对 PPP 本身并没有做任何修改，只是使用 PPP 拨号连接，然后获取这些 PPP 帧，并把它们封装进 GRE 头中。PPTP 使用 PPP 的 PAP 或 CHAP

（MS-CHAP）进行认证，另外也支持 Microsoft 公司的点到点加密技术（MPPE）。

采用 PPTP 时，封装格式如图 8-18 所示。

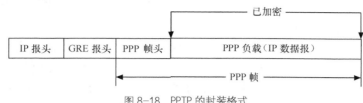

图 8-18 PPTP 的封装格式

读者可结合图 8-12 理解图 8-18。

由 LAN1 传送过来 IP 数据报到达 VPN 设备，在 VPN 设备中首先对身份验证后的 IP 数据报利用点到点加密技术（MPPE）进行加密；然后依据隧道协议 PPTP，加上 PPP 帧头封装成 PPP 帧，再加上 GRE 报头封装成 GRE 数据报（采用 PPTP 时，规定 PPP 帧将使用通用路由封装 GRE 报头进行封装，报头包含用于识别该数据包的特定 PPTP 隧道的信息）；最后加上新的数据报头（源 VPN 设备的 IP 地址作为源 IP 地址，目的地 VPN 设备的 IP 地址作为目的 IP 地址）封装成新的 IP 数据报送往承载隧道的 IP 网络中传输。

PPTP 是一个为中小企业提供的 VPN 解决方案，但 PPTP 在实现上存在着重大安全隐患。有研究表明其安全性甚至比 PPP 还要弱，因此不适用于需要一定安全保证的通信。

② 二层转发协议

二层转发协议（L2F）是由 Cisco 公司在 1998 年 5 月提交给 IETF 的，RFC2341 对 L2F 有详细的阐述。

L2F 可以在多种介质（如 ATM 网、帧中继网、IP 网）上建立多协议的安全虚拟专用网。它将链路层的协议（如 HDLC，PPP，ASYNC 等）封装起来传送。因此，网络的链路层完全独立于用户的链路层协议。L2F 远端用户能够通过任何拨号方式接入公共 IP 网络，首先按常规方式拨号到 ISP 的接入服务器（NAS），建立 PPP 连接：NAS 根据用户名等信息，发起第二重连接，呼叫用户网络的服务器。在这种方式下隧道的建立和配置对用户是完全透明的。L2F 允许拨号接入服务器发送 PPP 帧，并通过 WAN 连接到达 L2F 服务器。L2F 服务器将数据包去封装后把它们接入到公司自己的网络中。

L2F 协议是一种安全通信隧道协议，但它的主要缺陷是没有把标准加密方法包括在内，因此它也已经成为一个过时的隧道协议。

③ 二层隧道协议

二层隧道协议（L2TP）的前身是点到点隧道协议（PPTP）和二层转发协议（L2F），IETF 的开放标准 L2TP 结合了 PPTP 和 L2F 的优点，特别适合组建远程接入方式的 VPN，已经成为事实上的工业标准。

L2TP 主要由 L2TP 接入集中器（L2TP Access Concentrator，LAC）和 L2TP 网络服务器（L2TP Network Server，LNS）构成，LAC 支持客户端的 L2TP，用于发起呼叫、接收呼叫和建立隧道；LNS 是所有隧道的终点，LNS 终止所有的 PPP 流。在传统的 PPP 连接中，用户拨号连接的终点是 LAC，而 L2TP 使得 PPP 的终点延伸到 LNS。

L2TP 的好处在于支持多种协议，用户可以保留原有的 IPX、Appletalk 等协议或公司原有的 IP 地址。L2TP 还解决了多个 PPP 链路的捆绑问题，PPP 链路捆绑要求其成员均指向同一个网络接入服务器（Network Access Server，NAS），L2TP 可以使物理上连接到不同 NAS 的 PPP 链路，在逻辑上的终结点为同一个物理设备。L2TP 还支持信道认证，并提供了差错和流量控制。

与 PPTP 不同，L2TP 不使用 MPPE 对数据报进行加密。L2TP 依靠 Internet 协议安全（IPSec）传输模式来提供加密服务。L2TP 和 IPSec 的组合称为 L2TP/IPSec。L2TP/IPSec 能为远程用户提供有互操作性的安全隧道连接，以很好地解决安全的远程访问。

IPSec 封装安全负载（IPSec ESP）是 IPSec 体系结构中的一种主要协议，其主要设计是在 IPv4 和 IPv6 中提供安全服务的混合应用。IPSec ESP 封装受保护数据，即需要加密保护的数据放在 IPSec ESP 的数据部分，前面加上 IPSec ESP 报头，后面加上 IPSec ESP 报尾。IPSec ESP 既可以用于加密一个传输层的报文（如 TCP、UDP 报文等），也可以用于加密整个的 IP 数据报。

L2TP 的封装格式如图 8-19 所示，图 8-19（a）所示是未加密的 L2TP 的封装格式，图 8-19（b）所示是加密后的 L2TP 的封装格式。

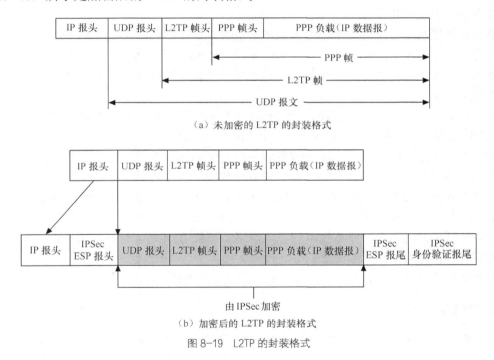

图 8-19　L2TP 的封装格式

由 LAN1 传送过来 PPP 帧到达 VPN 设备，在 VPN 设备中首先依据 L2TP 隧道协议，加上 L2TP 帧头封装成 L2TP 帧；再加上 UDP 报头封装成 UDP 报文；然后利用 IPSec ESP 进行加密，UDP 报文作为 IPSec ESP 的数据部分，前面加上 IPSec ESP 报头，后面加上 IPSec ESP 报尾构成 IPSec ESP 数据报。最后加上新的数据报头（源 VPN 设备的 IP 地址作为源 IP 地址，目的地 VPN 设备的 IP 地址作为目的 IP 地址）封装成新的 IP 数据报送往承载隧道的 IP 网络中传输。

另外，PPTP 连接只要求通过基于 PPP 的身份验证协议进行用户级身份验证。而 IPSec 上的 L2TP 连接不仅需要相同的用户级身份验证，而且还需要使用计算机凭据进行计算机级身份验证。

以上介绍了 3 种二层隧道协议，其中用得比较多的是 PPTP 和 L2TP。PPTP 和 L2TP 都使用 PPP 对数据进行封装，然后添加附加包头用于数据在互联网络上的传输。尽管两个协议非常相似，但是仍存在以下几方面的不同。

● PPTP 要求互联网络为 IP 网络。L2TP 只要求隧道媒介提供面向数据包的点对点的连接。L2TP 可以在 IP（使用 UDP），帧中继永久虚电路（PVC），X.25 虚电路（VC）或 ATM VC 网络上使用。

● PPTP 只能在两端点间建立单一隧道。L2TP 支持在两端点间使用多隧道。使用 L2TP，用户可以针对不同的服务质量创建不同的隧道。

● L2TP 可以提供隧道验证，而 PPTP 则不支持隧道验证。但是当 L2TP 或 PPTP 与 IPSec 共同使用时，可以由 IPSec 提供隧道验证，不需要在第二层协议上验证隧道。

（4）二层隧道协议与三层隧道协议的比较

第二层隧道协议具有简单易行的优点，但是它们的可扩展性不太好，而且提供内在的安全机制安全强度低，因此它们不支持企业和企业的外部客户以及供应商之间通信的保密性需求，不适合用来构建连接企业内部网和企业的外部客户及供应商的企业外部网 VPN。二层隧道协议主要应用于构建拨号 VPN。

第三层隧道与第二层隧道相比，优点在于它的安全性、可扩展性及可靠性。

从安全的角度来看，由于第二层隧道一般终止在用户网设备（CPE）上，会对用户网的安全及防火墙技术提出较严竣的挑战。而第三层的隧道一般终止在 ISP 的网关上，不会对用户网的安全构成威胁。

从可扩展性角度来看，第二层 IP 隧道将整个 PPP 帧封装在报文内，可能会产生传输效率问题；其次，PPP 会话会贯穿整个隧道，并终止在用户网的网关或服务器上。由于用户网内的网关要保存大量的 PPP 对话状态及信息，这会对系统负荷产生较大的影响，当然也会影响系统的扩展性。

第三层隧道技术对于公司网络还有一些其他优点，网络管理者采用第三层隧道技术时，不必在他们的远程为客户原有设备（CPE）安装特殊软件。因为 PPP 和隧道终点由 ISP 的设备生成，CPE 不用负担这些功能，而仅作为一台路由器。第三层隧道技术可采用任意厂家的 CPE 予以实现。使用第三层隧道技术的公司网络不需要 IP 地址，也具有安全性。服务提供商网络能够隐藏私有网络和远端节点地址。

需要强调的是，通过上面的介绍可看到，第二层隧道技术和三层隧道技术往往结合使用。

4. MPLS VPN

本书第 5 章介绍了多协议标签交换 MPLS 的相关内容，在此基础上，这里探讨 MPLS VPN 的问题。

（1）MPLS VPN 的概念

MPLS VPN 是一种基于 MPLS 技术的 IP VPN，是在网络路由和交换设备上应用 MPLS 技术，简化核心路由器的路由选择方式，利用结合传统路由技术的标签交换实现的 IP 虚拟专用网络。

MPLS 为每个 IP 数据报加上一个固定长度的标签，并根据标签值转发数据报。MPLS 实际上就是一种隧道技术，所以使用它来建立 VPN 隧道是十分容易的。同时，MPLS 是一种完备的网络技术，可以用它来建立起 VPN 成员之间简单而高效的 VPN。MPLS VPN 适用于实现对服务质量、服务等级的划分以及网络资源的利用率、网络的可靠性有较高要求的 VPN 业务。

（2）MPLS VPN 网络结构图

MPLS VPN 的网络结构如图 8-20 所示。

图 8-20 中各部分的作用如下。

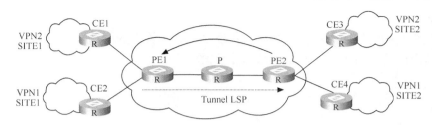

图 8-20 MPLS VPN 的网络结构

① 用户网边缘路由器（Custom Edge Router，CE）——为用户提供到 PE 路由器的连接，CE 路由器不使用 MPLS，它可以只是一台 IP 路由器，它不必支持任何 VPN 的特定路由协议或信令。

② 骨干网边缘路由器（Provider Edge Router，PE）——是与用户 CE 路由器相连的服务提供者边缘路由器。PE 实际上就是 MPLS 中的边缘标签交换路由器（LER），它根据存放的路由信息将来自 CE 路由器或标签交换通道 LSP 的 VPN 数据处理后进行转发，同时负责和其他 PE 路由器交换路由信息。它需要能够支持 MPLS 协议，以及 BGP、一种或几种 IGP 路由协议。

③ 骨干网核心路由器 P router（Provider Router）——就是 MPLS 网络中的标签交换路由器（LSR），它根据数据报的外层标签对 VPN 数据进行透明转发，P 路由器只维护到 PE 路由器的路由信息而不维护 VPN 相关的路由信息。

④ VPN 用户站点（SITE）——是指这样一组网络或子网，它们是用户网络的一部分并且通过一条或多条 PE/CE 链路接至 VPN。一组共享相同路由信息的站点就构成了 VPN。一个站点可以同时位于不同的几个 VPN 之中。公司总部、分支机构都是 SITE 的具体例子。

在 MPLS VPN 中，属于同一的 VPN 的两个 SITE 之间转发报文使用两层标签，在入口 PE 上为报文打上两层标签，外层标签在骨干网内部进行交换，代表了从 PE 到对端 PE 的一条隧道，VPN 报文打上这层标签，就可以沿着标签交换通道 LSP 到达对端 PE，然后再使用内层标签决定报文应该转发到哪个 SITE 上。

（3）MPLS VPN 分类

根据 PE 路由器是否参与客户的路由，MPLS VPN 分成二层 MPLS VPN 和三层 MPLS VPN。其中三层 MPLS VPN 遵循 RFC2547bis 标准，使用 BGP 在 PE 路由器之间分发路由信息，使用 MPLS 技术在 VPN 站点之间传送数据，因而又称为 BGP/MPLS VPN。一般而言，MPLS VPN 指的是三层 VPN。由于篇幅所限，有关二层 MPLS VPN 和三层 MPLS VPN 的具体情况在此就不再做介绍了。

（4）MPLS VPN 的优势

MPLS VPN 的优势体现在以下几点。

① 通过使用 MPLS 报头内的校验位或使用 LSP 流量工程，可为用户 VPN 业务提供灵活的和可扩展的 QoS。

② MPLS VPN 在 IP 多媒体网上部署非常灵活，能提供一定安全性保障。

③ 对用户而言，不需要额外的设备，节省投资。

④ MPLS VPN 也是当今比较成熟的 VPN 技术，扩展成本低，且管理难度小。

（5）MPLS VPN 的适用场合

MPLS VPN 适用于以下一些场合。

① 适用于对于服务质量、服务等级划分以及网络资源的利用率、网络可靠性有较高要求

的 VPN 业务。

　　② 适合一些对组网灵活性要求高、投资少、易于管理的用户群。

　　③ 适用网络规模较大，应采用网状连接的客户。

小　　结

　　1. 网络安全是指网络系统的硬件、软件及其系统中的数据受到保护，不受偶然的或者恶意的原因而遭到破坏、更改、泄露，系统连续可靠正常地运行，网络服务不中断。

　　网络安全大致包括 4 个方面：网络实体安全、软件安全、数据安全和安全管理。

　　2. 宽带 IP 网络面临的安全性威胁分为两类：被动攻击和主动攻击。

　　在被动攻击中，攻击者只是观察和分析某一个协议数据单元（PDU），不对数据信息做任何修改。截获信息的攻击属于被动攻击。

　　主动攻击是更改信息和拒绝用户使用资源的攻击，攻击者对某个连接中通过的协议数据单元（PDU）进行各种处理。这类攻击可分为篡改、伪造、中断和抵赖。

　　3. 网络安全的基本需求包括：保密性、完整性、可用性、可控性和不可否认性。

　　4. 对抗安全攻击的措施主要包括数据加密、数字签名、鉴别、设置防火墙等。

　　5. 常用的密码体制有两种：常规密钥密码体制和公开密钥密码体制。常规密钥密码体制是加密密钥与解密密钥相同的密码体制，这种加密系统又称为对称密钥系统；公开密钥密码体制使用不同的加密密钥与解密密钥，即解密密钥与加密密钥不同。

　　从网络传输的角度看，有两种不同的加密策略：链路加密和端到端加密。链路加密是每条通信链路上的加密是独立实现的，每条链路可以使用不同的加密密钥；端到端加密是在源点和终点中对传送的数据单元（PDU）进行加密和解密。

　　6. 数字签名是手写签名的功能模拟，就是在 IP 网络中所传送的文件中盖章，一般采用公钥算法。

　　数字签名的作用有：报文鉴别、保证报文的完整性和保证不可否认性。

　　7. 鉴别是要验证通信的对方的确是自己所需要的对象，而不是其他的冒充者。鉴别分为报文鉴别和实体鉴别。

　　报文鉴别使得通信的接收方能够验证所收到的报文（发送者和报文内容等）的真伪，可以对付主动攻击中的篡改和伪造；实体鉴别是验证和自己通信的对方实体。

　　8. 防火墙是一种位于两个网络间、实施网络之间访问控制的组件集合，具有以下功能：①防止非法用户进入内部网络；②阻止某种类型的通信量通过防火墙；③可以很方便地监视网络的安全性，并报警；④可以作为部署 NAT 的地点；⑤是审计和记录 Internet 使用费用的一个最佳地点。

　　防火墙可以从不同的角度分类。根据物理特性可分为：硬件防火墙和软件防火墙；从技术上可分包过滤型防火墙、应用代理型防火墙和状态监测防火墙。从结构上分为：单-主机防火墙、路由集成式防火墙和分布式防火墙。按工作位置可分为：边界防火墙、个人防火墙和混合防火墙。按防火墙性能可分为：百兆级防火墙和吉比特级防火墙。

　　9. 虚拟专网（VPN）是一种利用公共网络（如公共分组交换网、帧中继网、ISDN 或 Internet等）来构建的私有专用网络，VPN 将给企业提供集安全性、可靠性和可管理性于一身的私有专用网络。

　　VPN 的目标是在不安全的公共网络上建立一个安全的专用通信网络，在降低费用的同时保障通信的安全性，即构建在公共数据网络上的 VPN 将像当前企业私有的网络一样提供安全性、可靠性和可管理性。VPN 利用严密的安全措施和隧道技术来确保数据专有、安全地在公网上传输。

　　10．IP VPN 可以从不同的角度进行分类。按接入方式可划分为专线 VPN 和拨号 VPN；按协议实现类型可划分为采用第二层隧道协议的 VPN 和采用第三层隧道协议的 VPN；按发起方式可划分为基于客户的 VPN 和基于网络的 VPN；按 VPN 的服务类型可划分为接入 VPN、内联网 VPN 和外联网 VPN；按承载主体可划分为自建 VPN 和外包 VPN。

　　11．构建 IP VPN 的主要设备有：IP 安全隧道和 VPN 设备（网关）。IP 安全隧道是根据隧道协议通过公共 IP 网络建立的虚拟的专用隧道。从功能上看，VPN 设备由访问控制、报文加密/解密、报文鉴别、IP 封装/解封几个模块组成。采用的主要技术为：隧道技术、数据加密技术和身份鉴别技术。

　　12．隧道技术是构建 VPN 的关键技术。它用来在 IP 公网中仿真一条点到点的通路，实现两个节点间（VPN 网关之间或 VPN 网关与 VPN 远程用户之间）的安全通信，使数据报在公共网络上的专用隧道内传输。

　　广义的隧道包括：隧道启动节点、隧道终止节点（即 VPN 设备）和承载隧道的 IP 网络（狭义隧道）。

　　按照工作的层次，隧道协议可分为两类：二层隧道协议和三层隧道协议。三层隧道协议主要有两种：通用路由封装 GRE 协议和 IP 层加密标准协议 IPSec。二层隧道协议主要有三种：点对点隧道协议 PPTP、二层转发协议 L2F 和二层隧道协议 L2TP。

　　13．MPLS VPN 是一种基于 MPLS 技术的 IP VPN，是在网络路由和交换设备上应用 MPLS 技术，简化核心路由器的路由选择方式，利用结合传统路由技术的标签交换实现的 IP 虚拟专用网络。

　　MPLS VPN 中的路由器有 3 种：P 路由器、PE 路由器和 CE 路由器。

　　根据 PE 路由器是否参与客户的路由，MPLS VPN 分成二层 MPLS VPN 和三层 MPLS VPN。

　　MPLS VPN 的优势体现在以下几点：①可为用户 VPN 业务提供灵活的和可扩展的 QoS；②在 IP 多媒体网上部署非常灵活，能提供一定安全性保障；③对用户而言，不需要额外的设备，节省投资；④扩展成本低，且管理难度小。

习　　题

8-1　网络安全的概念是什么？

8-2　被动攻击和主动攻击的概念分别是什么？主动攻击主要包括哪些？

8-3　网络安全的基本需求包括哪几个方面？分别如何保证？

8-4　简述链路加密和端到端加密的区别。

8-5　数字签名的作用有哪些？

8-6　防火墙的主要功能是什么？

8-7　VPN 的目标是什么？

8-8　VPN 设备由哪几个功能模块组成？

8-9　比较二层隧道协议与三层隧道协议的优缺点。

8-10　MPLS VPN 的优势体现在哪几个方面？

1．谢希仁．计算机网络．5 版．北京：电子工业出版社，2008．

2．龚向阳，等．宽带通信网原理．北京：北京邮电大学出版社，2006．

3．张民，等．宽带 IP 城域网．北京：北京邮电大学出版社，2003．

4．谷红勋，等．互连网接入——基础与技术．北京：人民邮电出版社，2002．

5．田瑞雄，等．宽带 IP 组网技术．北京：人民邮电出版社，2003．

6．毕厚杰，等．宽带通信网络．北京：北京邮电大学出版社，2004．

7．佟桌，等．宽带城域网与 MSTP 技术．北京：机械工业出版社，2007．

8．毛京丽，等．现代通信网．3 版．北京：北京邮电大学出版社，2013．

9．孙学康，毛京丽．SDH 技术．2 版．北京：人民邮电出版社，2009．

10．王晓军，毛京丽．计算机通信网．北京：北京邮电大学出版社，2007．

11．石晶林，丁炜，等．MPLS 宽带网络互联技术．北京：人民邮电出版社，2001．

12．张中荃．接入网技术．北京：人民邮电出版社，2003．

13．郭士秋．ADSL 宽带网技术．北京：清华大学出版社，2001．

14．万博通公司技术部．宽带 IP 接入网络技术及其应用实例．北京：海洋出版社，2001．